岩波講座　基礎数学

常微分方程式 II

監修

小平邦彦

編集

岩堀長慶
河田敬義
*藤田宏
*小松彦三郎
田村一郎
服部晶夫
飯高茂

岩波講座　基礎数学

解 析 学(II) ii

常微分方程式 II

木 村 俊 房

岩 波 書 店

目　　次

まえがき

本講は常微分方程式の複素解析的理論の入門書である.

この理論の基礎的部門は多くの常微分方程式論の成書に記述されているが，本講では基礎定理から述べることにした．これは本講が入門書であるという性格と本講座の趣旨に沿うためである．本講では線型常微分方程式の理論には触れなかった．その理由はこの理論が基礎理論と同様多くの著書に述べられていることとページ数の制限にあり，決してそれを軽視したわけではない．

複素解析的理論という以上，複素解析関数が対象となる．したがって，大学初年級で学ぶ微積分学，位相空間論，線型代数学などのほかに1変数関数論の基礎的知識を仮定した．複素解析的常微分方程式を与えるには多変数解析関数が必要となる．本講で実際に必要となる多変数解析関数についての知識は1変数解析関数のいくつかの性質の形式的な拡張に過ぎない．したがって，これらについては単に説明を与えるに止めたが，そのために本講の理解に差しつかえることはないであろう．

執筆にあたり著者が意図した点は次のようなものである．

1　常微分方程式の他に，全微分方程式と称せられる特殊な偏微分方程式系についてもかなりのページ数をさいた．全微分方程式は偏微分方程式よりも常微分方程式に近い面があり，最近この方程式についての新しい研究が始まっている．

2　常微分方程式と全微分方程式とを関数論的立場からだけでなく幾何学的立場からも論じた．実領域における常微分方程式，全微分方程式を幾何学的立場からみれば，それぞれ力学系の理論，葉層構造の理論となる．力学系の理論は長い歴史をもち，現代では近代数学の洗礼を受けて新しく生れ変った．葉層の理論の歴史はあさいが，活潑に研究されている位相幾何学の分野である．複素領域における常微分方程式，全微分方程式も幾何学的立場から論じられる．これらは複素解析的な葉層構造として捉えられる．

3　局所的理論と大域的理論という区別をはっきりさせて論じた．局所的理論から大域的理論へというのは現代数学の流れである．大域的理論は局所的理論をふまえた上に建設されるものであり，局所的理論は大域的理論の要請に応じて深まるものである．微分方程式においては，関数論的立場にせよ幾何学的立場にせよ，局所的理論でも十分に難しく，その研究は完成には程遠いから，大域的理論はまだまだ幼稚な段階にあるといってよい．

4　局所的理論を論ずるのにベキ級数を活用した．解析関数が対象であるから当然といえば当然である．しかし，一つの方法が万能ということはあり得ないのであるから，他の方法も合せ用いて論ずればよかったのかも知れないが，ページ数の関係でできなかった．求めた級数が収束ベキ級数でない場合にも，漸近展開という概念を使うと解析的意味が与えられることが多いが，これも割愛せざるを得なかった．

以上のことについて徹底的に論じたというわけではない．あくまで入門的な範囲で特色をだそうと努めたに過ぎない．したがってどれも中途半端になった恐れがある．

もし本講の内容に興味をもたれ，さらに先を勉強したいという読者がいれば，筆者にとってこれ以上幸せなことはない．筆者の怠慢から，比較的短期間のうちに本講を書かざるを得ず思わぬ間違いを犯したかも知れない．読者の叱正を請う次第である．

第1章　基礎定理

本章では複素領域における常微分方程式に関する基礎的な定理について述べる．それらの諸定理は常微分方程式論の成書の多くに記述されているが，本講座の趣旨に基づきあえて論じた．

1変数解析関数についての基礎的事項は既知とした．多変数解析関数についてはその定義と2,3の性質を証明なしに述べた．それらは1変数解析関数についての性質の形式的な拡張であるから容易に理解されることである．

存在定理の証明は逐次近似法によってなされている．優級数を使う証明は第2章で述べられる．

§1.1　複素解析関数

a) 1変数整型関数

1変数整型関数の定義を想いおこそう．

複素平面 $\boldsymbol{C}$ の開集合 D で定義された複素数値関数 f を考える．D の点 a に対し，D に含まれる円板 $|x-a|<r$ がとれて，f が $|x-a|<r$ において収束するベキ級数によって

$$f(x)=\sum_{k=0}^{\infty}c_k(x-a)^k \tag{1.1}$$

と表されるとき，f は $x=a$ において複素解析的であるという．f が D の各点で複素解析的であるとき，f は D において整型または正則であるといわれる．(1.1)の右辺を f の $x=a$ における Taylor 展開という．次の定理が成り立つ．

定理 1.1　$f:D\to\boldsymbol{C}$ が D において整型であるための必要十分条件は，f が D において微分可能なことである．——

この定理によって，f の整型性を f の微分可能性によって定義することができる．事実，多くの関数論の本ではこの定義が用いられている．

ベキ級数について復習しておく．ベキ級数

$$\sum_{k=0}^{\infty} c_k (x-a)^k \tag{1.2}$$

に対して，次のような R $(0 \leqq R \leqq \infty)$ が定まる．

（i） $R=0$ ならば，(1.2) は $x=a$ のときだけ収束する．

（ii） $0<R<\infty$ ならば，(1.2) は $|x-a|<R$ において収束し，$|x-a|>R$ において発散する．

（iii） $R=\infty$ ならば，$|x-a|<\infty$ において，すなわち，すべての x に対して収束する．

このような R を (1.2) の収束半径，$0<R<\infty$ のとき $|x-a|=R$ を収束円という．

(1.2)の収束半径 R が正のとき，(1.2) は $|x-a|<R$ において絶対かつ広義一様収束する．したがって，(1.1)とおくと，f は $|x-a|<R$ において連続である．さらに，f は $|x-a|<R$ において微分可能であって，その導関数 f' は (1.2) を項別に微分して得られるベキ級数によって表される：

$$f'(x) = \sum_{k=1}^{\infty} k c_k (x-a)^{k-1}.$$

この右辺のベキ級数の収束半径は R に等しい．したがって，定理1.1から，f は $|x-a|<R$ で整型であるばかりでなく，何回でも微分可能であって，その導関数はすべて $|x-a|<R$ において整型である．

以上のことから，$\boldsymbol{C}$ の開集合 D で整型な関数は何回でも微分可能であって，そのすべての導関数は D において整型である．円板 $|x-a|<r$ において整型な関数の $x=a$ における Taylor 展開は $|x-a|<r$ において収束する．したがって，Taylor 展開の収束半径を R とすれば，$R \geqq r$ である．

E は $\boldsymbol{C}$ の任意の集合とする．関数 f が E において整型であるというのは，f が E を含むある開集合 D で定義され，D において整型であることをいう．特に E が1点 a からなるときは，f は点 a において整型であるという．

b） 多変数整型関数

多変数のベキ級数から出発する．n 個の変数 $y_1, y_2, \cdots, y_n$ のベキ級数

$$\sum_{k_1, \cdots, k_n \geqq 0} c_{k_1 \cdots k_n} (y_1-b_1)^{k_1} \cdots (y_n-b_n)^{k_n} \tag{1.3}$$

を考える．多重級数の収束性については，いくつかの定義が可能であるが，ベキ

級数を考えている限り，絶対収束だけを考えても，そう一般性を失わない．(1.3) が絶対収束するような C^n の点 $(y_1, \cdots, y_n)$ の集合の内部 $\varDelta$ を (1.3) の**収束域**という．$\varDelta \neq \phi$ のとき，(1.3) を**収束ベキ級数**，$\varDelta = \phi$ のとき，(1.3) を**発散ベキ級数**という．

収束ベキ級数 (1.3) に対して，$|y_1-b_1|<R_1, \cdots, |y_n-b_n|<R_n$ においては絶対収束し，$|y_1-b_1|>R_1, \cdots, |y_n-b_n|>R_n$ においては絶対収束しないような $(R_1, \cdots, R_n)$ を (1.3) の一組の**関連収束半径**という．ここで $0<R_j\leqq\infty$ である．関連収束半径は一組とは限らず，一般には無数組存在する．$0<R_j<\infty$ $(j=1, \cdots, n)$ のとき，$(R_1, \cdots, R_n)$ が (1.3) の関連収束半径であるための必要かつ十分条件は

$$\limsup_{k_1+\cdots+k_n\to\infty} (|c_{k_1\cdots k_n}|R_1{}^{k_1}\cdots R_n{}^{k_n})^{1/(k_1+\cdots+k_n)} = 1$$

が成り立つことである．

収束ベキ級数はその収束域において広義一様収束する．したがって，

(1.4)　$$f(y_1, \cdots, y_n) = \sum_{k_1, \cdots, k_n \geqq 0} c_{k_1\cdots k_n}(y_1-b_1)^{k_1}\cdots(y_n-b_n)^{k_n}$$

とおくと，f は右辺の収束域 $\varDelta$ において連続な複素数値関数である．さらに，f は $\varDelta$ において各変数 y_j について偏微分可能であって，偏導関数 $\partial f/\partial y_j$ は (1.3) を y_j について項別に微分して得られるベキ級数によって

(1.5)　$$\frac{\partial f}{\partial y_j} = \sum k_j c_{k_1\cdots k_n}(y_1-b_1)^{k_1}\cdots(y_j-b_j)^{k_j-1}\cdots(y_n-b_n)^{k_n}$$

と表される．(1.5) の右辺のベキ級数の収束域を $\varDelta_j$ とすると，$\varDelta_j \supset \varDelta$ が成り立つ．

n 次元複素空間 C^n の開集合 D で定義された複素数値関数 f を考える．D の点 $(b_1, \cdots, b_n)$ に対して，D に含まれる**多重円板** $|y_1-b_1|<r_1, \cdots, |y_n-b_n|<r_n$ がとれて，f はこの多重円板において絶対収束するベキ級数 (1.3) によって (1.4) と表されるとき，f は $(b_1, \cdots, b_n)$ において複素解析的という．f が D の各点において複素解析的であるとき，f は **D において整型**であるという．(1.3) を f の点 $(b_1, \cdots, b_n)$ における **Taylor 展開**という．

定理 1.2　f が D で整型であるための必要十分な条件は，f が D において連続かつ各変数について偏微分可能なことである．——

この定理において，f が D で連続であるという条件を取りさることができる

ことが知られている:

$$f \text{ が } D \text{ で整型} \Leftrightarrow f \text{ が各変数について偏微分可能}.$$

この事実は Hartogs の定理と呼ばれている.

定理1.2とベキ級数の性質とから, D において整型な関数は何回でも偏微分可能であって, それらの偏導関数はすべて D において整型であることが分る. $\boldsymbol{C}^n$ の領域 $|y_1-b_1|<r_1, \cdots, |y_n-b_n|<r_n$ において整型な関数 f はこの領域で絶対収束するベキ級数によって(1.4)と表される.

$\boldsymbol{C}^n$ の集合 E に対して, f が E を含むある開集合 D において整型であるとき, f は E **において整型**であるという. E が1点 $(b_1, \cdots, b_n)$ のみからなるときには, f は点 $(b_1, \cdots, b_n)$ **において整型**であるという.

c) 整型写像

まず慣用の記法を説明しておく.

$\boldsymbol{C}^n$ の点 $(y_1, \cdots, y_n)$, $(b_1, \cdots, b_n)$ などを対応する太文字 $\boldsymbol{y}, \boldsymbol{b}$ などで表す. $\boldsymbol{C}^n$ の点 $\boldsymbol{y}=(y_1, \cdots, y_n)$, $\boldsymbol{z}=(z_1, \cdots, z_n)$ と複素数 λ に対して, 和 $\boldsymbol{y}+\boldsymbol{z}$ とスカラー倍 $\lambda\boldsymbol{y}$ を

$$\boldsymbol{y}+\boldsymbol{z} = (y_1+z_1, \cdots, y_n+z_n),$$
$$\lambda\boldsymbol{y} = (\lambda y_1, \cdots, \lambda y_n)$$

によって定義する. この演算によって, $\boldsymbol{C}^n$ は n 次元複素ベクトル空間になる. よって, $\boldsymbol{C}^n$ の元をベクトルということもある. $\boldsymbol{C}^n$ の点 $\boldsymbol{y}=(y_1, \cdots, y_n)$ に対して, その長さ $|\boldsymbol{y}|$ を

$$|\boldsymbol{y}| = \max(|y_1|, \cdots, |y_n|)$$

によって定義する. 対応 $\boldsymbol{y}\mapsto|\boldsymbol{y}|$ は $\boldsymbol{C}^n$ から $\boldsymbol{R}$ への写像であって, 次の性質をもつ.

(1) $|\boldsymbol{y}| \geqq 0;\quad |\boldsymbol{y}| = 0 \Leftrightarrow \boldsymbol{y} = \boldsymbol{0}\ \ (\boldsymbol{0}=(0, \cdots, 0))$,

(2) $|\lambda\boldsymbol{y}| = |\lambda||\boldsymbol{y}|$,

(3) $|\boldsymbol{y}+\boldsymbol{z}| \leqq |\boldsymbol{y}|+|\boldsymbol{z}|$.

すなわち, $|\cdot|$ は $\boldsymbol{C}^n$ の一つのノルムである.

集合 A から $\boldsymbol{C}^n$ への写像を与えることは, A から $\boldsymbol{C}$ への n 個の写像の列 $(\varphi_1, \cdots, \varphi_n)$ を与えることである. 写像 $(\varphi_1, \cdots, \varphi_n)$ も対応する太文字 $\boldsymbol{\varphi}$ で表す.

$\boldsymbol{C}^m$ の領域 $\varDelta$ から $\boldsymbol{C}^n$ への写像 $\boldsymbol{f}=(f_1, \cdots, f_n)$ は, $f_1, \cdots, f_n$ がすべて $\varDelta$ で整

型のとき，$\varDelta$ において**整型**であるといわれる．$f_1, \cdots, f_n$ の点 $\boldsymbol{a}=(a_1, \cdots, a_m)$ における Taylor 展開を

$$f_j(x_1, \cdots, x_m) = \sum c_{k_1\cdots k_m}{}^j (x_1-a_1)^{k_1}\cdots(x_m-a_m)^{k_m} \qquad (j=1, \cdots, n)$$

とする．各 $(k_1, \cdots, k_m)$ に対して，

$$\boldsymbol{c}_{k_1\cdots k_m} = (c_{k_1\cdots k_m}{}^1, \cdots, c_{k_1\cdots k_m}{}^n) \in \boldsymbol{C}^n$$

とおけば，

$$\boldsymbol{f}(\boldsymbol{x}) = \sum \boldsymbol{c}_{k_1\cdots k_m}(x_1-a_1)^{k_1}\cdots(x_m-a_m)^{k_m}$$

と書いてもよいであろう．

$$\frac{\partial \boldsymbol{f}}{\partial x_i} = \left(\frac{\partial f_1}{\partial x_i}, \cdots, \frac{\partial f_n}{\partial x_i}\right),$$

$$\int_L \boldsymbol{f}(x_1, \cdots, x_m)dx_i = \left(\int_L f_1(x_1, \cdots, x_m)dx_i, \cdots, \int_L f_n(x_1, \cdots, x_m)dx_i\right)$$

などの記法も使う．不等式

$$\left|\int_L \boldsymbol{f}(x_1, \cdots, x_m)dx_i\right| \leqq \int_L |\boldsymbol{f}(x_1, \cdots, x_m)||dx_i|$$

が成り立つ．

$\varDelta$ は $\boldsymbol{C}^m$ の領域，D は $\boldsymbol{C}^n$ の領域で，$\boldsymbol{y}=\boldsymbol{f}(\boldsymbol{x})$ は $\varDelta$ から $\boldsymbol{C}^n$ への整型写像，$z=g(\boldsymbol{y})$ は D で整型な関数で，$\varDelta$ の $\boldsymbol{f}$ による像 $\boldsymbol{f}(\varDelta)$ が D に含まれていれば，$\boldsymbol{f}$ と g との合成写像

$$(g\circ\boldsymbol{f})(\boldsymbol{x}) = g(f_1(\boldsymbol{x}), \cdots, f_n(\boldsymbol{x}))$$

が $\varDelta$ において定義されて $\varDelta$ において整型である．公式

$$\frac{\partial(g\circ\boldsymbol{f})}{\partial x_i} = \sum_{j=1}^{n}\frac{\partial g}{\partial y_j}\frac{\partial f_j}{\partial x_i} \qquad (i=1, \cdots, m)$$

が成り立つ．

$\boldsymbol{C}^l$ の領域から $\boldsymbol{C}^m$ への整型写像，$\boldsymbol{C}^m$ の領域から $\boldsymbol{C}^n$ への整型写像が与えられ，それらの合成写像が定義されるならば，それは $\boldsymbol{C}^l$ の領域から $\boldsymbol{C}^n$ への整型写像となる．

$\boldsymbol{C}^m$ の領域 $\varDelta$ から $\boldsymbol{C}^n$ への写像 $\boldsymbol{f}$ に対して，正の定数 L がとれて

(1.6)　$$|\boldsymbol{f}(\boldsymbol{x})-\boldsymbol{f}(\boldsymbol{x}')| \leqq L|\boldsymbol{x}-\boldsymbol{x}'| \qquad (\boldsymbol{x}, \boldsymbol{x}' \in \varDelta)$$

が成り立つとき，$\boldsymbol{f}$ は $\varDelta$ において Lipschitz の条件を満たすという．

$\boldsymbol{C}^m$ の 2 点 $\boldsymbol{a}=(a_1, \cdots, a_m)$，$\boldsymbol{b}=(b_1, \cdots, b_m)$ を結ぶ直線

$$\boldsymbol{x} = \boldsymbol{a} + (\boldsymbol{b} - \boldsymbol{a})t \qquad (0 \leqq t \leqq 1)$$

において整型な関数 f を考える.

$$F(z) = f(\boldsymbol{a} + (\boldsymbol{b} - \boldsymbol{a})z) = f(a_1 + (b_1 - a_1)z, \cdots, a_m + (b_m - a_m)z)$$

とおけば, F は $\boldsymbol{C}$ 内の線分 $[0, 1]$ において整型で,

$$F'(z) = \sum_{i=1}^{m} (b_i - a_i) \frac{\partial f}{\partial x_i}(\boldsymbol{a} + (\boldsymbol{b} - \boldsymbol{a})z)$$

が成り立つ.

$$\begin{aligned} f(\boldsymbol{b}) - f(\boldsymbol{a}) &= F(1) - F(0) \\ &= \int_0^1 \left(\sum_{i=1}^{m} (b_i - a_i) \frac{\partial f}{\partial x_i}(\boldsymbol{a} + (\boldsymbol{b} - \boldsymbol{a})t) \right) dt \end{aligned}$$

であるから,

$$|f(\boldsymbol{b}) - f(\boldsymbol{a})| \leqq \int_0^1 \left| \sum_{i=1}^{m} (b_i - a_i) \frac{\partial f}{\partial x_i}(\boldsymbol{a} + (\boldsymbol{b} - \boldsymbol{a})t) \right| dt.$$

右辺の実数値関数の積分に対して, 積分の平均値の定理を使うと, $0 < \theta < 1$ を満たす θ がとれて

$$|f(\boldsymbol{b}) - f(\boldsymbol{a})| \leqq \left| \sum_{i=1}^{m} (b_i - a_i) \frac{\partial f}{\partial x_i}(\boldsymbol{a} + (\boldsymbol{b} - \boldsymbol{a})\theta) \right|$$

が得られる. これから, $\lambda \in \boldsymbol{C}$, $|\lambda| \leqq 1$, があって

$$f(\boldsymbol{b}) - f(\boldsymbol{a}) = \lambda \left(\sum_{i=1}^{m} (b_i - a_i) \frac{\partial f}{\partial x_i}(\boldsymbol{a} + (\boldsymbol{b} - \boldsymbol{a})\theta) \right) \tag{1.7}$$

となる. (1.7) は整型関数に対する平均値の定理である.

定理 1.3 $\boldsymbol{C}^m$ の領域 $\varDelta$: $|x_1 - a_1| < r_1$, $\cdots$, $|x_m - a_m| < r_m$ から $\boldsymbol{C}^n$ への整型写像 $\boldsymbol{f} = (f_1, \cdots, f_n)$ に対して, 偏導関数 $\partial f_j / \partial x_i$ がすべて $\varDelta$ において有界ならば, $\boldsymbol{f}$ は $\varDelta$ において Lipschitz の条件 (1.6) を満たす.

証明 $\varDelta$ において

$$\left| \frac{\partial f_j}{\partial x_i} \right| \leqq K$$

とする. $\varDelta$ の 2 点 $\boldsymbol{x} = (x_1, \cdots, x_m)$, $\boldsymbol{x}' = (x_1', \cdots, x_m')$ を結ぶ直線は $\varDelta$ に含まれるから, (1.7) によって

$$|f_j(\boldsymbol{x}) - f_j(\boldsymbol{x}')| \leqq \sum_{i=1}^{m} |x_i - x_i'| \left| \frac{\partial f_j}{\partial x_i}(\boldsymbol{x} + (\boldsymbol{x}' - \boldsymbol{x})\theta) \right| \qquad (0 < \theta < 1)$$

$$\leqq K\sum_{i=1}^{m}|x_i-x_i'| \leqq mK|\boldsymbol{x}-\boldsymbol{x}'|.$$

したがって，$L=mK$ とおいて (1.6) が得られる．▌

§1.2　解の存在と一意性

a) 存在定理

微分方程式

$$\frac{d\boldsymbol{y}}{dx}=\boldsymbol{f}(x,\boldsymbol{y}) \tag{1.8}$$

を考える．ここで $x\in\boldsymbol{C}$, $\boldsymbol{y}=(y_1,\cdots,y_n)\in\boldsymbol{C}^n$ で，$\boldsymbol{f}=(f_1,\cdots,f_n)$ は $\boldsymbol{C}^{n+1}$ の領域において整型とする．

$\boldsymbol{y}=\boldsymbol{\varphi}(x)$ は $x=a$ で整型かつ初期条件

$$\boldsymbol{y}(a)=\boldsymbol{b} \tag{1.9}$$

を満たす (1.8) の解とする．$\boldsymbol{\varphi}(x)$ が $\boldsymbol{C}$ の領域 D において整型 ($a\in D$ とする)，任意の $x\in D$ に対し $\boldsymbol{f}$ が $(x,\boldsymbol{\varphi}(x))$ で整型ならば，$\boldsymbol{\varphi}(x)$ は

$$\boldsymbol{\varphi}(x)=\boldsymbol{b}+\int_a^x \boldsymbol{f}(\xi,\boldsymbol{\varphi}(\xi))d\xi \qquad (x\in D) \tag{1.10}$$

を満たす．逆に，(1.10) を満たす $\boldsymbol{\varphi}(x)$ は D で整型で初期条件 (1.9) を満たす (1.8) の解である．

次の定理は Cauchy の存在定理とよばれる．

定理 1.4　$\boldsymbol{f}$ は $\boldsymbol{C}^{n+1}$ の領域

$$\mathcal{D}:\ |x-a|<r,\quad |\boldsymbol{y}-\boldsymbol{b}|<\rho$$

において整型かつ有界

$$|\boldsymbol{f}(x,\boldsymbol{y})|\leqq M$$

とする．そのとき，$x=a$ で整型かつ初期条件 (1.9) を満たす解はただ一つ存在して，$\boldsymbol{\varphi}(x)$ は領域

$$D:\ |x-a|<s=\min\left(r,\frac{\rho}{M}\right)$$

において整型である．

証明　まず次のことを証明する．

任意の $0<r'<r$, $0<\rho'<\rho$ に対して

$$D': \ |x-a| < s' = \min\left(r', \frac{\rho'}{M}\right)$$

において整型で (1.9) を満たす (1.8) の解が存在する．

そのためには，D' において整型な関数 $\boldsymbol{\varphi}(x)$ で，不等式

(1.11) $$|\boldsymbol{\varphi}(x)-\boldsymbol{b}| \leqq \rho'$$

と (1.10) を満たす関数の存在をいえばよい．偏導関数 $\partial f_j/\partial y_k$ はすべて $\mathcal{D}$ において整型であるから，領域

$$\mathcal{D}': \ |x-a| < r', \quad |\boldsymbol{y}-\boldsymbol{b}| < \rho'$$

において有界である．したがって，$\boldsymbol{f}$ は $\mathcal{D}'$ において $\boldsymbol{y}$ に関して Lipschitz の条件

(1.12) $$|\boldsymbol{f}(x, \boldsymbol{y})-\boldsymbol{f}(x, \boldsymbol{z})| \leqq L'|\boldsymbol{y}-\boldsymbol{z}|$$

を満たす．

逐次近似法によって解の存在をいう．まず第0次近似関数 $\boldsymbol{\varphi}_0$ を

(1.13) $$\boldsymbol{\varphi}_0(x) = \boldsymbol{b}$$

とおき，つぎに第 ν 次近似関数 $\boldsymbol{\varphi}_\nu$ を

(1.14) $$\boldsymbol{\varphi}_\nu(x) = \boldsymbol{b}+\int_a^x \boldsymbol{f}(\xi, \boldsymbol{\varphi}_{\nu-1}(\xi))d\xi$$

によって定義する．ここで右辺の積分は，Cauchy の積分定理によって，a から x までの D' 内の任意の(長さのある)曲線に沿って行えばよいのであるが，以下では a から x への線分に沿って行うことにする．近似関数はすべて D' において整型で

$$|\boldsymbol{\varphi}_\nu(x)-\boldsymbol{b}| \leqq \rho'$$

を満たすことを帰納法によって示そう．$\boldsymbol{\varphi}_0$ については明らかである．$\boldsymbol{\varphi}_{\nu-1}$ がこの性質をもっているとする．そのとき，$\boldsymbol{f}(x, \boldsymbol{\varphi}_{\nu-1}(x))$ は D' において定義され整型，したがって，$\boldsymbol{\varphi}_\nu(x)$ も D' において整型である．(1.14) から

$$|\boldsymbol{\varphi}_\nu(x)-\boldsymbol{b}| \leqq \int_a^x |\boldsymbol{f}(\xi, \boldsymbol{\varphi}_{\nu-1}(\xi))||d\xi|.$$

$|\boldsymbol{f}(x, \boldsymbol{y})| \leqq M$ と $s' \leqq \rho'/M$ とから，D' において

$$|\boldsymbol{\varphi}_\nu(x)-\boldsymbol{b}| \leqq M|x-a| \leqq \rho'$$

を得る．

次に関数列 $\boldsymbol{\varphi}_0, \boldsymbol{\varphi}_1, \cdots$ が D' において一様収束することを示す．$\nu\geqq 1$ のとき，

$$\boldsymbol{\varphi}_\nu(x)=\boldsymbol{\varphi}_0(x)+(\boldsymbol{\varphi}_1(x)-\boldsymbol{\varphi}_0(x))+\cdots+(\boldsymbol{\varphi}_\nu(x)-\boldsymbol{\varphi}_{\nu-1}(x))$$

であることに注意すれば，級数

$$\sum_{\nu=1}^{\infty}(\boldsymbol{\varphi}_\nu(x)-\boldsymbol{\varphi}_{\nu-1}(x)) \tag{1.15}$$

が D' において一様収束することを示せば十分である．(1.13) と (1.14) とから

$$|\boldsymbol{\varphi}_1(x)-\boldsymbol{\varphi}_0(x)| \leqq \left|\int_a^x \boldsymbol{f}(\xi, \boldsymbol{b})d\xi\right| \leqq M|x-a|. \tag{1.16}$$

$\boldsymbol{\varphi}_\nu$ の定義 (1.14) から

$$\boldsymbol{\varphi}_\nu(x)-\boldsymbol{\varphi}_{\nu-1}(x)=\int_a^x (\boldsymbol{f}(\xi, \boldsymbol{\varphi}_{\nu-1}(\xi))-\boldsymbol{f}(\xi, \boldsymbol{\varphi}_{\nu-2}(\xi)))d\xi.$$

よって

$$|\boldsymbol{\varphi}_\nu(x)-\boldsymbol{\varphi}_{\nu-1}(x)| \leqq \int_a^x |\boldsymbol{f}(\xi, \boldsymbol{\varphi}_{\nu-1}(\xi))-\boldsymbol{f}(\xi, \boldsymbol{\varphi}_{\nu-2}(\xi))||d\xi|.$$

Lipschitz の条件 (1.12) から

$$|\boldsymbol{\varphi}_\nu(x)-\boldsymbol{\varphi}_{\nu-1}(x)| \leqq L'\int_a^x |\boldsymbol{\varphi}_{\nu-1}(\xi)-\boldsymbol{\varphi}_{\nu-2}(\xi)||d\xi| \tag{1.17}$$

が成り立つ．帰納法によって，すべての $\nu\geqq 1$ に対して

$$|\boldsymbol{\varphi}_\nu(x)-\boldsymbol{\varphi}_{\nu-1}(x)| \leqq ML'^{\nu-1}\frac{|x-a|^\nu}{\nu!} \tag{1.18}$$

が成り立つことを示そう．$\nu=1$ のときは (1.16) に他ならない．よって，

$$|\boldsymbol{\varphi}_{\nu-1}(x)-\boldsymbol{\varphi}_{\nu-2}(x)| \leqq ML'^{\nu-2}\frac{|x-a|^{\nu-1}}{(\nu-1)!} \tag{1.19}$$

を仮定して，(1.18) を導けばよい．(1.19) を (1.17) に代入して，

$$|\boldsymbol{\varphi}_\nu(x)-\boldsymbol{\varphi}_{\nu-1}(x)| \leqq L'\int_a^x ML'^{\nu-2}\frac{|\xi-a|^{\nu-1}}{(\nu-1)!}|d\xi|.$$

右辺の積分を計算して (1.18) を得る．

級数

$$\sum_{\nu=1}^{\infty} ML'^{\nu-1}\frac{|x-a|^\nu}{\nu!}=\frac{M}{L'}\sum_{\nu=1}^{\infty}\frac{(L'|x-a|)^\nu}{\nu!}$$

は D' において一様収束するから，級数 (1.15) も D' において一様収束する．ゆえに，$\boldsymbol{\varphi}_0(x)$, $\boldsymbol{\varphi}_1(x)$, $\cdots$ は D' において一様収束する．

$\boldsymbol{\varphi}_0(x)$, $\boldsymbol{\varphi}_1(x)$, $\cdots$ の極限関数を $\boldsymbol{\varphi}(x)$ とする．$\boldsymbol{\varphi}(x)$ は D' において整型で (1.11) を満たすことは明らかである．$\{\boldsymbol{\varphi}_\nu(x)\}$ の一様収束性から，$\{\boldsymbol{f}(x, \boldsymbol{\varphi}_\nu(x))\}$ の一様収束性がいえることに注意して，$\boldsymbol{\varphi}_\nu(x)$ の定義

$$\boldsymbol{\varphi}_\nu(x) = \boldsymbol{b} + \int_a^x \boldsymbol{f}(\xi, \boldsymbol{\varphi}_{\nu-1}(\xi))d\xi$$

において，$\nu \to \infty$ とすれば，

$$\boldsymbol{\varphi}(x) = \boldsymbol{b} + \int_a^x \boldsymbol{f}(\xi, \boldsymbol{\varphi}(\xi))d\xi$$

を得る．よって，$\boldsymbol{\varphi}(x)$ が求める解である．

つぎに，D' において整型で初期条件 (1.9) を満たす解はただ一つであることを証明する．そのためには，$\boldsymbol{\varphi}(x), \boldsymbol{\psi}(x)$ が D' において整型かつ (1.9) を満たすならば，十分小さい $r_0>0$ に対して，$|x-a|<r_0$ において

$$\boldsymbol{\varphi}(x) = \boldsymbol{\psi}(x)$$

が成り立つことを示せばよい．なぜなら，一致の定理によって，D' において $\boldsymbol{\varphi}(x)$ と $\boldsymbol{\psi}(x)$ は一致するからである．

r_0 を $0<r_0<s'$, $L'r_0<1$ を満たすようにとり，

$$m = \sup\{|\boldsymbol{\varphi}(x)-\boldsymbol{\psi}(x)| \mid |x-a|<r_0\}$$

とおく．$\boldsymbol{\varphi}(x), \boldsymbol{\psi}(x)$ は

$$\boldsymbol{\varphi}(x) = \boldsymbol{b} + \int_a^x \boldsymbol{f}(\xi, \boldsymbol{\varphi}(\xi))d\xi, \qquad \boldsymbol{\psi}(x) = \boldsymbol{b} + \int_a^x \boldsymbol{f}(\xi, \boldsymbol{\psi}(\xi))d\xi$$

を満たすから，

$$\boldsymbol{\varphi}(x) - \boldsymbol{\psi}(x) = \int_a^x (\boldsymbol{f}(\xi, \boldsymbol{\varphi}(\xi)) - \boldsymbol{f}(\xi, \boldsymbol{\psi}(\xi)))d\xi.$$

Lipschitz の条件 (1.12) から

$$|\boldsymbol{\varphi}(x) - \boldsymbol{\psi}(x)| \leqq L' \int_a^x |\boldsymbol{\varphi}(\xi) - \boldsymbol{\psi}(\xi)||d\xi|.$$

$|\xi-a|<r_0$ において

$$|\boldsymbol{\varphi}(\xi) - \boldsymbol{\psi}(\xi)| \leqq m$$

であるから，$|x-a|<r_0$ において

$$|\boldsymbol{\varphi}(x) - \boldsymbol{\psi}(x)| \leqq L'mr_0.$$

これから

$$m \leqq L'r_0 \cdot m.$$

$L'r_0<1$ であるから，$m\leqq 0$．したがって，$|x-a|<r_0$ において $\boldsymbol{\varphi}(x)=\boldsymbol{\psi}(x)$ がいえた．

$r'\to r$，$\rho'\to\rho$ のとき，

$$s' = \min\left(r', \frac{\rho'}{M}\right) \longrightarrow s = \min\left(r, \frac{\rho}{M}\right)$$

であることに注意すれば，求める解は D で整型なことが分る．▌

系　$\boldsymbol{f}(x, \boldsymbol{y})$ は $\boldsymbol{C}^{n+1}$ の領域 $\mathcal{E}$ において整型とする．そのとき任意の $(a, \boldsymbol{b}) \in \mathcal{E}$ に対し，$x=a$ で整型で初期条件 (1.9) を満たす解がただ一つ存在する．

証明　$(a, \boldsymbol{b})$ は $\mathcal{E}$ の内点であるから，領域

$$\mathcal{D}:\ |x-a| < r, \quad |\boldsymbol{y}-\boldsymbol{b}| < \rho$$

が $\mathcal{E}$ に含まれ，かつ，$\boldsymbol{f}$ が $\mathcal{D}$ において有界であるような r, ρ をとれる．$\mathcal{D}$ において定理 1.4 を適用すればよい．▌

b）高階微分方程式に対する存在定理

n 階微分方程式

$$y^{(n)} = f(x, y, y', \cdots, y^{(n-1)}) \tag{1.20}$$

を考える．

$$y_1 = y, \quad y_2 = y', \quad \cdots, \quad y_n = y^{(n-1)}$$

とおくと，(1.20) は微分方程式系

$$\begin{cases} y_1' = y_2 \\ \cdots\cdots\cdots \\ y_{n-1}' = y_n \\ y_n' = f(x, y_1, \cdots, y_n) \end{cases}$$

に移る．この方程式に定理 1.4 の系を適用して，次の定理を得る．

定理 1.5　$f(x, y_1, \cdots, y_n)$ は点 $(a, b_1, \cdots, b_n)$ において整型とする．そのとき，$x=a$ で整型でかつ初期条件

$$y(a) = b_1, \quad y'(a) = b_2, \quad \cdots, \quad y^{(n-1)}(a) = b_n$$

を満たす (1.20) の解がただ一つ存在する．——

c）線型微分方程式

線型微分方程式

$$(1.21) \qquad \frac{dy_j}{dx} = \sum_{k=1}^{n} p_{jk}(x) y_k + q_j(x) \qquad (j=1, \cdots, n)$$

を考える．次の定理を証明しよう．

定理 1.6 $p_{jk}(x)$, $q_j(x)$ はすべて $|x-a|<r$ において整型とする．そのとき，任意の $\boldsymbol{b} \in \boldsymbol{C}^n$ に対して，$x=a$ で整型かつ初期条件 (1.9) を満たす (1.21) の解はただ一つ存在して，$|x-a|<r$ において整型である．

証明
$$f_j(x, y) = \sum_{k=1}^{n} p_{jk}(x) y_k + q_j(x) \qquad (j=1, \cdots, n)$$

とおく．$\boldsymbol{f}=(f_1, \cdots, f_n)$ は $(\boldsymbol{a}, \boldsymbol{b})$ の適当な近傍で整型かつ有界であるから，$x=a$ で整型かつ (1.9) を満たす (1.21) の解 $\boldsymbol{\varphi}(x)=(\varphi_1(x), \cdots, \varphi_n(x))$ が存在してただ一つである．したがって，$\boldsymbol{\varphi}(x)$ が $|x-a|<r$ において整型であることを証明すればよい．そのためには，$0<r'<r$ を満たす任意の r' に対して，$\boldsymbol{\varphi}(x)$ は $|x-a|<r'$ において整型であることを証明すれば十分である．$|x-a|<r'$ において $p_{jk}(x)$, $q_j(x)$ はすべて有界である：

$$|p_{jk}(x)| \leqq K', \qquad |q_j(x)| \leqq K'.$$

$|x-a|<r'$ において，

$$\left| \left(\sum_{k=1}^{n} p_{jk}(x) y_k + q_j(x) \right) - \left(\sum_{k=1}^{n} p_{jk}(x) z_k + q_j(x) \right) \right|$$
$$\leqq \sum_{k=1}^{n} |p_{jk}(x)| |y_k - z_k|$$
$$\leqq nK' \cdot \max(|y_1 - z_1|, \cdots, |y_n - z_n|)$$

であるから，$|x-a|<r'$, $|\boldsymbol{y}|<\infty$ において Lipschitz の条件

$$|\boldsymbol{f}(x, \boldsymbol{y}) - \boldsymbol{f}(x, \boldsymbol{z})| \leqq L' |\boldsymbol{y} - \boldsymbol{z}| \qquad (L'=nK')$$

が成り立つ．

近似関数の列 $\boldsymbol{\varphi}_0, \boldsymbol{\varphi}_1, \cdots$ を前のように

$$\boldsymbol{\varphi}_0(x) = \boldsymbol{b},$$
$$\boldsymbol{\varphi}_\nu(x) = \boldsymbol{b} + \int_a^x \boldsymbol{f}(\xi, \boldsymbol{\varphi}_{\nu-1}(\xi)) d\xi \qquad (\nu \geqq 1)$$

によって定義する．$\{\boldsymbol{\varphi}_\nu\}$ が $|x-a|<r'$ において整型であることは明らかであるから，$\{\boldsymbol{\varphi}_\nu\}$ が $|x-a|<r'$ において一様収束することを示せばよい．

$$|\boldsymbol{\varphi}_1(x)-\boldsymbol{\varphi}_0(x)| \leqq \int_a^x |\boldsymbol{f}(\xi, \boldsymbol{b})||d\xi|$$

$$\leqq \max_{j=1}^{n} \int_a^x \left(\sum_{k=1}^{n} |p_{jk}(\xi)||b_k|+|q_j(\xi)|\right)|d\xi|$$

であるから，

$$|\boldsymbol{\varphi}_1(x)-\boldsymbol{\varphi}_0(x)| \leqq (L'|\boldsymbol{b}|+K')|x-a|.$$

これと

$$|\boldsymbol{\varphi}_\nu(x)-\boldsymbol{\varphi}_{\nu-1}(x)| \leqq L'\int_a^x |\boldsymbol{\varphi}_{\nu-1}(\xi)-\boldsymbol{\varphi}_{\nu-2}(\xi)||d\xi| \qquad (\nu \geqq 2)$$

とから，定理1.4の証明における計算と同様にして，

$$|\boldsymbol{\varphi}_\nu(x)-\boldsymbol{\varphi}_{\nu-1}(x)| \leqq (L'|\boldsymbol{b}|+K')L'^{\nu-1}\frac{|x-a|^\nu}{\nu!}$$

を得る．前と同じ推論によって $\{\boldsymbol{\varphi}_\nu\}$ の一様収束性が証明される．▮

§1.3　解の解析接続

a) 解析接続

1変数整型関数のいくつかの性質はそのまま多変数整型関数に対しても成り立つ．

一致の定理は多変数整型関数に対しても成り立つ．D, D_0 は $\boldsymbol{C}^n$ の領域で $D_0 \subset D$ とする．$f, g: D \to \boldsymbol{C}$ は D で整型で，$f(\boldsymbol{y})=g(\boldsymbol{y})$ $(\boldsymbol{y} \in D_0)$ が成り立つとする．そのとき，f と g とは D で恒等的に等しい．

D_1, D_2 は $\boldsymbol{C}^n$ の領域で $D_1 \cap D_2 \neq \phi$ とする．$f_1: D_1 \to \boldsymbol{C}$ は D_1 で整型，$f_2: D_2 \to \boldsymbol{C}$ は D_2 で整型とする．$f_1(\boldsymbol{y})=f_2(\boldsymbol{y})$ $(\boldsymbol{y} \in D_1 \cap D_2)$ ならば，

$$f(\boldsymbol{y}) = \begin{cases} f_1(\boldsymbol{y}) & (\boldsymbol{y} \in D_1) \\ f_2(\boldsymbol{y}) & (\boldsymbol{y} \in D_2) \end{cases}$$

とおくと，f は $D=D_1 \cup D_2$ において整型である．f_1 と f_2 とは**互いに他の解析接続**，f は f_1 または f_2 の D **への解析接続**という．一致の定理により，解析接続は，存在すれば，ただ一通りである．

$\boldsymbol{C}^n$ の領域で整型な関数をできるだけ広い領域に解析接続していくと，もうこれ以上解析接続できないような関数に到達する．このような関数をしばしば複素解析関数とよぶ．複素解析関数は1価関数とはかぎらず，多価関数となることが

ある．

1変数のときと同様，曲線に沿っての解析接続を定義できる．これについて簡単に説明しよう．

収束ベキ級数

$$f(\boldsymbol{y}) = \sum c_{k_1\cdots k_n}(y_1-a_1)^{k_1}\cdots(y_n-a_n)^{k_n}$$

の収束域を $\varDelta$ とすると，$f(\boldsymbol{y})$ は $\varDelta$ で整型である．$\varDelta$ の点 $\boldsymbol{b}=(b_1, \cdots, b_n)$ における $f(\boldsymbol{y})$ の Taylor 展開を

$$g(\boldsymbol{y}) = \sum d_{k_1\cdots k_n}(y_1-b_1)^{k_1}\cdots(y_n-b_n)^{k_n}$$

とすれば，$g(\boldsymbol{y})$ は右辺の収束域で整型であって，$f(\boldsymbol{y})$ の解析接続である．このような $g(\boldsymbol{y})$ を $f(\boldsymbol{y})$ の**直接接続**という．

点 $\boldsymbol{a}$ と点 $\boldsymbol{\alpha}$ を結ぶ曲線

$$C:\ \boldsymbol{y} = \boldsymbol{y}(t) \qquad (0\leqq t\leqq 1)$$

に対し，次の条件が満たされるとき，$f(\boldsymbol{y})$ は **C に沿って $\boldsymbol{\alpha}$ まで解析接続**されるという．

(1) 各 $t\in[0, 1]$ に点 $\boldsymbol{y}(t)=(y_1(t), \cdots, y_n(t))$ を中心とする収束ベキ級数

$$f_t(\boldsymbol{y}) = \sum c_{k_1\cdots k_n}(t)(y_1-y_1(t))^{k_1}\cdots(y_n-y_n(t))^{k_n}$$

が対応している．

(2) $f_0(\boldsymbol{y}) = f(\boldsymbol{y})$.

(3) 任意の $\tau\in[0, 1]$ に対して，次のような $\varepsilon>0$ がとれる：$t\in[0, 1]\cap[\tau-\varepsilon, \tau+\varepsilon]$ ならば，$\boldsymbol{y}(t)$ は f_τ の収束域 $\varDelta_\tau$ に属し，f_t は f_τ の直接接続である．

$f(\boldsymbol{y})$ が C に沿って解析接続可能なことを証明するには次のことを示せば十分である．区間 $[0, 1]$ の分割

$$0 = t_0 < t_1 < t_2 < \cdots < t_N = 1$$

と $\boldsymbol{y}(t_0), \boldsymbol{y}(t_1), \cdots, \boldsymbol{y}(t_N)$ を中心とする収束ベキ級数の列

$$f_0(\boldsymbol{y}),\quad f_1(\boldsymbol{y}),\quad \cdots,\quad f_N(\boldsymbol{y}) \qquad (f_0(\boldsymbol{y})=f(\boldsymbol{y}))$$

で，$t\in[t_{\nu-1}, t_\nu]$ ならば，$\boldsymbol{y}(t)$ は $f_{\nu-1}(\boldsymbol{y})$ の収束域に含まれ，$f_\nu(\boldsymbol{y})$ は $f_{\nu-1}(\boldsymbol{y})$ の直接接続となっているものが存在する．

$\varDelta_0, \varDelta$ は $\boldsymbol{C}^l$ の領域で $\varDelta_0\subset\varDelta$，$\boldsymbol{\psi}_0:\varDelta_0\to\boldsymbol{C}^m$ は $\varDelta_0$ で整型，$\boldsymbol{\psi}:\varDelta\to\boldsymbol{C}^m$ は $\varDelta$ で整型で，かつ $\boldsymbol{\psi}$ は $\boldsymbol{\psi}_0$ の $\varDelta$ への解析接続であるとする．$\boldsymbol{F}$ は $\boldsymbol{C}^m$ の領域 D から $\boldsymbol{C}^n$ への整型写像で，$\boldsymbol{x}\in\varDelta$ ならば $\boldsymbol{\psi}(\boldsymbol{x})\in D$ とする．そのとき

$$\boldsymbol{F}(\boldsymbol{\psi}_0(\boldsymbol{x})) = \boldsymbol{0} \qquad (\boldsymbol{x} \in \Delta_0)$$

が成り立てば,

$$\boldsymbol{F}(\boldsymbol{\psi}(\boldsymbol{x})) = \boldsymbol{0} \qquad (\boldsymbol{x} \in \Delta)$$

が成り立つ. この事実は**関数関係不変の定理**といわれる.

b) 解の解析接続

微分方程式

$$\frac{d\boldsymbol{y}}{dx} = \boldsymbol{f}(x, \boldsymbol{y}) \tag{1.8}$$

にもどる.

定理 1.7 $\boldsymbol{f}$ は $\boldsymbol{C}^{n+1}$ の領域 $\mathscr{D}$ で整型, $\boldsymbol{\varphi}_0(x)$ は $\boldsymbol{C}$ の領域 D_0 における (1.8) の解とする. D は D_0 を含む領域で $\boldsymbol{\varphi}: D \to \boldsymbol{C}^n$ は $\boldsymbol{\varphi}_0$ の D への解析接続で, $x \in D$ のとき, $(x, \boldsymbol{\varphi}(x)) \in \mathscr{D}$ とする. そのとき, $\boldsymbol{\varphi}(x)$ は D における (1.8) の解である.

証明 $\boldsymbol{\varphi}'$ は $\boldsymbol{\varphi}_0'$ の D への解析接続である. したがって, $\boldsymbol{\psi}(x) = (x, \boldsymbol{\varphi}(x), \boldsymbol{\varphi}'(x))$ は $\boldsymbol{\psi}_0(x) = (x, \boldsymbol{\varphi}_0(x), \boldsymbol{\varphi}_0'(x))$ の D への解析接続となる.

$$\boldsymbol{F}(x, \boldsymbol{y}, \boldsymbol{z}) = \boldsymbol{f}(x, \boldsymbol{y}) - \boldsymbol{z}$$

とおくと, 仮定から, $x \in D$ のとき, $\boldsymbol{F}$ は点 $\boldsymbol{\psi}(x)$ で整型である. $\boldsymbol{\varphi}_0$ は (1.8) の解であるから

$$\boldsymbol{F}(\boldsymbol{\psi}_0(x)) = 0 \qquad (x \in D_0).$$

関数関係不変の定理によって

$$\boldsymbol{F}(\boldsymbol{\psi}(x)) = 0 \qquad (x \in D).$$

これは $\boldsymbol{\psi}(x)$ が D における (1.8) の解であることを示している. ▌

定理 1.7 は, 解の解析接続は, それが $\boldsymbol{f}$ の整型である領域に止まる限り, 解であることを主張している. しかし, 解の解析接続は $\boldsymbol{f}$ の整型である領域に止まるとは限らない.

例 1.1 $a(x)$ は単位円 $D: |x|<1$ で整型であるが, D の外へは解析接続されないものとする. たとえば, $a(x)$ として

$$a(x) = 1 + x + x^{2!} + x^{3!} + \cdots + x^{n!} + \cdots$$

をとれる. 方程式

$$y' = a(x)(y-x)^2 + 1$$

の右辺が整型な領域は $D\times \boldsymbol{C}$ である．一方，$y=x$ は $\boldsymbol{C}$ で整型であるが，解としては D 内で考えなければならない．——

線型微分方程式

$$y_j' = \sum_{k=1}^{n} p_{jk}(x)y_k + q_j(x) \tag{1.21}$$

を考える．

定理 1.8 $p_{jk}(x)$，$q_j(x)$ はすべて領域 D で整型とする．D の任意の点 a で整型な (1.21) の解は a から出る D 内の任意の曲線に沿って解析接続可能である．

証明 $\varphi_0(x)$ を a において整型な解，

$$C:\ x = x(t)\ \ (0\leqq t\leqq 1),\quad x(0) = a$$

を a から出る D 内の曲線とする．C は D 内のコンパクトな集合をなすから，C から D の境界への距離 δ は正である．定理 1.6 によって，C 上の任意の点 $x(t)$ で整型な解は円板 $|x-x(t)|<\delta$ において整型である．区間 $[0,1]$ の分割 $0=t_0<t_1<\cdots<t_N=1$ を，C の弧 $x=x(t)$ $(t_\nu\leqq t\leqq t_{\nu+1})$ が $x(t_\nu)$ を中心とする半径 δ の円板内に含まれるようにとる．$t=0$ に対して，解 $\varphi_0(x)$ の $x=a=x(0)$ における Taylor 展開を対応させる．$x(t_1)$ は $\varphi_0(x)$ の Taylor 展開の収束円内に含まれるから，t_1 に対して $\varphi_0(x)$ の $x(t_1)$ における直接接続を対応させる．このようにして，各 t_ν に収束ベキ級数を対応させることができて，$\varphi_0(x)$ は C に沿って解析接続可能であることが分る．▮

この定理を次のようにいうことができる：線型微分方程式の解の特異点は係数の特異点の所に現れる．領域 D が単連結であれば，すべての解は D で1価であるが，単連結でなければ，解は D において1価とは限らない．

c) 解の曲線に沿っての解析接続

点 a に収束する曲線

$$C:\ x = x(t)\ \ (0\leqq t<1),\quad x(t) \longrightarrow a\ \ (t\to 1)$$

を考える．(1.8) の解 φ が C に沿って a の**直前まで解析接続可能**，すなわち，任意の $t_0 \in [0,1)$ に対し φ は C の弧 $x=x(t)$ $(0\leqq t\leqq t_0)$ に沿って $x(t_0)$ まで解析接続可能のとき，φ が C に沿って a まで解析接続可能な条件は次の定理で与えられる．

定理 1.9 (1.8) の解 φ は曲線 C に沿って a の直前まで解析接続可能，かつ，

C 上の点列 $\{x(t_\nu)\}_{\nu=1}^{\infty}$, $t_\nu \to 1$ $(\nu\to\infty)$ で $\{\boldsymbol{\varphi}(x(t_\nu))\}_{\nu=1}^{\infty}$ がある値 $\boldsymbol{b}$ に収束するものが存在するとする．そのとき $\boldsymbol{f}$ が $(a, \boldsymbol{b})$ で整型ならば，$\boldsymbol{\varphi}$ は C に沿って a まで解析接続可能である．

証明　r, ρ を適当にとって，$\boldsymbol{f}$ は $|x-a|<r$, $|\boldsymbol{y}-\boldsymbol{b}|<\rho$ において整型かつ $|\boldsymbol{f}(x, \boldsymbol{y})|\leqq M$ とする．曲線 C は円板 $|x-a|<r$ に含まれているとして一般性を失わない．

$$|x_0-a| < \frac{r}{2}, \qquad |\boldsymbol{y}_0-\boldsymbol{b}| < \frac{\rho}{2}$$

を満たす任意の $(x_0, \boldsymbol{y}_0)$ に対し，$\boldsymbol{f}$ は

$$|x-x_0| < \frac{r}{2}, \qquad |\boldsymbol{y}-\boldsymbol{y}_0| < \frac{\rho}{2}$$

において整型かつ $|\boldsymbol{f}(x, \boldsymbol{y})|\leqq M$ を満たす．ゆえに定理1.4によって，$x=x_0$ で整型かつ $\boldsymbol{y}(x_0)=\boldsymbol{y}_0$ を満たす(1.8)の解は

$$|x-x_0| < s' = \min\left(\frac{r}{2}, \frac{\rho}{2M}\right) = \frac{1}{2}\min\left(r, \frac{\rho}{M}\right)$$

において整型である．ここで s' は $(x_0, \boldsymbol{y}_0)$ に無関係な定数$(\leqq r/2)$であることに注意する．$\{x(t_\nu), \boldsymbol{\varphi}(x(t_\nu))\}_{\nu=1}^{\infty}$ は $(a, \boldsymbol{b})$ に収束するから，十分大きい番号 ν に対して

$$|x(t_\nu)-a| < s' \leqq \frac{r}{2}, \qquad |\boldsymbol{\varphi}(x(t_\nu))-\boldsymbol{b}| < \frac{\rho}{2}$$

となる．そのとき，$\boldsymbol{\varphi}$ は $|x-x(t_\nu)|<s'$ において整型であり，$|x-x(t_\nu)|<s'$ は点 $x=a$ を含む．このことから，$\boldsymbol{\varphi}$ は C に沿って a まで解析接続可能であることが分る．∎

定理1.4によって，$\boldsymbol{f}$ が $(a, \boldsymbol{b})$ で整型ならば，$x=a$ で整型かつ初期条件 $\boldsymbol{y}(a)=\boldsymbol{b}$ を満たす解はただ一つである．定理1.9は，a を境界点にもつ領域 D 内で整型な解 $\boldsymbol{\varphi}$ に対し，a に収束する D 内の曲線上の点列 $\{x_\nu\}$ $(x_\nu\to a)$ に沿って $\boldsymbol{\varphi}(x_\nu)\to\boldsymbol{b}$ となる解は $x=a$ で整型であることを主張している．したがって，解は定理1.4でその存在を保障されている解と一致する．このことから，定理1.9は拡張された意味の初期値問題の一意性を述べた定理ともみなされる．

(1.8)の解 $\boldsymbol{\varphi}$ は，$x=a$ で整型で初期条件 $\boldsymbol{y}(a)=\boldsymbol{b}$ を満たし，かつ，点 a と a' を結ぶ滑らかな曲線

$$C:\ x = x(t)\ \ (0 \leqq t \leqq 1),\quad x(0) = a,\quad x(1) = a'$$

上において整型とする．そのとき，

$$\boldsymbol{z} = \boldsymbol{\psi}(t) = \boldsymbol{\varphi}(x(t))$$

とおくと，

$$\frac{d\boldsymbol{\psi}}{dt} = \frac{d\boldsymbol{\varphi}}{dx}\frac{dx}{dt}$$

であるから，$\boldsymbol{\psi}(t)$ は初期条件

$$\boldsymbol{z}(0) = \boldsymbol{b} \tag{1.22}$$

を満たす

$$\frac{d\boldsymbol{z}}{dt} = x'(t)\boldsymbol{f}(x(t), \boldsymbol{z}) \tag{1.23}$$

の解である．次の定理はこの事実の逆が成り立つことを主張する．

定理 1.10　$\boldsymbol{z}=\boldsymbol{\psi}(t)$ は初期条件 (1.22) を満たす $[0, 1]$ における (1.23) の解で，任意の $t \in [0, 1]$ に対し，$\boldsymbol{f}$ は点 $(x(t), \boldsymbol{\psi}(t))$ で整型とする．そのとき，C において整型で $\boldsymbol{y}(a)=\boldsymbol{b}$ を満たす (1.8) の解 $\boldsymbol{\varphi}$ が存在して

$$\boldsymbol{\psi}(t) = \boldsymbol{\varphi}(x(t)) \qquad (0 \leqq t \leqq 1). \tag{1.24}$$

証明　(1.23) の右辺は $\boldsymbol{z}$ について Lipschitz の条件を満たすから，初期値問題の解に対し一意性が成り立つ．

$\boldsymbol{f}$ は $(a, \boldsymbol{b})$ で整型であるから，$x=a$ で整型で $\boldsymbol{y}(a)=\boldsymbol{b}$ を満たす (1.8) の解はある円板 $|x-a|<s$ において整型である．$[0, t_0)$ において $|x(t)-a|<s$ ならば，$\boldsymbol{z}=\boldsymbol{\varphi}(x(t))$ は $[0, t_0)$ における (1.23) の解で (1.22) を満たすから，$[0, t_0)$ において (1.24) が成り立つ．

区間 $[0, \tau)$ に対し $\boldsymbol{\varphi}$ は C の弧 $x=x(t)$ $(0 \leqq t < \tau)$ で整型かつ $[0, \tau)$ で (1.24) が成り立つような τ の上限を t' としたとき，$t'=1$ でかつ $\boldsymbol{\varphi}$ は $a'=x(1)$ で整型なことを証明すればよい．$t'<1$ と仮定する．そのとき，$\boldsymbol{\varphi}$ は C の弧 $x=x(t)$ $(0 \leqq t < t')$ において整型で (1.24) が成り立つから

$$\boldsymbol{\varphi}(x(t)) \longrightarrow \boldsymbol{\psi}(t') \qquad (t \to t').$$

したがって，定理 1.9 により，$\boldsymbol{\varphi}$ は $x(t')$ において整型で $\boldsymbol{\varphi}(x(t'))=\boldsymbol{\psi}(t')$ を満たす．$\boldsymbol{\varphi}$ は $|x-x(t')|<s'$ において整型とすれば，$t' \leqq t \leqq t''$ に対して $|x(t)-x(t')|<s'$ となる $t''>t'$ がとれて，$\boldsymbol{\varphi}$ は弧 $x=x(t)$ $(0 \leqq t \leqq t'')$ において整型でか

つ(1.24)が成り立つ．これは t' の定義に反する．ゆえに $t'=1$ である．同じ論法を区間 $[0, 1)$ に対して適用して，$\boldsymbol{\varphi}$ は $a'=x(1)$ で整型であることが分る．∎

§1.4 パラメータと初期値に関する整型性

a) パラメータに関する整型性

何個かのパラメータが微分方程式に含まれる場合がよくある．パラメータの個数を m とし $\boldsymbol{\lambda}=(\lambda_1, \cdots, \lambda_m)$ とおく．$\boldsymbol{\lambda}$ をパラメータとして含む微分方程式

$$\boldsymbol{y}' = \boldsymbol{f}(x, \boldsymbol{y}, \boldsymbol{\lambda}) \tag{1.25}$$

を考える．$(x, \boldsymbol{y})$ は $\boldsymbol{C}^{n+1}$ の領域 $\mathcal{D}$ を動き，$\boldsymbol{\lambda}$ は $\boldsymbol{C}^m$ の領域 $\varDelta$ を動くものとし，$\boldsymbol{f}: \mathcal{D}\times\varDelta\to\boldsymbol{C}^n$ は $\mathcal{D}\times\varDelta$ において整型とする．$(a, \boldsymbol{b})\in\mathcal{D}$ とし，$x=a$ で整型で，$\boldsymbol{\lambda}$ に無関係な初期条件

$$\boldsymbol{y}(a) = \boldsymbol{b} \tag{1.26}$$

を満たす解が各 $\boldsymbol{\lambda}\in\varDelta$ に対して存在する．このような解は $\boldsymbol{\lambda}$ に関係するから，それを $\boldsymbol{\varphi}(x, \boldsymbol{\lambda})$ と書く．第一の目的は $\boldsymbol{\varphi}$ を $(x, \boldsymbol{\lambda})$ の関数として考察することである．

定理 1.11 $\boldsymbol{f}$ は領域

$$\mathcal{D}:\ |x-a| < r, \quad |\boldsymbol{y}-\boldsymbol{b}| < \rho$$

と $\varDelta$ との直積 $\mathcal{D}\times\varDelta$ において整型かつ

$$|\boldsymbol{f}(x, \boldsymbol{y}, \boldsymbol{\lambda})| \leqq M$$

とする．そのとき，$x=a$ で整型で初期条件(1.26)を満たす解 $\boldsymbol{\varphi}(x, \boldsymbol{\lambda})$ は $\boldsymbol{C}$ の領域

$$D:\ |x-a| < s = \min\left(r, \frac{\rho}{M}\right)$$

と $\varDelta$ との直積 $D\times\varDelta$ において整型である．

証明 逐次近似法による．各近似関数は $\boldsymbol{\lambda}$ に関係することに注意して，

$$\boldsymbol{\varphi}_0(x, \boldsymbol{\lambda}) = \boldsymbol{b},$$

$$\boldsymbol{\varphi}_\nu(x, \boldsymbol{\lambda}) = \boldsymbol{b}+\int_a^x \boldsymbol{f}(\xi, \boldsymbol{\varphi}_{\nu-1}(\xi, \boldsymbol{\lambda}), \boldsymbol{\lambda})d\xi \qquad (\nu\geqq 1)$$

とおく．定理1.4の証明とまったく同様にして，$\boldsymbol{\varphi}_\nu(x, \boldsymbol{\lambda})$ は各 $\boldsymbol{\lambda}\in\varDelta$ に対して，x の関数として D において整型で不等式 $|\boldsymbol{\varphi}_\nu(x, \boldsymbol{\lambda})-\boldsymbol{b}|<\rho$ を満たし，かつ関数列

$\{\boldsymbol{\varphi}_\nu(x, \boldsymbol{\lambda})\}_{\nu=0}^{\infty}$ は $D\times\Delta$ においてある $\boldsymbol{\varphi}(x, \boldsymbol{\lambda})$ に一様収束する．

各近似関数 $\boldsymbol{\varphi}_\nu(x, \boldsymbol{\lambda})$ は $(x, \boldsymbol{\lambda})$ の関数として $D\times\Delta$ において連続，かつ，$\boldsymbol{\lambda}$ の関数として Δ において整型であることが帰納法によって容易に示される．したがって，定理 1.2 によって，$\boldsymbol{\varphi}_\nu(x, \boldsymbol{\lambda})$ はすべて $D\times\Delta$ において整型である．整型関数の列が一様収束すれば，その極限関数も整型であることから，定理の結論を得る．∎

$\boldsymbol{\varphi}(x, \boldsymbol{\lambda})$ は解であるから

$$\frac{\partial\boldsymbol{\varphi}(x, \boldsymbol{\lambda})}{\partial x} = \boldsymbol{f}(x, \boldsymbol{\varphi}(x, \boldsymbol{\lambda}), \boldsymbol{\lambda}).$$

この両辺を $\lambda_1, \cdots, \lambda_m$ のうちの一つ，たとえば λ_k で偏微分してみる．$\boldsymbol{\varphi}=(\varphi_1, \cdots, \varphi_n)$，$\boldsymbol{f}=(f_1, \cdots, f_n)$ とおくと，

$$\frac{\partial^2\varphi_j(x, \boldsymbol{\lambda})}{\partial\lambda_k\partial x} = \sum_{\nu=1}^{n}\frac{\partial f_j}{\partial y_\nu}(x, \boldsymbol{\varphi}(x, \boldsymbol{\lambda}), \boldsymbol{\lambda})\frac{\partial\varphi_\nu(x, \boldsymbol{\lambda})}{\partial\lambda_k} + \frac{\partial f_j}{\partial\lambda_k}(x, \boldsymbol{\varphi}(x, \boldsymbol{\lambda}), \boldsymbol{\lambda}).$$

$\boldsymbol{\lambda}$ を固定して，

$$\psi_j(x) = \frac{\partial\varphi_j(x, \boldsymbol{\lambda})}{\partial\lambda_k},$$

$$p_{j\nu}(x) = \frac{\partial f_j}{\partial y_\nu}(x, \boldsymbol{\varphi}(x, \boldsymbol{\lambda}), \boldsymbol{\lambda}),$$

$$q_j(x) = \frac{\partial f_j}{\partial\lambda_k}(x, \boldsymbol{\varphi}(x, \boldsymbol{\lambda}), \boldsymbol{\lambda})$$

とおく．$\partial^2\varphi_j(x, \boldsymbol{\lambda})/\partial\lambda_k\partial x = d\psi_j(x)/dx$ に注意すれば，上の関係式を

$$\frac{d\psi_j(x)}{dx} = \sum_{\nu=1}^{n}p_{j\nu}(x)\psi_\nu(x) + q_j(x) \qquad (j=1, \cdots, n)$$

と書き直すことができる．また，$\boldsymbol{\varphi}(a, \boldsymbol{\lambda})=\boldsymbol{b}$ であるから $\partial\boldsymbol{\varphi}(a, \boldsymbol{\lambda})/\partial\lambda_k=0$，すなわち

$$\psi_j(a) = 0 \qquad (j=1, \cdots, n)$$

を得る．

以上のことから，$\boldsymbol{\lambda}$ を固定したとき，

$$\boldsymbol{z} = (\psi_1(x), \cdots, \psi_n(x)) = \left(\frac{\partial\varphi_1(x, \boldsymbol{\lambda})}{\partial\lambda_k}, \cdots, \frac{\partial\varphi_n(x, \boldsymbol{\lambda})}{\partial\lambda_k}\right)$$

は初期条件

$$z_j(a) = 0 \qquad (j=1, \cdots, n)$$

を満たす線型微分方程式

(1.27) $$z_j' = \sum_{\nu=1}^{n} p_{j\nu}(x) z_\nu + q_j(x)$$

の解であることを示している．線型微分方程式 (1.27) を (1.26) の**パラメータに関する変分方程式**という．

b）初期値に関する整型性

微分方程式

(1.8) $$\boldsymbol{y}' = \boldsymbol{f}(x, \boldsymbol{y})$$

にもどる．解は初期条件を変えれば変るから，初期条件

(1.28) $$\boldsymbol{y}(\xi) = \boldsymbol{\eta}$$

を満たす (1.8) の解を $\boldsymbol{\varphi}(x, \xi, \boldsymbol{\eta})$ と書くことにする．

定理 1.12 $\boldsymbol{f}$ は

$$|x-a| < r, \qquad |\boldsymbol{y}-\boldsymbol{b}| < \rho$$

において整型かつ

$$|\boldsymbol{f}(x, \boldsymbol{y})| \leqq M$$

を満たすとする．そのとき，$\boldsymbol{\varphi}(x, \xi, \boldsymbol{\eta})$ は $\boldsymbol{C}^{n+2}$ の領域

$$|\xi-a| < \frac{r}{2}, \qquad |\boldsymbol{\eta}-\boldsymbol{b}| < \frac{\rho}{2}, \qquad |x-\xi| < s' = \min\left(\frac{r}{2}, \frac{\rho}{2M}\right)$$

において整型である．

証明 変数変換

$$x = z+\xi, \qquad \boldsymbol{y} = \boldsymbol{w}+\boldsymbol{\eta}$$

によって，(1.8) は $\xi, \boldsymbol{\eta}$ をパラメータとして含む微分方程式

(1.29) $$\frac{d\boldsymbol{w}}{dz} = \boldsymbol{f}(z+\xi, \boldsymbol{w}+\boldsymbol{\eta})$$

に変換される．初期条件 (1.28) を満たす (1.8) の解 $\boldsymbol{\varphi}(x, \xi, \boldsymbol{\eta})$ に初期条件

$$\boldsymbol{w}(0) = \boldsymbol{0}$$

を満たす (1.29) の解 $\boldsymbol{\psi}(z, \xi, \boldsymbol{\eta}) = \boldsymbol{\varphi}(z+\xi, \xi, \boldsymbol{\eta}) - \boldsymbol{\eta}$ が対応する．ゆえに，$\boldsymbol{\psi}(z, \xi, \boldsymbol{\eta})$ が

$$|\xi-a| < \frac{r}{2}, \qquad |\boldsymbol{\eta}-\boldsymbol{b}| < \frac{\rho}{2}, \qquad |z| < s'$$

において整型であることを示せばよい．

(1.29)の右辺は $|z|<r/2$, $|\boldsymbol{w}|<\rho/2$, $|\xi-a|<r/2$, $|\boldsymbol{\eta}-\boldsymbol{b}|<\rho/2$ において整型でかつ $|\boldsymbol{f}(z+\xi, \boldsymbol{w}+\boldsymbol{\eta})|\leqq M$ を満たす．よって定理1.11から，$\boldsymbol{\psi}(z, \xi, \boldsymbol{\eta})$ は

$$|z| < s', \quad |\xi-a| < \frac{r}{2}, \quad |\boldsymbol{\eta}-\boldsymbol{b}| < \frac{\rho}{2}$$

で整型である．▌

問 定理1.12の仮定のもとに，$\boldsymbol{\varphi}(x, \xi, \boldsymbol{\eta})$ は

$$|x-a| < \min\left(\frac{r}{3}, \frac{\rho}{3M}\right), \quad |\xi-a| < \min\left(\frac{r}{3}, \frac{\rho}{3M}\right), \quad |\boldsymbol{\eta}-\boldsymbol{b}| < \frac{\rho}{3}$$

において整型であることを証明せよ．——

$\boldsymbol{\varphi}(x, \xi, \boldsymbol{\eta})$ は解であるから

$$\frac{\partial \boldsymbol{\varphi}(x, \xi, \boldsymbol{\eta})}{\partial x} = \boldsymbol{f}(x, \boldsymbol{\varphi}(x, \xi, \boldsymbol{\eta})).$$

$\boldsymbol{f}=(f_1, \cdots, f_n)$, $\boldsymbol{\varphi}=(\varphi_1, \cdots, \varphi_n)$, $\boldsymbol{\eta}=(\eta_1, \cdots, \eta_n)$ とおき，この式を ξ または η_k で偏微分すると，前と同様にして

$$\frac{\partial}{\partial x}\frac{\partial \varphi_j}{\partial \xi} = \sum_{\nu=1}^{n}\frac{\partial f_j}{\partial y_\nu}(x, \boldsymbol{\varphi}(x, \xi, \boldsymbol{\eta}))\frac{\partial \varphi_\nu}{\partial \xi},$$

$$\frac{\partial}{\partial x}\frac{\partial \varphi_j}{\partial \eta_k} = \sum_{\nu=1}^{n}\frac{\partial f_j}{\partial y_\nu}(x, \boldsymbol{\varphi}(x, \xi, \boldsymbol{\eta}))\frac{\partial \varphi_\nu}{\partial \eta_k}$$

が得られる．一方，初期条件から，

$$\boldsymbol{\varphi}(\xi, \xi, \boldsymbol{\eta}) = \boldsymbol{\eta}. \tag{1.30}$$

これから

$$\frac{\partial \boldsymbol{\varphi}}{\partial x}(\xi, \xi, \boldsymbol{\eta}) + \frac{\partial \boldsymbol{\varphi}}{\partial \xi}(\xi, \xi, \boldsymbol{\eta}) = \boldsymbol{0},$$

$$\frac{\partial \boldsymbol{\varphi}}{\partial x}(\xi, \xi, \boldsymbol{\eta}) = \boldsymbol{f}(\xi, \boldsymbol{\varphi}(\xi, \boldsymbol{\eta})) = \boldsymbol{f}(\xi, \boldsymbol{\eta})$$

であるから，

$$\frac{\partial \varphi_j}{\partial \xi}(\xi, \xi, \boldsymbol{\eta}) = -f_j(\xi, \boldsymbol{\eta}) \qquad (j=1, \cdots, n).$$

(1.30)から

$$\frac{\partial \varphi_j}{\partial \eta_k}(\xi, \xi, \boldsymbol{\eta}) = \begin{cases} 1 & (j=k) \\ 0 & (j\neq k). \end{cases}$$

したがって

$$z=\left(\frac{\partial\varphi_1}{\partial\xi},\cdots,\frac{\partial\varphi_n}{\partial\xi}\right)$$

は初期条件

$$z_j(\xi)=-f_j(\xi,\boldsymbol{\eta})$$

を満たす

$$\frac{dz_j}{dx}=\sum_{\nu=1}^{n}p_{j\nu}(x)z_\nu \tag{1.31}$$

の解であり，

$$z=\left(\frac{\partial\varphi_1}{\partial\eta_j},\cdots,\frac{\partial\varphi_n}{\partial\eta_j}\right)$$

は初期条件

$$z_j(\xi)=\delta_{jk}\qquad(j=1,\cdots,n)$$

を満たす (1.31) の解である．ここで

$$p_{j\nu}(x)=\frac{\partial f_j}{\partial y_\nu}(x,\boldsymbol{\varphi}(x,\xi,\boldsymbol{\eta})),$$

$$\delta_{jk}=\begin{cases}1 & (j=k)\\ 0 & (j\neq k).\end{cases}$$

線型微分方程式 (1.31) を (1.8) の**初期値に関する変分方程式**という．

§1.5 第 1 積 分

微分方程式

$$\boldsymbol{y}'=\boldsymbol{f}(x,\boldsymbol{y}) \tag{1.8}$$

において $\boldsymbol{f}$ は $\boldsymbol{C}^{n+1}$ の領域 $\mathcal{D}$ で整型とする．$\mathcal{D}$ の部分領域 $\mathcal{G}$ で整型な関数 F: $\mathcal{G}\to\boldsymbol{C}$ は次の性質をもつとき $\mathcal{G}$ における (1.8) の**第 1 積分**といわれる：D で整型な (1.8) の解 $\boldsymbol{\varphi}$ で $(x,\boldsymbol{\varphi}(x))\in\mathcal{G}$ $(x\in D)$ を満たすものに対して $F(x,\boldsymbol{\varphi}(x))$ は D において ($\boldsymbol{\varphi}$ に関係して定まる) 定数となる．

定理 1.13 $F:\mathcal{G}\to\boldsymbol{C}$ が $\mathcal{G}$ における (1.8) の第 1 積分であるための必要十分条件は $\mathcal{G}$ において

$$\frac{\partial F}{\partial x}+\frac{\partial F}{\partial y_1}f_1+\cdots+\frac{\partial F}{\partial y_n}f_n=0 \tag{1.32}$$

が成り立つことである．

証明 F は $\mathscr{G}$ における第1積分とする．$\mathscr{G}$ の任意の点 $(a, \boldsymbol{b})$ に対して，$s>0$ を小さくとれば，$|x-a|<s$ で整型かつ $\boldsymbol{y}(a)=\boldsymbol{b}$ を満たす (1.8) の解 $\boldsymbol{\varphi}$ が存在する．必要ならば s をさらに小さくとって，$|x-a|<s$ において $(x, \boldsymbol{\varphi}(x)) \in \mathscr{G}$ としてよい．そのとき，$F(x, \boldsymbol{\varphi}(x))$ は D で定数であるから

$$\frac{d}{dx}F(x, \boldsymbol{\varphi}(x)) = 0.$$

$$(1.33)\quad \frac{d}{dx}F(x, \boldsymbol{\varphi}(x)) = \frac{\partial F}{\partial x}(x, \boldsymbol{\varphi}(x)) + \sum_{j=1}^{n}\frac{\partial F}{\partial y_j}(x, \boldsymbol{\varphi}(x))\frac{d\varphi_j}{dx}$$
$$= \frac{\partial F}{\partial x}(x, \boldsymbol{\varphi}(x)) + \sum_{j=1}^{n}\frac{\partial F}{\partial y_j}(x, \boldsymbol{\varphi}(x))f_j(x, \boldsymbol{\varphi}(x))$$

であるから，$(x, \boldsymbol{\varphi}(x))$ $(x \in D)$ において (1.32) が成り立つ．$(a, \boldsymbol{b})$ は任意の点であったから (1.32) は $\mathscr{G}$ で成り立つ．

$\mathscr{G}$ で (1.32) が成り立つとする．$\boldsymbol{\varphi}$ は D で整型な解で，$(x, \boldsymbol{\varphi}(x)) \in \mathscr{G}$ $(x \in D)$ とすれば，(1.33) と (1.32) とから

$$\frac{d}{dx}F(x, \boldsymbol{\varphi}(x)) = 0$$

が D で成り立つ．したがって $F(x, \boldsymbol{\varphi}(x))$ は定数，すなわち，F は (1.8) の第1積分である．▌

$F_1(x, \boldsymbol{y}), \cdots, F_m(x, \boldsymbol{y})$ は $\mathscr{G}$ における (1.8) の第1積分とする．$\phi(z_1, \cdots, z_m)$ は $\boldsymbol{C}^m$ の領域 Δ で整型で，$(F_1(x, \boldsymbol{y}), \cdots, F_m(x, \boldsymbol{y})) \in \Delta$ $((x, \boldsymbol{y}) \in \mathscr{G})$ とする．そのとき $\phi(F_1(x, \boldsymbol{y}), \cdots, F_m(x, \boldsymbol{y}))$ は Δ で整型である．第1積分の定義から $\phi(F_1(x, \boldsymbol{y}), \cdots, F_m(x, \boldsymbol{y}))$ も (1.8) の $\mathscr{G}$ における第1積分であることは容易に分る．この事実を簡単に，第1積分の関数は第1積分である，といってよい．

$\boldsymbol{f}$ の定義域 $\mathscr{D}$ における第1積分は必ずしも存在しない．しかし，$\mathscr{D}$ の任意の点 $(a, \boldsymbol{b})$ に対し，$(a, \boldsymbol{b})$ を含む適当な部分領域 $\mathscr{G}$ をとると，$\mathscr{G}$ における第1積分は存在するようにできる．これについては第2章で述べる．

問　題

1 単独微分方程式

$$y' = y$$

を初期条件

$$y(0) = 1$$

のもとで解き，解は

$$y(x) = 1 + x + \frac{x^2}{2!} + \cdots + \frac{x^k}{k!} + \cdots$$

であることを示せ．

2　n 次の正方行列 Y に対する微分方程式

$$\frac{dY}{dx} = AY$$

において A は n 次の定数行列とする．逐次近似法により

$$A(0) = I \qquad (I \text{ は単位行列})$$

を満たす解を求めよ．

3　$\boldsymbol{f}$ は $|x-a|<r$，$|\boldsymbol{y}-\boldsymbol{b}|<\rho$ において整型で Lipschitz の条件

$$|\boldsymbol{f}(x, \boldsymbol{y}) - \boldsymbol{f}(x, \boldsymbol{z})| \leqq L|\boldsymbol{y}-\boldsymbol{z}|$$

を満たすとする．さらに $|\boldsymbol{f}(x, \boldsymbol{b})| \leqq M_0$ とすれば，$x=a$ で整型で $\boldsymbol{y}(a)=\boldsymbol{b}$ を満たす解は

$$|x-a| < \min\left(r, \frac{1}{L}\log\left(1+\frac{L\rho}{M_0}\right)\right)$$

において整型であることを示せ．

4　線型微分方程式

$$\frac{dy_j}{dx} = \sum_{\nu=1}^{n} p_{j\nu}(x)\, y_\nu + q_j(x) \qquad (j=1, \cdots, n)$$

において，$p_{j\nu}(x)$，$q_j(x)$ はすべて $|x-a|<r$ において整型とする．問題3の結果を使って，すべての解は $|x-a|<r$ において整型であることを示せ．

5　微分方程式

$$\boldsymbol{y}' = \boldsymbol{f}(x, \boldsymbol{y})$$

の $\boldsymbol{y}(\xi)=\boldsymbol{\eta}$ を満たす解を $\boldsymbol{\varphi}(x, \xi, \boldsymbol{\eta})$ としたとき，$\partial^2\boldsymbol{\varphi}/\partial\eta_k\partial\eta_l$ の満たす微分方程式と初期条件を求めよ．

第2章　ベキ級数による解法

微分方程式の解をベキ級数の形で求めることはすでに Newton によってなされている．この方法に厳密な証明を与えたのは Cauchy であり，その証明法はしばしば優級数法と呼ばれている．優級数法は二つの部分からなる．まず微分方程式を形式的に満たすベキ級数——形式解と呼ばれる——を求める．ついで形式解の収束を証明する．

本章ではまずこの優級数法による解の存在定理の証明を述べる．次にこの方法をさらに発展させる．すなわち，微分方程式を形式的ベキ級数を使って簡単な微分方程式に変換し，それからこの形式的変換の収束性を証明する．収束性の証明は優級数法によってなされる．

§2.1　優級数法による存在定理の証明

a）合成関数の Taylor 展開

$\boldsymbol{f}=(f_1, \cdots, f_n)$ は $\boldsymbol{C}^m$ の領域 $\varDelta$ から $\boldsymbol{C}^n$ への整型写像，g は $\boldsymbol{C}^n$ の領域 D で整型な関数とする．$\boldsymbol{a}=(a_1, \cdots, a_m)\in\varDelta$ に対し，$\boldsymbol{f}(\boldsymbol{a})=\boldsymbol{b}=(b_1, \cdots, b_n)\in D$ ならば，$\boldsymbol{a}$ の近傍で合成写像 $g\circ\boldsymbol{f}$ が定義され，$g\circ\boldsymbol{f}$ は $\boldsymbol{a}$ において整型である．したがって，$g\circ\boldsymbol{f}$ は $\boldsymbol{a}$ において Taylor 展開

(2.1)　$$(g\circ\boldsymbol{f})(x_1, \cdots, x_m)=\sum_{k_1, \cdots, k_m} c_{k_1\cdots k_m}(x_1-a_1)^{k_1}\cdots(x_m-a_m)^{k_m}$$

をもつ．$\boldsymbol{f}$ の $\boldsymbol{a}$ における Taylor 展開

(2.2)　$$f_j(x_1, \cdots, x_m)=\sum \alpha_{k_1\cdots k_m}{}^j(x_1-a_1)^{k_1}\cdots(x_m-a_m)^{k_m}$$

と g の $\boldsymbol{b}$ における Taylor 展開

(2.3)　$$g(y_1, \cdots, y_n)=\sum_{l_1, \cdots, l_n} \beta_{l_1\cdots l_n}(y_1-b_1)^{l_1}\cdots(y_n-b_n)^{l_n}$$

とから，展開(2.1)を求めるには次のようにすればよい．$\boldsymbol{f}(\boldsymbol{a})=\boldsymbol{b}$ であるから，$\alpha_{0\cdots 0}{}^j=b_j$ $(j=1, \cdots, n)$．$y_j=f_j(x_1, \cdots, x_m)$ とおくと，(2.2)から

(2.4)　$$y_j-b_j=\sum_{k_1+\cdots+k_m>0} \alpha_{k_1\cdots k_m}{}^j(x_1-a_1)^{k_1}\cdots(x_m-a_m)^{k_m}$$

である．(2.4) を (2.3) に代入し，それを $x_1-a_1, \cdots, x_m-a_m$ のベキ級数に書き直したものが (2.1) である．

もっと詳しく説明する．

$\boldsymbol{x}=\boldsymbol{a}$ で整型な関数 $f(\boldsymbol{x}), g(\boldsymbol{x})$ の Taylor 展開を

$$f(\boldsymbol{x}) = \sum p_{k_1\cdots k_m}(x_1-a_1)^{k_1}\cdots(x_m-a_m)^{k_m},$$
$$g(\boldsymbol{x}) = \sum q_{k_1\cdots k_m}(x_1-a_1)^{k_1}\cdots(x_m-a_m)^{k_m}$$

とすれば，和 $f(\boldsymbol{x})+g(\boldsymbol{x})$，積 $f(\boldsymbol{x})g(\boldsymbol{x})$ は $\boldsymbol{x}=\boldsymbol{a}$ で整型で，その $\boldsymbol{x}=\boldsymbol{a}$ での Taylor 展開

$$f(\boldsymbol{x})+g(\boldsymbol{x}) = \sum r_{k_1\cdots k_m}(x_1-a_1)^{k_1}\cdots(x_m-a_m)^{k_m},$$
$$f(\boldsymbol{x})g(\boldsymbol{x}) = \sum s_{k_1\cdots k_m}(x_1-a_1)^{k_1}\cdots(x_m-a_m)^{k_m}$$

に対して

$$r_{k_1\cdots k_m} = p_{k_1\cdots k_m}+q_{k_1\cdots k_m},$$
$$s_{k_1\cdots k_m} = \sum_{\substack{i_1+j_1=k_1\\ \cdots \\ i_m+j_m=k_m}} p_{i_1\cdots i_m}q_{j_1\cdots j_m}$$

が成り立つ．このことから，$\boldsymbol{x}=\boldsymbol{a}$ で整型な有限個の関数 $f_1, \cdots, f_N$ の多項式 $P(f_1, \cdots, f_N)$ の $\boldsymbol{x}=\boldsymbol{a}$ における Taylor 展開も $f_1, \cdots, f_N$ の Taylor 展開から求められる．しかも，$P(f_1, \cdots, f_N)$ の Taylor 展開を求める計算はまったく形式的に行えばよい．すなわち，$f_1, \cdots, f_N$ の展開式をあたかも多項式のごとく考えて計算すればよい．次に，$\boldsymbol{x}=\boldsymbol{a}$ で整型な関数 $f_1, f_2, \cdots$ から作った級数 $\sum f_\nu$ を考える．この級数が $\boldsymbol{x}=\boldsymbol{a}$ の近傍で一様収束すれば，和 $f=\sum f_\nu$ も $\boldsymbol{x}=\boldsymbol{a}$ で整型である．f_ν の $\boldsymbol{x}=\boldsymbol{a}$ での Taylor 展開を

$$f_\nu(\boldsymbol{x}) = \sum p_{k_1\cdots k_m}{}^{\nu}(x_1-a_1)^{k_1}\cdots(x_m-a_m)^{k_m},$$

f の $\boldsymbol{x}=\boldsymbol{a}$ での Taylor 展開を

$$f(\boldsymbol{x}) = \sum p_{k_1\cdots k_m}(x_1-a_1)^{k_1}\cdots(x_m-a_m)^{k_m}$$

とすれば，

$$p_{k_1\cdots k_m} = \sum_{\nu=1}^{\infty} p_{k_1\cdots k_m}{}^{\nu}$$

が成り立つ．

さて，Taylor 展開 (2.1) にもどる．展開式 (2.3) の一般項 $\beta_{l_1\cdots l_n}(y_1-b_1)^{l_1}\cdots(y_n-b_n)^{l_n}$ は $y_1-b_1, \cdots, y_n-b_n$ の多項式であるから，これに (2.4) を代入すれば，

(2.5)
$$\beta_{l_1\cdots l_n}(y_1-b_1)^{l_1}\cdots(y_n-b_n)^{l_n} = \sum_{k_1,\cdots,k_m} p_{k_1\cdots k_m}{}^{l_1\cdots l_n}(x_1-a_1)^{k_1}\cdots(x_m-a_m)^{k_m}$$

を得る．したがって，(2.1)の係数 $c_{k_1\cdots k_m}$ は

(2.6)
$$c_{k_1\cdots k_m} = \sum_{l_1,\cdots,l_n} p_{k_1\cdots k_m}{}^{l_1\cdots l_n}$$

で与えられる．級数(2.4)は1次以上の項の和であるから，級数(2.5)は $l_1+\cdots+l_n$ 次以上の項のみからなる：

(2.7)
$$k_1+\cdots+k_m \geqq l_1+\cdots+l_n.$$

$(k_1, \cdots, k_m)$ を固定すると，(2.7)を満たす $(l_1, \cdots, l_n)$ は有限個であるから，(2.6)の右辺は有限和である．

b）優級数

二つのベキ級数

(2.8)
$$\sum c_{k_1\cdots k_m}(x_1-a_1)^{k_1}\cdots(x_m-a_m)^{k_m},$$

(2.9)
$$\sum C_{k_1\cdots k_m}(x_1-a_1)^{k_1}\cdots(x_m-a_m)^{k_m}$$

に対し

$$|c_{k_1\cdots k_m}| \leqq C_{k_1\cdots k_m} \qquad (k_1, \cdots, k_m=0, 1, \cdots)$$

が成り立つとき，(2.9)は(2.8)の**優級数**という．(2.9)が $|x_1-a_1|<r_1, \cdots, |x_m-a_m|<r_m$ において絶対収束すれば，(2.8)も $|x_1-a_1|<r_1, \cdots, |x_m-a_m|<r_m$ において絶対収束する．

関数 $f(x_1, \cdots, x_m)$ は領域 $|x_1-a_1|<r_1, \cdots, |x_m-a_m|<r_m$ において整型かつ有界：$|f(x_1, \cdots, x_m)|\leqq M$ とする．f の $(a_1, \cdots, a_m)$ における Taylor 展開を

$$f(x_1, \cdots, x_m) = \sum c_{k_1\cdots k_m}(x_1-a_1)^{k_1}\cdots(x_m-a_m)^{k_m}$$

とすれば，1変数のときと同様に係数の評価式

$$|c_{k_1\cdots k_m}| \leqq \frac{M}{r_1{}^{k_1}\cdots r_m{}^{k_m}} \qquad (k_1, \cdots, k_m=0, 1, \cdots)$$

が成り立つ．したがって

(2.10)
$$\sum \frac{M}{r_1{}^{k_1}\cdots r_m{}^{k_m}}(x_1-a_1)^{k_1}\cdots(x_m-a_m)^{k_m}$$

は f の Taylor 展開の優級数である．(2.10)は $|x_1-a_1|<r_1, \cdots, |x_m-a_m|<r_m$ において収束し，その和は

$$\frac{M}{\left(1-\frac{x_1-a_1}{r_1}\right)\cdots\left(1-\frac{x_m-a_m}{r_m}\right)}$$

に等しい．

c）優級数法による存在定理の証明

解をベキ級数の形で求める方法を説明する．

定理 2.1 微分方程式

$$(2.11)\qquad y_j' = f_j(x, y_1, \cdots, y_n) \qquad (j=1, \cdots, n)$$

の右辺 f_j はすべて

$$|x-a| < r, \qquad |y_j-b_j| < \rho \quad (j=1, \cdots, n)$$

において整型かつ有界 $|f_j(x, y_1, \cdots, y_n)| \leqq M$ とする．そのとき，$x=a$ で整型かつ初期条件

$$y_j(a) = b_j \qquad (j=1, \cdots, n)$$

を満たす解が

$$|x-a| < r\left(1-\exp\frac{-\rho}{(n+1)Mr}\right)$$

において存在し，ただ一つである．

証明 $a=0$, $b_j=0$ と仮定しても一般性を失わない．なぜならば，$x-a$, y_j-b_j を新しい変数にとればよいからである．

f_j の $x=y_1=\cdots=y_n=0$ における Taylor 展開を

$$(2.12)\qquad f_j(x, y_1, \cdots, y_n) = \sum_{k, l_1, \cdots, l_n} c_{kl_1\cdots l_n}{}^j x^k y_1{}^{l_1}\cdots y_n{}^{l_n}$$

とする．仮定から

$$(2.13)\qquad |c_{kl_1\cdots l_n}{}^j| \leqq \frac{M}{r^k \rho^{l_1+\cdots+l_n}}$$

を満たす．

求める解が存在したとすれば，$x=0$ で整型で $x=0$ のとき $y_j=0$ となるから，$x=0$ での Taylor 展開は

$$(2.14)\qquad y_j = \sum_{\nu=1}^{\infty} \alpha_\nu{}^j x^\nu \qquad (j=1, \cdots, n)$$

となる．これを (2.11) へ代入すると

$$\sum_{\nu=1}^{\infty}\nu\alpha_\nu{}^j x^{\nu-1}=\sum_{k,l_1,\cdots,l_n}c_{kl_1\cdots l_n}{}^j x^k\Bigl(\sum_{\nu=1}^{\infty}\alpha_\nu{}^1 x^\nu\Bigr)^{l_1}\cdots\Bigl(\sum_{\nu=1}^{\infty}\alpha_\nu{}^n x^\nu\Bigr)^{l_n} \tag{2.15}$$

が成り立つ．

証明は 2 段階に分けて行うが，まずその方針を述べる．

[形式解の存在]　ベキ級数 (2.14) の収束性を無視し，(2.14) を (2.15) が形式的に満たされるようにきめられることを示す．すなわち，(2.15) の右辺を形式的に x のベキ級数に書き直したとき，それが (2.15) の左辺に等しくなるようなベキ級数 (2.14) の存在を示す．このようなベキ級数 (2.14) を (2.11) の**形式解**という．(2.14) が一意的に定まれば，$x=0$ で整型で $y_j(0)=0$ $(j=1,\cdots,n)$ を満たす解の一意性が証明されたことになる．

[形式解の収束]　形式解 (2.14) が

$$|x|<r\Bigl(1-\exp\frac{-\rho}{(n+1)Mr}\Bigr) \tag{2.16}$$

において収束することを証明する．そのため，(2.16) において収束する (2.14) の優級数を作る．(2.14) の収束が証明されれば，第 1 段階において行われる形式的な計算はすべて正当化され，(2.14) の表す関数が解となる．

以上の 2 段階を d), e) に分けて証明する．

d) 形式解の存在

(2.15) を満たすベキ級数 (2.14) がただ一つ存在することを証明する．

(2.15) の両辺の定数項を比較して

$$\alpha_1{}^j=c_{00\cdots0}{}^j \qquad (j=1,\cdots,n) \tag{2.17}$$

を得る．

次に，(2.15) の右辺を x のベキ級数に整理したときの x^{N-1} の係数 $p_N{}^j$ を求める．そのため，(2.15) の項

$$c_{kl_1\cdots l_n}{}^j x^k\Bigl(\sum_{\nu=1}^{\infty}\alpha_\nu{}^1 x^\nu\Bigr)^{l_1}\cdots\Bigl(\sum_{\nu=1}^{\infty}\alpha_\nu{}^n x^\nu\Bigr)^{l_n} \tag{2.18}$$

を考察する．(2.14) は 1 次の項から始まるから，(2.18) を x のベキ級数に整理すれば，(2.18) は $k+l_1+\cdots+l_n$ 次の項から始まる．したがって，x^{N-1} の項を含むためには $k+l_1+\cdots+l_n\leqq N-1$，すなわち，$k+l_1+\cdots+l_n<N$ でなければならない．次に，$\alpha_N{}^1x^N$, $\alpha_{N+1}{}^1x^{N+1}$, $\cdots$, $\cdots$, $\alpha_N{}^nx^N$, $\alpha_{N+1}{}^nx^{N+1}$, $\cdots$ は N 次以上であ

るから，$\alpha_N{}^1, \alpha_{N+1}{}^1, \cdots, \cdots, \alpha_N{}^n, \alpha_{N+1}{}^n, \cdots$ は $p_N{}^j$ に無関係である．したがって，$p_N{}^j$ は $\alpha_1{}^1, \alpha_2{}^1, \cdots, \alpha_{N-1}{}^1, \cdots, \alpha_1{}^n, \cdots, \alpha_{N-1}{}^n$ および $c_{kl_1\cdots l_n}{}^j$ $(k+l_1+\cdots+l_n<N)$ のみからきまる．$p_N{}^j$ はこれらの多項式であることは明らかである．j と異なる番号 j' に対し，$p_N{}^{j'}$ はやはり $\alpha_\nu{}^i$ $(i=1, \cdots, n;\ \nu=1, \cdots, N-1)$ と $c_{kl_1\cdots l_n}{}^{j'}$ の多項式であるが，$c_{kl_1\cdots l_n}{}^j$ の代りに $c_{kl_1\cdots l_n}{}^{j'}$ を使っただけで多項式の構造は同じである．したがって

$$p_N{}^j = P_N(\alpha_\nu{}^i, c_{kl_1\cdots l_n}{}^j) \qquad (j=1, \cdots, n)$$

とおくことができて，P_N は次の性質をもつ．

(i) $\alpha_\nu{}^i$ $(1\leqq i\leqq n,\ \nu<N)$，$c_{kl_1\cdots l_n}{}^j$ $(k+l_1+\cdots+l_n<N)$ の多項式であって，

(ii) その係数は正の整数である．

性質(ii)は明らかであろう．

(2.15)の左辺の x^{N-1} の係数は明らかに $N\alpha_N{}^j$ であるから，

$$N\alpha_N{}^j = P_N(\alpha_\nu{}^i, c_{kl_1\cdots l_n}{}^j) \tag{2.19}$$

を得る．

(2.17)と(2.19)とから，$\alpha_\nu{}^j$ は ν に関する帰納法で順次にきまっていく．

このきまり方は一通りである．よって，解が存在したとしてもただ一つである．

以上の議論において級数(2.12)が収束ベキ級数であることは使わなかったことに注意する．

e) 形式解の収束

微分方程式

$$y_j' = \sum_{k, l_1, \cdots, l_n} C_{kl_1\cdots l_n}{}^j x^k y_1{}^{l_1}\cdots y_n{}^{l_n} \qquad (j=1, \cdots, n) \tag{2.20}$$

を考える．右辺のベキ級数は収束級数であってもそうでなくても，形式解

$$y_j = \sum_{\nu=1}^{\infty} A_\nu{}^j x^\nu \qquad (j=1, \cdots, n) \tag{2.21}$$

をもつ．(2.20)は $c_{kl_1\cdots l_n}{}^j$ を $C_{kl_1\cdots l_n}{}^j$ でおきかえたものであり，(2.21)は $\alpha_\nu{}^j$ を $A_\nu{}^j$ でおきかえたものであるから，d)の結果から，係数 $A_\nu{}^j$ は

$$A_1{}^j = C_{00\cdots0}{}^j,$$
$$NA_N{}^j = P_N(A_\nu{}^i, C_{kl_1\cdots l_n}{}^j)$$

から定まる．(2.20)の右辺の級数は(2.12)の右辺の級数の優級数と仮定する：

(2.22) $\quad |c_{kl_1\cdots l_n}{}^j| \leqq C_{kl_1\cdots l_n}{}^j \qquad (k, l_1, \cdots, l_n=0, 1, \cdots;\ j=1, \cdots, n)$

そのとき，級数 (2.21) は級数 (2.14) の優級数であることを証明する．

まず

$$|\alpha_1{}^j| = |c_{00\cdots0}{}^j| \leqq C_{00\cdots0}{}^j = A_1{}^j$$

であるから

$$|\alpha_1{}^j| \leqq A_1{}^j \qquad (j=1, \cdots, n)$$

が証明された．次に

(2.23) $\quad |\alpha_\nu{}^j| \leqq A_\nu{}^j \qquad (\nu=1, \cdots, N-1;\ j=1, \cdots, n)$

が成り立つと仮定する．(2.19) から

$$|\alpha_N{}^j| = N^{-1}|P_N(\alpha_\nu{}^i, c_{kl_1\cdots l_n}{}^j)|.$$

多項式 P_N の係数は正の整数であるから

$$|P_N(\alpha_\nu{}^i, c_{kl_1\cdots l_n}{}^j)| \leqq P_N(|\alpha_\nu{}^i|, |c_{kl_1\cdots l_n}{}^j|).$$

再び多項式 P_N の係数は正であることと (2.22) と (2.23) とから

$$P_N(|\alpha_\nu{}^i|, |c_{kl_1\cdots l_n}{}^j|) \leqq P_N(A_\nu{}^i, C_{kl_1\cdots l_n}{}^j).$$

これと

$$A_N{}^j = N^{-1}P_N(A_\nu{}^i, C_{kl_1\cdots l_n}{}^j)$$

とから

$$|\alpha_N{}^j| \leqq A_N{}^j \qquad (j=1, \cdots, n)$$

を得る．よって帰納法により

$$|\alpha_\nu{}^j| \leqq A_\nu{}^j \qquad (\nu=1, 2, \cdots;\ j=1, \cdots, n)$$

が証明された．これは (2.21) が (2.14) の優級数であることを示している．

不等式 (2.13) によって，級数

(2.24) $$\sum \frac{M}{r^k \rho^{l_1+\cdots+l_n}} x^k y_1{}^{l_1} \cdots y_n{}^{l_n}$$

は級数 (2.12) の優級数である．級数 (2.24) の和は

$$\frac{M}{(1-x/r)(1-y_1/\rho)\cdots(1-y_n/\rho)}$$

である．したがって，微分方程式

(2.25) $$\frac{dy_j}{dx} = \frac{M}{(1-x/r)(1-y_1/\rho)\cdots(1-y_n/\rho)} \qquad (j=1, \cdots, n)$$

の解で，領域 (2.16) で整型かつ初期条件 $y_j(0)=0$ を満たすものが存在することを示せば，定理の証明は終る．

方程式 (2.25) および初期条件は y_j について対称であることから，$Y(0)=0$ を満たす

$$\frac{dY}{dx}=\frac{M}{(1-x/r)(1-Y/\rho)^n}$$

の解を $Y=\Phi(x)$ とすれば，

$$y_j=\Phi(x) \qquad (j=1,\cdots,n)$$

は (2.25) の解であることが容易に分る．この微分方程式は変数分離型であるから，具体的に解ける．

$$\int^Y\left(1-\frac{Y}{\rho}\right)^n dY=\int^x\frac{M}{(1-x/r)}dx+C \qquad (C\text{ は任意定数}).$$

積分を実行し，$Y(0)=0$ から C を定めて

$$\Phi(x)=\rho\left\{1-\sqrt[n+1]{1+\frac{(n+1)Mr}{\rho}\log\left(1-\frac{x}{r}\right)}\right\}$$

を得る．$\Phi(x)$ の特異点は log の中を 0 にする所と根号の中を 0 にする所に現れる．前者は

$$x=r,$$

後者は

$$x=r\left(1-\exp\frac{-\rho}{(n+1)Mr}\right)<r$$

である．これから，$\Phi(x)$ は領域 (2.16) で整型であることが分る．▌

f) 変数変換

c) から e) で，解をベキ級数の形で求めることにより存在定理を証明した．この証明は二つのステップに分解された．

まず，微分方程式

$$y_j'=\sum_{k,l_1,\cdots,l_n}a_{kl_1\cdots l_n}{}^j x^k y_1{}^{l_1}\cdots y_n{}^{l_n} \qquad (j=1,\cdots,n) \tag{2.26}$$

の右辺のベキ級数の収束性を問題にせず，形式的に微分方程式 (2.26) を満たす形式解

$$y_j=\sum p_k{}^j x^k \qquad (j=1,\cdots,n) \tag{2.27}$$

の存在を示す．次に(2.26)の右辺の級数が収束ベキ級数ならば，(2.27)も収束ベキ級数であることを示す．

この考え方をさらに発展させよう．

微分方程式

$$y_j' = f_j(x, y_1, \cdots, y_n) \qquad (j=1, \cdots, n) \tag{2.11}$$

において，f_j はすべて $x=y_1=\cdots=y_n=0$ で整型とする．変数変換

$$y_j = \varphi_j(x, z_1, \cdots, z_n) \qquad (j=1, \cdots, n) \tag{2.28}$$

によって(2.11)は

$$z_j' = g_j(x, z_1, \cdots, z_n) \qquad (j=1, \cdots, n) \tag{2.29}$$

に移ったとする．ここで φ_j は $x=z_1=\cdots=z_n=0$ で整型で，$\varphi_j(0, 0, \cdots, 0)=0$ かつ逆変換

$$z_j = \psi_j(x, y_1, \cdots, y_n) \qquad (j=1, \cdots, n) \tag{2.30}$$

が存在して ψ_j も $x=y_1=\cdots=y_n=0$ において整型とする．そのとき，(2.29)は次のようにして(2.11)から得られる．

(2.30)を x で微分して

$$\frac{dz_j}{dx} = \frac{\partial \psi_j}{\partial x} + \sum_{\nu=1}^{n} \frac{\partial \psi_j}{\partial y_\nu}\frac{dy_\nu}{dx} \qquad (j=1, \cdots, n).$$

(2.11)から

$$\frac{dz_j}{dx} = \frac{\partial \psi_j}{\partial x} + \sum_{\nu=1}^{n} \frac{\partial \psi_j}{\partial y_\nu} f_\nu \qquad (j=1, \cdots, n).$$

したがって，

$$g_j(x, z_1, \cdots, z_n) = \left(\frac{\partial \psi_j}{\partial x} + \sum_{\nu=1}^{n} \frac{\partial \psi_j}{\partial y_\nu} f_\nu\right)\Bigg|_{y_\nu=\varphi_\nu(x, z_1, \cdots, z_n)} \tag{2.31}$$

であって，$g_j(x, z_1, \cdots, z_n)$ は $x=z_1=\cdots=z_n=0$ で整型である．

次の問題を考える：

変換(2.28)を適当にとって，変換された方程式(2.29)をなるべく簡単にし解けるようにする．

もし(2.29)が解ければ，その解を(2.28)に代入して(2.11)の解が得られる．この問題を解くため，前にならって二つの段階に分ける．

(1)　形式的変換の存在．φ_j, ψ_j が整型ならば，

$$\varphi_j(x, z_1, \cdots, z_n) = \sum p_{kl_1\cdots l_n}{}^j x^k z_1{}^{l_1}\cdots z_n{}^{l_n},$$
$$\psi_j(x, y_1, \cdots, y_n) = \sum q_{kl_1\cdots l_n}{}^j x^k y_1{}^{l_1}\cdots y_n{}^{l_n}$$

と展開される．ここで右辺のベキ級数の収束性を問題にせず，形式的に (2.31) の右辺を計算すると g_j もベキ級数の形で与えられる．このベキ級数をなるべく簡単にする．たとえば，できるだけ多くの係数が 0 になるように φ_j をきめる．この場合 f_j もベキ級数で与えられるとし，その収束性を問題にしなくてもよい．

収束性を度外視してベキ級数を考えるとき，そのようなベキ級数を**形式的ベキ級数**という．微分方程式の右辺 f_j がすべて形式的ベキ級数のとき，微分方程式を**形式的微分方程式**といい，変換が形式的ベキ級数で与えられているとき，その変換を**形式的変換**という．

(2) 形式的変換の収束性．微分方程式の右辺 f_j がすべて収束ベキ級数のとき，適当な形式的変換はまた収束することを示す．

§2.2 形式的ベキ級数

n 個の変数 $x_1, \cdots, x_n$ の形式的ベキ級数

(2.32) $$f = \sum a_{k_1\cdots k_n} x_1{}^{k_1}\cdots x_n{}^{k_n}$$

の全体は $\boldsymbol{C}[[x_1, \cdots, x_n]]$ と表されることが多い．以下簡単のため $\boldsymbol{C}[[x_1, \cdots, x_n]]$ を $\mathscr{F}$ で表すことがある．

a) 形式的ベキ級数環

形式的ベキ級数 (2.32) と形式的ベキ級数

$$g = \sum b_{k_1\cdots k_n} x_1{}^{k_1}\cdots x_n{}^{k_n}$$

との和 $f+g$，積 fg を収束ベキ級数の和，積と同様

$$f+g = \sum_{k_1, \cdots, k_n} (a_{k_1\cdots k_n} + b_{k_1\cdots k_n}) x_1{}^{k_1}\cdots x_n{}^{k_n},$$

$$fg = \sum_{k_1, \cdots, k_n} \left(\sum_{\substack{l_1+m_1=k_1 \\ \cdots \\ l_n+m_n=k_n}} a_{l_1\cdots l_n} b_{m_1\cdots m_n} \right) x_1{}^{k_1}\cdots x_n{}^{k_n}$$

によって定義する．この算法によって $\mathscr{F}$ は環となる．形式的ベキ級数 f を変数 x_i によって項別微分すれば，形式的ベキ級数

(2.33) $$\sum k_i a_{k_1\cdots k_n} x_1{}^{k_1}\cdots x_i{}^{k_i-1}\cdots x_n{}^{k_n}$$
$$= \sum (k_i+1) a_{k_1\cdots k_i+1\cdots k_n} x_1{}^{k_1}\cdots x_i{}^{k_i}\cdots x_n{}^{k_n}$$

が得られる．(2.32) に (2.33) を対応させる写像は $\mathcal{F}$ から $\mathcal{F}$ への写像となる．この写像を $\partial/\partial x_i$ で表し，x_i による**微分**という．微分 $\partial/\partial x_i$ は次の性質をもつ．

(1) $\dfrac{\partial}{\partial x_i}(f+g)=\dfrac{\partial}{\partial x_i}f+\dfrac{\partial}{\partial x_i}g,$

(2) $\dfrac{\partial}{\partial x_i}(fg)=\left(\dfrac{\partial}{\partial x_i}f\right)g+f\left(\dfrac{\partial}{\partial x_i}g\right),$

(3) $\dfrac{\partial}{\partial x_j}\left(\dfrac{\partial}{\partial x_i}f\right)=\dfrac{\partial}{\partial x_i}\left(\dfrac{\partial}{\partial x_j}f\right).$

問　(1), (2), (3) を確かめよ．——

b) 位相の導入

形式的ベキ級数 (2.32) は形式的に同次多項式の無限和

$$f=\sum_{\mu=0}^{\infty}f_\mu,\qquad f_\mu=\sum_{k_1+\cdots+k_n=\mu}a_{k_1\cdots k_n}{x_1}^{k_1}\cdots{x_n}^{k_n}$$

に書かれる．$f=0$ ならば $f_\mu=0$ $(\mu=0,1,\cdots)$ であり，$f\neq 0$ ならば，$f_0=\cdots=f_{\mu-1}=0$, $f_\mu\neq 0$ となる μ が存在する．f の位数 $\mathrm{ord}(f)$ を

$$\mathrm{ord}(f)=\begin{cases}\infty & (f=0)\\ \mu & (f_0=\cdots=f_{\mu-1}=0,\ \ f_\mu\neq 0)\end{cases}$$

によって定義しよう．$\mathrm{ord}(f)$ は $\mathcal{F}$ から $\{0,1,\cdots\}\cup\{\infty\}$ への写像であって，次の性質をもっている．

(4) $\mathrm{ord}(f)\geqq 0;\quad \mathrm{ord}(f)=\infty \Leftrightarrow f=0,$

(5) $\mathrm{ord}(f+g)\geqq \min(\mathrm{ord}(f),\mathrm{ord}(g)),$

(6) $\mathrm{ord}(fg)=\mathrm{ord}(f)+\mathrm{ord}(g),$

(7) $\mathrm{ord}\left(\dfrac{\partial}{\partial x_i}f\right)\geqq \mathrm{ord}(f)-1.$

問　性質 (4)-(7) を証明せよ．(5), (7) において不等号がおこる場合を調べよ．——

次に，$\mathrm{ord}(f)$ を使って

$$v(f)=\exp(-\mathrm{ord}(f))$$

とおく．ここで $\exp(-\infty)=0$ と約束する．$v(f)$ は $\mathcal{F}$ から $\boldsymbol{R}$ への写像で，

(8) $v(f)\geqq 0;\quad v(f)=0 \Leftrightarrow f=0,$

(9) $v(f+g)\leqq \max(v(f),v(g)),$

(10)　$v(fg)=v(f)v(g)$,

(11)　$v\left(\dfrac{\partial}{\partial x_i}f\right) \leqq ev(f) \quad (e=\exp 1)$

が成り立つ.

問1　性質(8)-(11)を証明せよ.

問2　(8)の第1式は次のように精密化されることを示せ.

(12)　$0 \leqq v(f) \leqq 1$.

問3　$v(-f)=v(f)$を確かめよ. ——

最後に, 写像$d: \mathcal{F}\times\mathcal{F}\to \boldsymbol{R}$を

$$d(f,g)=v(f-g)$$

によって定義する. そのとき

(13)　$0 \leqq d(f,g) \leqq 1;\quad d(f,g)=0 \Leftrightarrow f=g$,

(14)　$d(f,g)=d(g,f)$,

(15)　$d(f,g)+d(g,h) \geqq d(f,h)$

が成り立つ. 実際, (13)は(8)と(12)から出る. (14)は問3の等式からすぐに分る. (15)を証明しよう.

$$\begin{aligned} d(f,h) = v(f-h) &= v(f-g+g-h) \\ &\leqq \max(v(f-g), v(g-h)). \end{aligned}$$

性質(8)から, $v(f-g)$, $v(g-h) \geqq 0$. ゆえに

$$d(f,h) \leqq v(f-g)+v(g-h).$$

定義から

$$d(f,h) \leqq d(f,g)+d(g,h).$$

dの性質(13), (14), (15)はdが$\mathcal{F}$上の距離関数であることを主張している. この距離によって$\mathcal{F}$は距離空間となる.

c) $\mathcal{F}$のいくつかの性質

命題2.1　$\mathcal{F}$の演算, 和, 積および微分はこの距離に関して連続である.

証明　$\mathcal{F}$の二つの列$\{f^\nu\}_{\nu=1}^{\infty}$, $\{g^\nu\}_{\nu=1}^{\infty}$がそれぞれ$f, g \in \mathcal{F}$に収束したとする: $d(f^\nu, f)\to 0$, $d(g^\nu, g)\to 0$ $(\nu\to\infty)$.

$$\begin{aligned} d(f^\nu+g^\nu, f+g) = v(f^\nu+g^\nu-f-g) &= v(f^\nu-f+g^\nu-g) \\ &\leqq \max(v(f^\nu-f), v(g^\nu-g)) \end{aligned}$$

$$= \max(d(f^\nu, f), d(g^\nu, g))$$

から直ちに，

$$f^\nu + g^\nu \longrightarrow f+g \qquad (\nu \to \infty)$$

が出る．よって，和 $f+g$ は連続である．

次に，

$$d(f^\nu g^\nu, fg) = v(f^\nu g^\nu - fg) = v((f^\nu - f)g^\nu + f(g^\nu - g))$$
$$\leqq \max(v(f^\nu - f)v(g^\nu), v(f)v(g^\nu - g)).$$

(12) によって

$$d(f^\nu g^\nu, fg) \leqq \max(v(f^\nu - f), v(g^\nu - g))$$
$$= \max(d(f^\nu, f), d(g^\nu, g)).$$

したがって，$f^\nu g^\nu \to fg$ $(\nu \to \infty)$．ゆえに，積 fg は連続である．

最後に，

$$d\left(\frac{\partial}{\partial x_i} f^\nu, \frac{\partial}{\partial x_i} f\right) = v\left(\frac{\partial}{\partial x_i} f^\nu - \frac{\partial}{\partial x_i} f\right) = v\left(\frac{\partial}{\partial x_i}(f^\nu - f)\right)$$
$$\leqq ev(f^\nu - f) = ed(f^\nu, f).$$

これは $\partial/\partial x_i$ の連続性を示している．▮

命題 2.2　f^ν $(\nu = 1, 2, \cdots)$，f に対し

(2.34)
$$f^\nu = \sum_{\mu=0}^{\infty} f_\mu{}^\nu, \qquad f_\mu{}^\nu = \sum_{k_1+\cdots+k_n=\mu} a_{k_1\cdots k_n}{}^\nu x_1{}^{k_1} \cdots x_n{}^{k_n},$$

$$f = \sum_{\mu=0}^{\infty} f_\mu, \qquad f_\mu = \sum_{k_1+\cdots+k_n=\mu} a_{k_1\cdots k_n} x_1{}^{k_1} \cdots x_n{}^{k_n}$$

とおく．$f^\nu \to f$ $(\nu \to \infty)$ となるための必要十分条件は

$$\forall N,\ \exists \nu_0:\ f_0{}^\nu = f_0, \quad \cdots, \quad f_N{}^\nu = f_N \qquad (\nu > \nu_0)$$

が成り立つことである．

証明　$d(f^\nu, f) = v(f^\nu - f) = \exp(-\mathrm{ord}(f^\nu - f))$ であるから，$d(f^\nu, f) \to 0$ $(\nu \to \infty)$ は $\mathrm{ord}(f^\nu - f) \to \infty$ $(\nu \to \infty)$ と同値である．したがって，$f^\nu \to f$ $(\nu \to \infty)$ の必要十分条件は

$$\forall N,\ \exists \nu_0:\ \mathrm{ord}(f^\nu - f) > N \qquad (\nu > \nu_0)$$

である．$\mathrm{ord}(f^\nu - f) > N$ であることは

$$f_0{}^\nu = f_0, \quad f_1{}^\nu = f_1, \quad \cdots, \quad f_N{}^\nu = f_N$$

と同値である．これから命題の結論を得る．▮

命題 2.3　$\mathscr{F}$ は完備な距離空間である．

証明　$\{f^\nu\}_{\nu=1}^\infty$ は Cauchy 列とする：$d(f^\nu, f^{\nu'})\to 0$ $(\nu, \nu'\to\infty)$．f^ν に対して (2.34) とおく．命題 2.2 の証明と同様にして，

$$\forall N,\ \exists\nu_0:\ f_0{}^\nu = f_0{}^{\nu'},\quad \cdots,\quad f_N{}^\nu = f_N{}^{\nu'}\qquad (\nu, \nu'>\nu_0)$$

が成り立つ．各 N に対して，$f_N=f_N{}^\nu$ $(\nu>\nu_0)$ とおき，f を

$$f = \sum f_N$$

によって定義する．そのとき，明らかに

$$\forall N,\ \exists\nu_0:\ f_0{}^\nu = f_0,\quad \cdots,\quad f_N{}^\nu = f_N\qquad (\nu>\nu_0)$$

が成り立つ．よって $f^\nu\to f$ $(\nu\to\infty)$．▮

$\mathscr{F}$ の要素を項とする級数

$$\sum_{\nu=1}^{\infty} f^\nu \tag{2.35}$$

は，その部分和が f に収束するとき，**収束**するといい，f をその**和**という．

命題 2.4　級数 (2.35) において，$\mathrm{ord}(f^\nu)\to\infty$ $(\nu\to\infty)$ とする．そのとき，級数 (2.35) は収束する．

証明　仮定から，

$$\forall N,\ \exists\nu_0:\ \mathrm{ord}(f^\nu) > N\qquad (\nu>\nu_0)$$

である．

$$g^\mu = \sum_{\nu=1}^{\mu} f^\nu\qquad (\mu=1, 2, \cdots)$$

とおく．$\lambda>\mu>\nu_0$ ならば

$$\begin{aligned}\mathrm{ord}(g^\lambda-g^\mu) &= \mathrm{ord}(f^{\mu+1}+\cdots+f^\lambda)\\ &\geqq \min(\mathrm{ord}(f^{\mu+1}), \cdots, \mathrm{ord}(f^\lambda)) > N.\end{aligned}$$

このことは $\{g^\mu\}_{\mu=1}^\infty$ が Cauchy 列であることを示している．よって，$\{g^\mu\}$ は収束する．▮

d）代　入

m 個の $\mathscr{F}$ の元 $f_1, \cdots, f_m$ に対し，$\mathrm{ord}(f_j)\geqq 1$ $(j=1, \cdots, m)$ とする．そのとき

$$f_j = \sum_{k_1+\cdots+k_n\geqq 1} p_{k_1\cdots k_n}{}^j x_1{}^{k_1}\cdots x_n{}^{k_n}$$

と書ける．m 個の変数 $y_1, \cdots, y_m$ の形式的ベキ級数

(2.36) $$F=\sum a_{l_1\cdots l_m}{y_1}^{l_1}\cdots{y_m}^{l_m}$$

が与えられたとき，y_1 を f_1, …, y_m を f_m でおきかえた

(2.37) $$\sum a_{l_1\cdots l_m}(\sum p_{k_1\cdots k_n}{}^1{x_1}^{k_1}\cdots{x_n}^{k_n})^{l_1}\cdots(\sum p_{k_1\cdots k_n}{}^m{x_1}^{k_1}\cdots{x_n}^{k_n})^{l_m}$$

は $\mathscr{F}$ の元 f を定義することを示そう．

$\mathscr{F}$ は環であるから，各 $(l_1, \cdots, l_m)$ に対し

$$a_{l_1\cdots l_m}(\sum p_{k_1\cdots k_n}{}^1{x_1}^{k_1}\cdots{x_n}^{k_n})^{l_1}\cdots(\sum p_{k_1\cdots k_n}{}^m{x_1}^{k_1}\cdots{x_n}^{k_n})^{l_m}$$

は $\mathscr{F}$ の元であり，仮定と性質 (6) とから，その位数は $\geqq l_1+\cdots+l_m$ である．

$$F^\mu=\sum_{l_1+\cdots+l_m=\mu}a_{l_1\cdots l_m}(\sum p_{k_1\cdots k_n}{}^1{x_1}^{k_1}\cdots{x_n}^{k_n})^{l_1}\cdots(\sum p_{k_1\cdots k_n}{}^m{x_1}^{k_1}\cdots{x_n}^{k_n})^{l_m}$$

とおくと，F^μ は $f_1,\cdots,f_m$ の多項式であるから $\mathscr{F}$ の元となる．さらに，性質 (5) から，$\mathrm{ord}(F^\mu)\geqq l_1+\cdots+l_m=\mu$ を得る．$\mathrm{ord}(F^\mu)\to\infty$ $(\mu\to\infty)$ であるから，級数 $\sum F^\mu$ は $\mathscr{F}$ の元 f に収束する．(2.37) は $\sum F^\mu$ の和とみなせるから，(2.37) を f であると定義すればよい．

$f_1,\cdots,f_m$ と F とから定まる f を F に $f_1,\cdots,f_m$ を**代入**して得られる $\mathscr{F}$ の元といい，$f=F\circ(f_1, \cdots, f_m)$ と書くことにする．

$\mathscr{F}$ の元で位数が1上のものの全体を $\mathscr{F}_1$ とする．$\mathscr{F}_1$ は $\mathscr{F}$ の部分集合として距離空間である．$\mathscr{F}_1$ の m 個の直積 ${\mathscr{F}_1}^m=\mathscr{F}_1\times\cdots\times\mathscr{F}_1$ も距離空間となる．与えられた F に対し，$(f_1, \cdots, f_m)\in{\mathscr{F}_1}^m$ に $f=F\circ(f_1, \cdots, f_m)$ を対応させることにより，${\mathscr{F}_1}^m$ から $\mathscr{F}$ への写像が定まる．

命題 2.5 F へ代入することによって得られる写像 ${\mathscr{F}_1}^m\to\mathscr{F}$ は連続である．

証明 $({f_1}^\nu, \cdots, {f_m}^\nu)\to(f_1, \cdots, f_m)$ $(\nu\to\infty)$ ならば $F\circ({f_1}^\nu, \cdots, {f_m}^\nu)\to F\circ(f_1, \cdots, f_m)$ $(\nu\to\infty)$ であることを示せばよい．

$$F=\sum_{\mu=0}^{\infty}F_\mu, \qquad F_\mu=\sum_{l_1+\cdots+l_m=\mu}a_{l_1\cdots l_m}{y_1}^{l_1}\cdots{y_m}^{l_m}$$

とおくと，

$$F\circ({f_1}^\nu, \cdots, {f_m}^\nu)=\sum_{\mu=0}^{\infty}F_\mu\circ({f_1}^\nu, \cdots, {f_m}^\nu),$$

$$F\circ(f_1, \cdots, f_m)=\sum_{\mu=0}^{\infty}F_\mu\circ(f_1, \cdots, f_m)$$

である．任意の $N\in\boldsymbol{N}$ に対し，$F_0, \cdots, F_N$ は有限和であるから，命題 2.1 によって $F_0, \cdots, F_N$ から代入によって得られる写像は連続である．ゆえに ν_0 が存在し

て，$\nu>\nu_0$ のとき

$$\mathrm{ord}(F_0\circ(f_1{}^\nu, \cdots, f_m{}^\nu)-F_0\circ(f_1, \cdots, f_m))>N,$$

$$\cdots\cdots\cdots\cdots\cdots$$

$$\mathrm{ord}(F_N\circ(f_1{}^\nu, \cdots, f_m{}^\nu)-F_N\circ(f_1, \cdots, f_m))>N$$

である．よって

$$\mathrm{ord}\left(\sum_{\mu=0}^{N}F_\mu\circ(f_1{}^\nu, \cdots, f_m{}^\nu)-\sum_{\mu=0}^{N}F_\mu\circ(f_1, \cdots, f_m)\right)>N \qquad (\nu>\nu_0). \tag{2.38}$$

一方，つねに

$$\mathrm{ord}(F_\mu\circ(f_1, \cdots, f_m))\geqq\mu$$

であるから，

$$\mathrm{ord}\left(\sum_{\mu=N+1}^{\infty}F_\mu\circ(f_1{}^\nu, \cdots, f_m{}^\nu)\right)>N, \qquad \mathrm{ord}\left(\sum_{\mu=N+1}^{\infty}F_\mu\circ(f_1, \cdots, f_m)\right)>N$$

が得られる．したがって

$$\mathrm{ord}\left(\sum_{\mu=N+1}^{\infty}F_\mu\circ(f_1{}^\nu, \cdots, f_m{}^\nu)-\sum_{\mu=N+1}^{\infty}F_\mu\circ(f_1, \cdots, f_m)\right)>N. \tag{2.39}$$

(2.38) と (2.39) とから，$\nu>\nu_0$ のとき

$$\mathrm{ord}\left(\sum_{\mu=0}^{\infty}F_\mu\circ(f_1{}^\nu, \cdots, f_m{}^\nu)-\sum_{\mu=0}^{\infty}F_\mu\circ(f_1, \cdots, f_m)\right)>N,$$

すなわち，

$$\mathrm{ord}(F\circ(f_1{}^\nu, \cdots, f_m{}^\nu)-F\circ(f_1, \cdots, f_m))>N \qquad (\nu>\nu_0)$$

が得られる．これは

$$F\circ(f_1{}^\nu, \cdots, f_m{}^\nu)\longrightarrow F\circ(f_1, \cdots, f_m) \qquad (\nu\to\infty)$$

を示している．▌

命題 2.6　F, $(f_1, \cdots, f_m)$ は前と同じとする．そのとき

$$\frac{\partial}{\partial x_i}(F\circ(f_1, \cdots, f_m))=\sum_{j=1}^{m}\left(\left(\frac{\partial}{\partial y_j}F\right)\circ(f_1, \cdots, f_m)\right)\cdot\frac{\partial}{\partial x_i}f_j$$

が成り立つ．——

証明は練習問題として読者にまかせる．

命題 2.5 において $F\in \boldsymbol{C}[[y_1, \cdots, y_m]]$ を固定して考えた．F を $\boldsymbol{C}[[y_1, \cdots, y_m]]$ のなかで動かすと次の命題が得られる．

命題 2.7　$\boldsymbol{C}[[y_1, \cdots, y_m]]$ の元 F と $\mathscr{F}_1{}^m$ の元 $(f_1, \cdots, f_m)$ に $\mathscr{F}$ の元 $F\circ(f_1,$

$\cdots, f_m)$ を対応させる写像 $\boldsymbol{C}[[y_1, \cdots, y_m]] \times \mathscr{F}_1{}^m \to \mathscr{F}$ は連続である. ——

証明は練習問題として読者にまかせる.

§2.3 形式的変換

$\boldsymbol{m}$ 個の変数 $x_1, \cdots, x_m$ と $\boldsymbol{n}$ 個の変数 $y_1, \cdots, y_n$ との形式的ベキ級数の全体 $\boldsymbol{C}[[x_1, \cdots, x_m, y_1, \cdots, y_n]]$ を簡単に $\mathscr{G}$ で表す. 前節の結果により, 環 $\mathscr{G}$ は完備な距離空間で, 和, 積, 微分は連続である.

$\mathscr{G}$ の元

$$\sum a_{k_1\cdots k_m l_1\cdots l_n} x_1{}^{k_1}\cdots x_m{}^{k_m} y_1{}^{l_1}\cdots y_n{}^{l_n} \tag{2.40}$$

を表すのに次の記法を導入しよう.

$$\boldsymbol{x} = (x_1, \cdots, x_m), \qquad \boldsymbol{y} = (y_1, \cdots, y_n),$$
$$\boldsymbol{k} = (k_1, \cdots, k_m), \qquad \boldsymbol{l} = (l_1, \cdots, l_n),$$
$$\boldsymbol{x}^{\boldsymbol{k}}\boldsymbol{y}^{\boldsymbol{l}} = x_1{}^{k_1}\cdots x_m{}^{k_m} y_1{}^{l_1}\cdots y_n{}^{l_n},$$
$$|\boldsymbol{k}| = k_1+\cdots+k_m, \qquad |\boldsymbol{l}| = l_1+\cdots+l_n.$$

そのとき, (2.40) は簡単に

$$\sum_{|\boldsymbol{k}|+|\boldsymbol{l}|\geqq 0} a_{\boldsymbol{k}\boldsymbol{l}} \boldsymbol{x}^{\boldsymbol{k}}\boldsymbol{y}^{\boldsymbol{l}}$$

と表される. $\mathscr{G}$ の $\boldsymbol{n}$ 個の元の列

$$\left(\sum a_{\boldsymbol{k}\boldsymbol{l}}{}^1 \boldsymbol{x}^{\boldsymbol{k}}\boldsymbol{y}^{\boldsymbol{l}}, \cdots, \sum a_{\boldsymbol{k}\boldsymbol{l}}{}^n \boldsymbol{x}^{\boldsymbol{k}}\boldsymbol{y}^{\boldsymbol{l}}\right)$$

は, $\boldsymbol{a}_{\boldsymbol{k}\boldsymbol{l}} = (a_{\boldsymbol{k}\boldsymbol{l}}{}^1, \cdots, a_{\boldsymbol{k}\boldsymbol{l}}{}^n)$ とおくことにより,

$$\sum \boldsymbol{a}_{\boldsymbol{k}\boldsymbol{l}} \boldsymbol{x}^{\boldsymbol{k}}\boldsymbol{y}^{\boldsymbol{l}}$$

と書ける.

a) 形式的変換とその合成

次の形の n 個の $\mathscr{G}$ の元

$$\varphi_1 = y_1 + \sum{}'' p_{\boldsymbol{k}\boldsymbol{l}}{}^1 \boldsymbol{x}^{\boldsymbol{k}}\boldsymbol{y}^{\boldsymbol{l}},$$
$$\cdots\cdots\cdots\cdots\cdots$$
$$\varphi_n = y_n + \sum{}'' p_{\boldsymbol{k}\boldsymbol{l}}{}^n \boldsymbol{x}^{\boldsymbol{k}}\boldsymbol{y}^{\boldsymbol{l}}$$

の列 $(\varphi_1, \cdots, \varphi_n)$ を考える. ここで $\sum''$ は $|\boldsymbol{k}|+|\boldsymbol{l}|\geqq 2$ を満たす $(\boldsymbol{k}, \boldsymbol{l}) = (k_1, \cdots, k_m, l_1, \cdots, l_n)$ についての和を表すものとする.

$$\boldsymbol{\varphi} = (\varphi_1, \cdots, \varphi_n), \qquad \boldsymbol{p}_{\boldsymbol{k}\boldsymbol{l}} = (p_{\boldsymbol{k}\boldsymbol{l}}{}^1, \cdots, p_{\boldsymbol{k}\boldsymbol{l}}{}^n)$$

とおき，さらに

(2.41)
$$\boldsymbol{\varphi}=\boldsymbol{y}+\sum{}''\boldsymbol{p}_{kl}\boldsymbol{x}^k\boldsymbol{y}^l$$

と書く．このような $\boldsymbol{\varphi}$ の全体を $\mathcal{T}$ で表すと，$\mathcal{T}$ は $\mathcal{G}^n$ の部分集合である．$\mathcal{T}$ は距離空間 $\mathcal{G}^n$ の部分集合として距離空間である．$\mathcal{T}$ の元を**形式的変換**とよぶ．

$\mathcal{T}$ の二つの元 $\boldsymbol{\varphi}$ と

(2.42)
$$\boldsymbol{\psi}=\boldsymbol{y}+\sum{}''\boldsymbol{q}_{kl}\boldsymbol{x}^k\boldsymbol{y}^l$$

に対して，その合成 $\boldsymbol{\psi}\circ\boldsymbol{\varphi}=((\boldsymbol{\psi}\circ\boldsymbol{\varphi})_1,\cdots,(\boldsymbol{\psi}\circ\boldsymbol{\varphi})_n)$ を次のように定義する．$\boldsymbol{\psi}$ の第 j 成分

$$\psi_j=y_j+\sum{}''q_{kl}{}^j\boldsymbol{x}^k\boldsymbol{y}^l$$

に $(\varphi_1,\cdots,\varphi_n)$ を代入したものを

(2.43)
$$(\boldsymbol{\psi}\circ\boldsymbol{\varphi})_j=y_j+\sum{}''p_{kl}{}^j\boldsymbol{x}^k\boldsymbol{y}^l+\sum{}''q_{kl}{}^j\boldsymbol{x}^k(\boldsymbol{y}+\sum{}''\boldsymbol{p}_{KL}\boldsymbol{x}^K\boldsymbol{y}^L)^l$$

とする．この式の第2項，第3項は2次以上の項からなるから，

$$(\boldsymbol{\psi}\circ\boldsymbol{\varphi})_j=y_j+\sum{}''r_{kl}{}^j\boldsymbol{x}^k\boldsymbol{y}^l$$

と書ける．$\boldsymbol{r}_{kl}=(r_{kl}{}^1,\cdots,r_{kl}{}^n)$ とおいて

(2.44)
$$\boldsymbol{\psi}\circ\boldsymbol{\varphi}=\boldsymbol{y}+\sum{}''\boldsymbol{r}_{kl}\boldsymbol{x}^k\boldsymbol{y}^l$$

と定義する．

(2.43) から

(2.45)
$$r_{kl}{}^j=p_{kl}{}^j+q_{kl}{}^j+P_{kl}(p_{KL}{}^i,q_{KL}{}^j)$$

と書けることが分る．ここで P_{kl} は $p_{KL}{}^i$ $(|\boldsymbol{K}|+|\boldsymbol{L}|<|\boldsymbol{k}|+|\boldsymbol{l}|\,;\,i=1,\cdots,n)$ と $q_{KL}{}^j$ $(|\boldsymbol{K}|+|\boldsymbol{L}|<|\boldsymbol{k}|+|\boldsymbol{l}|)$ との多項式で係数は正の整数である．

写像

$$\boldsymbol{e}=\boldsymbol{y},\qquad \text{すなわち}\quad e_j=y_j\quad(j=1,\cdots,n)$$

に対して明らかに

$$\boldsymbol{\varphi}\circ\boldsymbol{e}=\boldsymbol{e}\circ\boldsymbol{\varphi}=\boldsymbol{\varphi}\qquad(\boldsymbol{\varphi}\in\mathcal{T})$$

が成り立つ．

$\mathcal{T}$ の任意の元 $\boldsymbol{\varphi}$ に対して

(2.46)
$$\boldsymbol{\psi}\circ\boldsymbol{\varphi}=\boldsymbol{e}$$

を満たす $\boldsymbol{\psi}\in\mathcal{T}$ が存在する．実際，$\boldsymbol{\varphi}$, $\boldsymbol{\psi}$, $\boldsymbol{\psi}\circ\boldsymbol{\varphi}$ を (2.41), (2.42), (2.44) とする．(2.45) を使うと，$\boldsymbol{\psi}\circ\boldsymbol{\varphi}=\boldsymbol{e}$ は

(2.47)
$$p_{kl}{}^j+q_{kl}{}^j+P_{kl}(p_{KL}{}^i,q_{KL}{}^j)=0$$

と同値である．$|\boldsymbol{k}|+|\boldsymbol{l}|=2$ のときは特に

$$p_{\boldsymbol{kl}}{}^j+q_{\boldsymbol{kl}}{}^j=0$$

である．これと (2.47) から，$|\boldsymbol{k}|+|\boldsymbol{l}|$ に関する帰納法によって，$q_{\boldsymbol{kl}}{}^j$ が一意的に定まる．$\boldsymbol{\varphi}\in\mathcal{T}$ に対し (2.46) を満たす $\boldsymbol{\psi}\in\mathcal{T}$ を $\boldsymbol{\varphi}$ の**逆変換**といい $\boldsymbol{\varphi}^{-1}$ と書く．

以上のことから，$\mathcal{T}$ は合成に関して群をつくる．さらに

命題 2.8 $\mathcal{T}$ は連続群である．

証明 命題 2.7 から，$(\boldsymbol{\varphi},\boldsymbol{\psi})\mapsto\boldsymbol{\psi}\circ\boldsymbol{\varphi}$ が連続なことはすぐ分る．したがって，$\boldsymbol{\varphi}\mapsto\boldsymbol{\varphi}^{-1}$ の連続性を示せばよい．これは (2.47) から証明されるが，詳細は読者にまかす．∎

b）形式的変換の分解

命題 2.9 $\mathcal{T}$ の要素

$$\boldsymbol{\psi}^\nu=\boldsymbol{y}+\sum_{|\boldsymbol{k}|+|\boldsymbol{l}|=\nu}\boldsymbol{q}_{\boldsymbol{kl}}{}^\nu\boldsymbol{x}^{\boldsymbol{k}}\boldsymbol{y}^{\boldsymbol{l}}\qquad(\nu=2,3,\cdots)$$

の列 $\{\boldsymbol{\psi}^\nu\}_{\nu=2}^\infty$ に対し

$$\boldsymbol{\varphi}^\nu=\boldsymbol{\psi}^\nu\circ\boldsymbol{\psi}^{\nu-1}\circ\cdots\circ\boldsymbol{\psi}^2\qquad(\nu=2,3,\cdots)$$

とおくと，$\{\boldsymbol{\varphi}^\nu\}_{\nu=2}^\infty$ は $\mathcal{T}$ の要素 $\boldsymbol{\varphi}$ に収束する．

証明

(2.48) $$\boldsymbol{\varphi}^\nu=\boldsymbol{y}+\sum{}''\boldsymbol{p}_{\boldsymbol{kl}}{}^\nu\boldsymbol{x}^{\boldsymbol{k}}\boldsymbol{y}^{\boldsymbol{l}}$$

とおく．$\boldsymbol{\varphi}^\nu=\boldsymbol{\psi}^\nu\circ\boldsymbol{\varphi}^{\nu-1}$ であるから，

(2.49) $$\boldsymbol{\varphi}^\nu=\boldsymbol{y}+\sum{}''\boldsymbol{p}_{\boldsymbol{kl}}{}^{\nu-1}\boldsymbol{x}^{\boldsymbol{k}}\boldsymbol{y}^{\boldsymbol{l}}+\sum_{|\boldsymbol{k}|+|\boldsymbol{l}|=\nu}\boldsymbol{q}_{\boldsymbol{kl}}{}^\nu\boldsymbol{x}^{\boldsymbol{k}}(\boldsymbol{y}+\sum{}''\boldsymbol{p}_{\boldsymbol{KL}}{}^{\nu-1}\boldsymbol{x}^{\boldsymbol{K}}\boldsymbol{y}^{\boldsymbol{L}})^{\boldsymbol{l}}.$$

(2.48) と (2.49) との係数を比較して，

(2.50) $$\boldsymbol{p}_{\boldsymbol{kl}}{}^\nu=\begin{cases}\boldsymbol{p}_{\boldsymbol{kl}}{}^{\nu-1} & (|\boldsymbol{k}|+|\boldsymbol{l}|<\nu)\\ \boldsymbol{p}_{\boldsymbol{kl}}{}^{\nu-1}+\boldsymbol{q}_{\boldsymbol{kl}}{}^\nu & (|\boldsymbol{k}|+|\boldsymbol{l}|=\nu)\end{cases}$$

を得る．この式は与えられた $(\boldsymbol{k},\boldsymbol{l})$ に対し，$\nu\geqq|\boldsymbol{k}|+|\boldsymbol{l}|$ ならば $\boldsymbol{p}_{\boldsymbol{kl}}{}^\nu$ は一定であることを示している．よって，

(2.51) $$\boldsymbol{p}_{\boldsymbol{kl}}=\boldsymbol{p}_{\boldsymbol{kl}}{}^\nu\qquad(\nu\geqq|\boldsymbol{k}|+|\boldsymbol{l}|\geqq2)$$

とおいて

$$\boldsymbol{\varphi}=\boldsymbol{y}+\sum{}''\boldsymbol{p}_{\boldsymbol{kl}}\boldsymbol{x}^{\boldsymbol{k}}\boldsymbol{y}^{\boldsymbol{l}}$$

によって $\boldsymbol{\varphi}$ を定義すると，$\boldsymbol{\varphi}^\nu\to\boldsymbol{\varphi}$ $(\nu\to\infty)$ である．∎

次の命題は命題 2.9 の逆である．

命題 2.10 $\mathcal{T}$ の任意の元

$$\boldsymbol{\varphi}=\boldsymbol{y}+\sum{}''\boldsymbol{p}_{\boldsymbol{k}\boldsymbol{l}}\boldsymbol{x}^{\boldsymbol{k}}\boldsymbol{y}^{\boldsymbol{l}}$$

に対し,

$$\boldsymbol{\psi}^{\nu}=\boldsymbol{y}+\sum_{|\boldsymbol{k}|+|\boldsymbol{l}|=\nu}\boldsymbol{q}_{\boldsymbol{k}\boldsymbol{l}}{}^{\nu}\boldsymbol{x}^{\boldsymbol{k}}\boldsymbol{y}^{\boldsymbol{l}} \qquad (\nu=2,3,\cdots)$$

が一通りに定まり, $\boldsymbol{\psi}^{\nu}\circ\cdots\circ\boldsymbol{\psi}^{2}\to\boldsymbol{\varphi}$ $(\nu\to\infty)$.

証明 まず, $\boldsymbol{\psi}^2$ を

$$\boldsymbol{q}_{\boldsymbol{k}\boldsymbol{l}}{}^{2}=\boldsymbol{p}_{\boldsymbol{k}\boldsymbol{l}} \qquad (|\boldsymbol{k}|+|\boldsymbol{l}|=2)$$

によって定める. 次に,

$$\boldsymbol{\psi}^{\nu-1}=\boldsymbol{y}+\sum_{|\boldsymbol{k}|+|\boldsymbol{l}|=\nu-1}\boldsymbol{q}_{\boldsymbol{k}\boldsymbol{l}}{}^{\nu-1}\boldsymbol{x}^{\boldsymbol{k}}\boldsymbol{y}^{\boldsymbol{l}}$$

が定まったとする. (2.50) と (2.51) とから, $\boldsymbol{q}_{\boldsymbol{k}\boldsymbol{l}}{}^{\nu}$ を

$$\boldsymbol{p}_{\boldsymbol{k}\boldsymbol{l}}=\boldsymbol{p}_{\boldsymbol{k}\boldsymbol{l}}{}^{\nu-1}+\boldsymbol{q}_{\boldsymbol{k}\boldsymbol{l}}{}^{\nu} \qquad (|\boldsymbol{k}|+|\boldsymbol{l}|=\nu)$$

から定める. ただし $\boldsymbol{p}_{\boldsymbol{k}\boldsymbol{l}}{}^{\nu-1}$ は

$$\boldsymbol{\psi}^{\nu-1}\circ\cdots\circ\boldsymbol{\psi}^{2}=\boldsymbol{y}+\sum{}''\boldsymbol{p}_{\boldsymbol{k}\boldsymbol{l}}{}^{\nu-1}\boldsymbol{x}^{\boldsymbol{k}}\boldsymbol{y}^{\boldsymbol{l}}$$

の係数である. $\boldsymbol{\psi}^{\nu}$ を

$$\boldsymbol{\psi}^{\nu}=\boldsymbol{y}+\sum_{|\boldsymbol{k}|+|\boldsymbol{l}|=\nu}\boldsymbol{q}_{\boldsymbol{k}\boldsymbol{l}}{}^{\nu}\boldsymbol{x}^{\boldsymbol{k}}\boldsymbol{y}^{\boldsymbol{l}}$$

によって定義する. よって帰納法によって $\boldsymbol{\psi}^2$, $\boldsymbol{\psi}^3$, $\cdots$ が定まる. $\boldsymbol{\psi}^{\nu}\circ\cdots\circ\boldsymbol{\psi}^{2}\to\boldsymbol{\varphi}$ $(\nu\to\infty)$ と一意性は明らかであろう. ▮

命題 2.9, 2.10 において

$$\boldsymbol{\psi}=\boldsymbol{y}+\sum_{|\boldsymbol{k}|+|\boldsymbol{l}|=\nu}\boldsymbol{q}_{\boldsymbol{k}\boldsymbol{l}}\boldsymbol{x}^{\boldsymbol{k}}\boldsymbol{y}^{\boldsymbol{l}} \tag{2.52}$$

の形の形式的変換が使われた. 後の便宜のため $\boldsymbol{\psi}$ の逆変換を求めておこう.

命題 2.11 形式的変換 (2.52) の逆変換 $\boldsymbol{\psi}^{-1}$ は次の形である:

$$\boldsymbol{\psi}^{-1}=\boldsymbol{y}-\sum_{|\boldsymbol{k}|+|\boldsymbol{l}|=\nu}\boldsymbol{q}_{\boldsymbol{k}\boldsymbol{l}}\boldsymbol{x}^{\boldsymbol{k}}\boldsymbol{y}^{\boldsymbol{l}}+\cdots.$$

ここで書かれていない部分 $\cdots$ は $\nu+1$ 次以上の項からなる.

証明

$$\boldsymbol{\psi}^{-1}=\boldsymbol{y}+\sum{}''\boldsymbol{r}_{\boldsymbol{k}\boldsymbol{l}}\boldsymbol{x}^{\boldsymbol{k}}\boldsymbol{y}^{\boldsymbol{l}}$$

とおいて, $\boldsymbol{\psi}\circ\boldsymbol{\psi}^{-1}$ を計算すると

$$\boldsymbol{\psi}\circ\boldsymbol{\psi}^{-1}=\boldsymbol{y}+\sum{}''\boldsymbol{r}_{\boldsymbol{k}\boldsymbol{l}}\boldsymbol{x}^{\boldsymbol{k}}\boldsymbol{y}^{\boldsymbol{l}}+\sum_{|\boldsymbol{k}|+|\boldsymbol{l}|=\nu}\boldsymbol{q}_{\boldsymbol{k}\boldsymbol{l}}\boldsymbol{x}^{\boldsymbol{k}}(\boldsymbol{y}+\sum{}''\boldsymbol{r}_{\boldsymbol{K}\boldsymbol{L}}\boldsymbol{x}^{\boldsymbol{K}}\boldsymbol{y}^{\boldsymbol{L}})^{\boldsymbol{l}}.$$

最後の項は ν 次以上であり, ν 次の項は $\boldsymbol{q}_{\boldsymbol{k}\boldsymbol{l}}\boldsymbol{x}^{\boldsymbol{k}}\boldsymbol{y}^{\boldsymbol{l}}$ である. これと, $\boldsymbol{\psi}\circ\boldsymbol{\psi}^{-1}=\boldsymbol{e}$ と

を比較して

$$\boldsymbol{r}_{kl} = \begin{cases} \mathbf{0} & (|\boldsymbol{k}|+|\boldsymbol{l}|<\nu) \\ -\boldsymbol{q}_{kl} & (|\boldsymbol{k}|+|\boldsymbol{l}|=\nu) \end{cases}$$

を得る. ∎

$\mathcal{T}$ の元で

$$\boldsymbol{\varphi} = \boldsymbol{y} + \sum_{|\boldsymbol{k}|>0}'' \boldsymbol{p}_{kl} x^{\boldsymbol{k}} \boldsymbol{y}^{\boldsymbol{l}}$$

の形をしているものの全体を $\mathcal{T}_0$ とすると, 次の命題が成り立つ.

命題 2.12 $\mathcal{T}_0$ は $\mathcal{T}$ の部分群である. $\mathcal{T}_0$ の任意の元 $\boldsymbol{\varphi}$ に対し, 一通りに

$$\boldsymbol{\psi}^{\nu} = \boldsymbol{y} + \sum_{\substack{|\boldsymbol{k}|+|\boldsymbol{l}|=\nu \\ |\boldsymbol{k}|>0}} \boldsymbol{q}_{kl}{}^{\nu} \boldsymbol{x}^{\boldsymbol{k}} \boldsymbol{y}^{\boldsymbol{l}} \qquad (\nu=2, 3, \cdots)$$

が定まり, $\boldsymbol{\psi}^{\nu}\circ\cdots\circ\boldsymbol{\psi}^{2}\to\boldsymbol{\varphi}$ $(\nu\to\infty)$ となる. ——

証明は読者にまかせる.

$m=1$ のときには, $\mathcal{T}_0$ に属する変換は

$$\boldsymbol{y} + x\sum' \boldsymbol{p}_{kl} x^{k} \boldsymbol{y}^{\boldsymbol{l}}$$

と書ける. ここで $\sum'$ は $k+|\boldsymbol{l}|\geqq 1$ を満たす $(k, \boldsymbol{l})$ についての和を表す.

§2.4 形式的微分方程式に対する形式的理論

a) 形式的微分方程式の変換

形式的微分方程式

$$\frac{dy_j}{dx} = f_j \qquad (j=1, \cdots, n) \tag{2.53}$$

を考える. ここで f_j は $\mathcal{G}=\boldsymbol{C}[[x, y_1, \cdots, y_n]]$ の元である. 形式的微分方程式 (2.53) を与えることは $\boldsymbol{f}=(f_1, \cdots, f_n)\in\mathcal{G}^n$ を与えることである. よって形式的微分方程式の全体を $\mathcal{E}$ とすれば, $\mathcal{E}$ は $\mathcal{G}^n$ と同一視できる: $\mathcal{E}=\mathcal{G}^n$.

$\mathcal{T}$ $(\subset\mathcal{G}^n)$ に属する変換

$$\boldsymbol{\varphi} = \boldsymbol{y} + \sum'' \boldsymbol{p}_{kl} x^{k} \boldsymbol{y}^{\boldsymbol{l}} \tag{2.54}$$

を一つとる. $\boldsymbol{\varphi}$ の逆変換を $\boldsymbol{\psi}$ とし,

$$\boldsymbol{\psi} = \boldsymbol{y} + \sum'' \boldsymbol{q}_{kl} x^{k} \boldsymbol{y}^{\boldsymbol{l}} \tag{2.55}$$

とする. ここで文字を変え, (2.54), (2.55) を

$$\boldsymbol{y} = \boldsymbol{z} + \sum'' \boldsymbol{p}_{kl} x^{k} \boldsymbol{z}^{\boldsymbol{l}}, \tag{2.56}$$

(2.57)
$$\boldsymbol{z}=\boldsymbol{y}+\sum{}''\boldsymbol{q}_{kl}x^k\boldsymbol{y}^l$$

と書き換える．形式的微分方程式 (2.53) を形式的変換 (2.56) によって形式的に変換することを考える．この際，演算はすべて，前と同様，収束ベキ級数に対すると同じように行うことにする．§2.1 の e) によって，次のようにすればよい．

(2.56), (2.57) の第 j 成分を

$$y_j=\varphi_j=z_j+\sum{}''p_{kl}{}^jx^k\boldsymbol{z}^l,$$
$$z_j=\psi_j=y_j+\sum{}''q_{kl}{}^jx^k\boldsymbol{y}^l$$

とし，$x, y_1, \cdots, y_n$ の形式的ベキ級数

$$\frac{\partial\psi_j}{\partial x}+\sum_{J=1}^{n}\frac{\partial\psi_j}{\partial y_J}f_J$$

において，$y_1, \cdots, y_n$ を $\varphi_1, \cdots, \varphi_n$ でおきかえて $x, z_1, \cdots, z_n$ の形式的ベキ級数に直したものを $g_j\in \boldsymbol{C}[[x, z_1, \cdots, z_n]]$ とする．そのとき，

(2.58)
$$\frac{dz_j}{dx}=g_j\qquad (j=1, \cdots, n)$$

を変換された方程式とする．

$\boldsymbol{g}=(g_1, \cdots, g_n)\in \boldsymbol{C}[[x, z_1, \cdots, z_n]]^n$ であるが，$\boldsymbol{g}$ を $\mathcal{G}^n$ の元とし，方程式を

(2.59)
$$\frac{dy_j}{dx}=g_j$$

としたい．すなわち，(2.58) で z_j をそれぞれ y_j でおきかえたい．そのためには，(2.54), (2.55) の第 j 成分を

$$\varphi_j=y_j+\sum{}''p_{kl}{}^jx^k\boldsymbol{y}^l,$$
$$\psi_j=y_j+\sum{}''q_{kl}{}^jx^k\boldsymbol{y}^l$$

とし，$g_j\in\mathcal{G}$ を

(2.60)
$$\frac{\partial\psi_j}{\partial x}+\sum_{J=1}^{n}\frac{\partial\psi_j}{\partial y_J}f_J$$

において $y_1, \cdots, y_n$ をそれぞれ $\varphi_1, \cdots, \varphi_n$ でおきかえたものとすればよい．すなわち，(2.60) に $\varphi_1, \cdots, \varphi_n$ を代入すればよい．$\boldsymbol{g}=(g_1, \cdots, g_n)$ を簡単に

(2.61)
$$\boldsymbol{g}=\left(\frac{\partial\boldsymbol{\psi}}{\partial x}+\sum_{J=1}^{n}\frac{\partial\boldsymbol{\psi}}{\partial y_J}f_J\right)\circ\boldsymbol{\varphi}$$

と書くことにする．

方程式 (2.53)，$\boldsymbol{f}=(f_1, \cdots, f_n)$，と変換 (2.54)，$\boldsymbol{\varphi}=(\varphi_1, \cdots, \varphi_n)$，とから，方程式

(2.59)，$\boldsymbol{g}=(g_1, \cdots, g_n)$，を導くことは，積空間 $\mathcal{E}\times\mathcal{T}$ から $\mathcal{E}$ への写像を与える：

$$\mathcal{E}\times\mathcal{T} \longrightarrow \mathcal{E}:\ (\boldsymbol{f}, \boldsymbol{\varphi}) \longmapsto \boldsymbol{g}. \tag{2.62}$$

(2.61) において使われる演算：$\boldsymbol{\varphi}$ から $\boldsymbol{\psi}=\boldsymbol{\varphi}^{-1}$ を作る演算 $\mathcal{T}\to\mathcal{T}$，微分演算 $\mathcal{G}\to\mathcal{G}$，積および和の演算 $\mathcal{G}\times\mathcal{G}\to\mathcal{G}$，代入の演算 $\mathcal{E}\times\mathcal{T}\to\mathcal{E}$ はすべて連続であるから，写像 (2.62) は連続である．この事実を命題として述べておく．

命題 2.13　形式的微分方程式

$$\boldsymbol{y}' = \boldsymbol{f}$$

と形式的変換 $\boldsymbol{\varphi}$ とに形式的微分方程式

$$\boldsymbol{y}' = \boldsymbol{g}$$

を対応させる写像 $\mathcal{E}\times\mathcal{T}\to\mathcal{E}$：$(\boldsymbol{f}, \boldsymbol{\varphi})\mapsto\boldsymbol{g}$ は連続である．

特に，$\mathcal{T}$ の列 $\{\boldsymbol{\varphi}^\nu\}_{\nu=1}^\infty$ が $\boldsymbol{\varphi}\in\mathcal{T}$ に収束するとき，$(\boldsymbol{f}, \boldsymbol{\varphi}^\nu)\mapsto\boldsymbol{g}^\nu$，$(\boldsymbol{f}, \boldsymbol{\varphi})\mapsto\boldsymbol{g}$ とすれば，$\{\boldsymbol{g}^\nu\}_{\nu=1}^\infty$ は $\boldsymbol{g}$ に収束する．——

b)　変換の効果

形式的微分方程式

$$\boldsymbol{y}' = \boldsymbol{f} = \sum \boldsymbol{a}_{k\boldsymbol{l}} x^k \boldsymbol{y}^{\boldsymbol{l}} \tag{2.63}$$

を適当な変換でなるべく簡単な方程式に変換することを考える．そのため，次の 2 種類の変換で (2.63) がどう変るかを調べる：

$$\boldsymbol{\varphi} = \boldsymbol{y}+\boldsymbol{q}x, \tag{2.64}$$

$$\boldsymbol{\varphi} = \boldsymbol{y}+x\sum_{k+|\boldsymbol{l}|=\nu} \boldsymbol{q}_{k\boldsymbol{l}} x^k \boldsymbol{y}^{\boldsymbol{l}} \qquad (\nu\geqq 1). \tag{2.65}$$

変換 (2.64) は $\mathcal{T}$ には属さないが，(2.63) に変換 (2.64) を施すには前と同様に考えればよい．(2.65) は $\mathcal{T}_0$ に属する変換である．

まず変換 (2.64) の効果を調べる．(2.64) は明らかに逆変換

$$\boldsymbol{\psi} = \boldsymbol{y}-\boldsymbol{q}x$$

をもつ．$\boldsymbol{\psi}$ の第 j 成分 ψ_j は

$$\psi_j = y_j - q^j x$$

である．変換された方程式を

$$\boldsymbol{y}' = \boldsymbol{g} = \sum \boldsymbol{b}_{k\boldsymbol{l}} x^k \boldsymbol{y}^{\boldsymbol{l}} \tag{2.66}$$

とすれば，$\boldsymbol{g}$ の第 j 成分 g_j は，$\boldsymbol{f}=(f_1, \cdots, f_n)$ とおいて，

$$\frac{\partial\psi_j}{\partial x}+\sum_{J=1}^n \frac{\partial\psi_j}{\partial y_J} f_J = f_j - q^j$$

に $\boldsymbol{\varphi}=(\varphi_1, \cdots, \varphi_n)$ を代入したものである:

$$g_j = \sum a_{kl}{}^j x^k (\boldsymbol{y}+\boldsymbol{q}x)^{\boldsymbol{l}} - q^j.$$

定数項に注目すると

$$\boldsymbol{b}_{00} = \boldsymbol{a}_{00} - \boldsymbol{q}$$

が得られる.

したがって, $\boldsymbol{q}=\boldsymbol{a}_{00}$ とおくと

$$\boldsymbol{b}_{00} = \boldsymbol{0}$$

とできる.

次に, $\boldsymbol{a}_{00}=\boldsymbol{0}$ と仮定して, 変換 (2.65) の効果を調べてみよう. 変換された方程式を (2.66) とする. $\boldsymbol{\varphi}$ の逆変換 $\boldsymbol{\psi}$ は

$$\boldsymbol{\psi} = \boldsymbol{y} - x\sum_{k+|\boldsymbol{l}|=\nu} \boldsymbol{q}_{kl} x^k \boldsymbol{y}^{\boldsymbol{l}} + x\sum_{k+|\boldsymbol{l}|>\nu} \boldsymbol{r}_{kl} x^k \boldsymbol{y}^{\boldsymbol{l}}$$

と書ける. $\boldsymbol{\psi}$ の第 j 成分 ψ_j に対して,

$$\frac{\partial \psi_j}{\partial x} = -\sum_{k+|\boldsymbol{l}|=\nu} (k+1) q_{kl}{}^j x^k \boldsymbol{y}^{\boldsymbol{l}} + \sum_{k+|\boldsymbol{l}|>\nu} (k+1) r_{kl}{}^j x^k \boldsymbol{y}^{\boldsymbol{l}},$$

$$\frac{\partial \psi_j}{\partial y_J} = \delta_{jJ} - \sum_{k+|\boldsymbol{l}|=\nu} l_J q_{kl}{}^j x^{k+1} \boldsymbol{y}^{\boldsymbol{l}-\boldsymbol{e}_J} + \sum_{k+|\boldsymbol{l}|>\nu} l_J r_{kl}{}^j x^k \boldsymbol{y}^{\boldsymbol{l}-\boldsymbol{e}_J}.$$

ここで $\delta_{jJ}=1\,(j=J)$, $=0\,(j\neq J)$, $\boldsymbol{e}_J=(\underbrace{0\cdots 0\,1}_{J}\,0\cdots 0)$ である. f_J は1次以上の項のみからなることに注意して

$$\frac{\partial \psi_j}{\partial x} + \sum_{J=1}^{n} \frac{\partial \psi_j}{\partial y_J} f_J = \sum_{k+|\boldsymbol{l}|\leqq\nu} a_{kl}{}^j x^k \boldsymbol{y}^{\boldsymbol{l}} - \sum_{k+|\boldsymbol{l}|=\nu} (k+1) q_{kl}{}^j x^k \boldsymbol{y}^{\boldsymbol{l}} + \cdots$$

を得る. ここで $\cdots$ の部分は $\nu+1$ 次以上の項からなる. これに $\varphi_1, \cdots, \varphi_n$ を代入したものが g_j であるから,

$$g_j = \sum_{k+|\boldsymbol{l}|\leqq\nu} a_{kl}{}^j x^k (\boldsymbol{y} + x\sum \boldsymbol{q}_{KL} x^K \boldsymbol{y}^{\boldsymbol{L}})^{\boldsymbol{l}}$$
$$- \sum_{k+|\boldsymbol{l}|=\nu} (k+1) q_{kl}{}^j x^k (\boldsymbol{y} + x\sum \boldsymbol{q}_{KL} x^K \boldsymbol{y}^{\boldsymbol{L}})^{\boldsymbol{l}} + \cdots.$$

右辺の ν 次以下の項を調べ, (2.66) とくらべて

$$b_{kl}{}^j = \begin{cases} a_{kl}{}^j & (k+|\boldsymbol{l}|<\nu) \\ a_{kl}{}^j - (k+1) q_{kl}{}^j & (k+|\boldsymbol{l}|=\nu) \end{cases}$$

が得られる. このことは (2.66) の ν 次より低い次数の項の係数は (2.63) の対応する係数と同じ, つまり不変であり, ν 次の項の係数は

$$\boldsymbol{b}_{kl} = \boldsymbol{a}_{kl} - (k+1)\boldsymbol{q}_{kl}$$

という変化を受けることを主張している．

特に

$$\boldsymbol{q}_{kl} = \frac{\boldsymbol{a}_{kl}}{k+1}$$

とすれば，$\boldsymbol{b}_{kl}=\boldsymbol{0}$ $(k+|\boldsymbol{l}|=\nu)$ とできる．

c）形式的変換の存在

形式的微分方程式 (2.63) に次の形の形式的変換

(2.67)
$$\boldsymbol{\varphi} = \boldsymbol{y} + x \sum_{k+|\boldsymbol{l}|\geqq 0} \boldsymbol{p}_{kl} x^k \boldsymbol{y}^{\boldsymbol{l}}$$

を行って，変換された方程式をなるべく簡単にすることを考える．まず二つの注意を述べておく．

変換 (2.67) は逆変換 $\boldsymbol{\varphi}^{-1}$ をもち，$\boldsymbol{\varphi}^{-1}$ も同じ形

$$\boldsymbol{\varphi}^{-1} = \boldsymbol{y} + x \sum_{k+|\boldsymbol{l}|\geqq 0} \boldsymbol{q}_{kl} x^k \boldsymbol{y}^{\boldsymbol{l}}$$

をもつ．

変換 (2.67) は $\mathcal{T}_0$ に属する変換ではない．しかし，(2.67) は 1 次変換

$$\boldsymbol{\phi}^1 = \boldsymbol{y} + \boldsymbol{p}^1 x$$

と $\mathcal{T}_0$ の変換

$$\boldsymbol{\phi}^2 = \boldsymbol{y} + x {\sum}' \boldsymbol{p}_{kl}{}^2 x^k \boldsymbol{y}^{\boldsymbol{l}}$$

の合成 $\boldsymbol{\phi}^2 \circ \boldsymbol{\phi}^1$ に等しい．逆も正しい．

この二つの事実の検証は練習問題として読者にまかせる．

目的は次の定理にある．

定理 2.2　形式的微分方程式 (2.63) に対して，形式的変換 (2.67) が存在し，(2.63) は (2.67) によって

(2.68)
$$\boldsymbol{y}' = \boldsymbol{0}$$

に変換される．このような変換 (2.67) は一意的に定まる．

証明　変換

(2.69)
$$\boldsymbol{\phi}^1 = \boldsymbol{y} + \boldsymbol{q} x$$

によって (2.63) が

(2.70)
$$\boldsymbol{y}' = \boldsymbol{g} = \sum \boldsymbol{b}_{kl} x^k \boldsymbol{y}^{\boldsymbol{l}}$$

に移ったとする．b) の結果から，

$$\boldsymbol{q} = \boldsymbol{a}_{00}$$

とすれば，$\boldsymbol{b}_{00}=\boldsymbol{0}$ となる．(2.69) をこのようにとる．

次に変換

$$\boldsymbol{\psi}^1 = \boldsymbol{y}+x\sum_{k+|\boldsymbol{l}|=1}\boldsymbol{q}_{k\boldsymbol{l}}{}^1 x^k \boldsymbol{y}^{\boldsymbol{l}} \tag{2.71}$$

を行う．(2.71) によって (2.70) が

$$\boldsymbol{y}' = \boldsymbol{g}^1 = \sum \boldsymbol{b}_{k\boldsymbol{l}}{}^1 x^k \boldsymbol{y}^{\boldsymbol{l}}$$

になったとする．b) の結果により

$$\boldsymbol{b}_{k\boldsymbol{l}}{}^1 = \begin{cases} \boldsymbol{b}_{00} & ((k, \boldsymbol{l}) = (0, \boldsymbol{0})) \\ \boldsymbol{b}_{k\boldsymbol{l}} - (k+1)\boldsymbol{q}_{k\boldsymbol{l}}{}^1 & (k+|\boldsymbol{l}|=1) \end{cases}$$

である．$\boldsymbol{q}_{k\boldsymbol{l}}{}^1=\boldsymbol{b}_{k\boldsymbol{l}}/(k+1)$ $(k+|\boldsymbol{l}|=1)$ ととる．そのとき

$$\boldsymbol{b}_{00}{}^1 = \boldsymbol{0}, \qquad \boldsymbol{b}_{k\boldsymbol{l}}{}^1 = \boldsymbol{0} \quad (k+|\boldsymbol{l}|=1)$$

である．

一般に $N-1$ 個の変換

$$\boldsymbol{\psi}^\nu = \boldsymbol{y}+x\sum_{k+|\boldsymbol{l}|=\nu}\boldsymbol{q}_{k\boldsymbol{l}}{}^\nu x^k \boldsymbol{y}^{\boldsymbol{l}} \qquad (\nu=1, 2, \cdots, N-1)$$

を順次行い，

$$\boldsymbol{y}' = \boldsymbol{g}^{N-1} = \sum \boldsymbol{b}_{k\boldsymbol{l}}{}^{N-1} x^k \boldsymbol{y}^{\boldsymbol{l}}$$

が得られ

$$\boldsymbol{b}_{k\boldsymbol{l}}{}^{N-1} = \boldsymbol{0} \qquad (k+|\boldsymbol{l}|\leqq N-1)$$

が満たされているとする．次に変換

$$\boldsymbol{\psi}^N = \boldsymbol{y}+x\sum_{k+|\boldsymbol{l}|=N}\boldsymbol{q}_{k\boldsymbol{l}}{}^N x^k \boldsymbol{y}^{\boldsymbol{l}}$$

を行い，

$$\boldsymbol{y}' = \boldsymbol{g}^N = \sum \boldsymbol{b}_{k\boldsymbol{l}}{}^N x^k \boldsymbol{y}^{\boldsymbol{l}}$$

を得たとする．そのとき，

$$\boldsymbol{b}_{k\boldsymbol{l}}{}^N = \begin{cases} \boldsymbol{0} & (k+|\boldsymbol{l}|<N) \\ \boldsymbol{b}_{k\boldsymbol{l}}{}^{N-1} - (k+1)\boldsymbol{q}_{k\boldsymbol{l}}{}^N & (k+|\boldsymbol{l}|=N) \end{cases}$$

が成り立つ．

$$\boldsymbol{q}_{k\boldsymbol{l}}{}^N = \frac{\boldsymbol{b}_{k\boldsymbol{l}}{}^{N-1}}{k+1} \qquad (k+|\boldsymbol{l}|=N)$$

とおくと

$$\boldsymbol{b}_{kl}{}^{N} = \boldsymbol{0} \qquad (k+|\boldsymbol{l}|\leqq N)$$

が成り立つ．

よって，帰納法により形式的変換の列

$$(2.72)_\nu \qquad \boldsymbol{\psi}^\nu = \boldsymbol{y}+x\sum_{k+|\boldsymbol{l}|=\nu}\boldsymbol{q}_{kl}{}^\nu x^k\boldsymbol{y}^{\boldsymbol{l}} \qquad (\nu=1, 2, \cdots)$$

と形式的微分方程式の列

$$(2.73)_\nu \qquad \boldsymbol{y}' = \boldsymbol{g}^\nu = \sum \boldsymbol{b}_{kl}{}^\nu x^k\boldsymbol{y}^{\boldsymbol{l}}$$

が定まり，次の性質をもつ．(2.70) は $(2.72)_1$ によって $(2.73)_1$ に変換され，$(2.73)_{\nu-1}$ は $(2.72)_\nu$ により $(2.73)_\nu$ に変換される．さらに $\boldsymbol{b}_{kl}{}^\nu=\boldsymbol{0}\,(k+|\boldsymbol{l}|\leqq\nu)$ が成り立つ．$\boldsymbol{\psi}^1, \cdots, \boldsymbol{\psi}^\nu$ の合成を

$$\boldsymbol{\varphi}^\nu = \boldsymbol{\psi}^\nu\circ\cdots\circ\boldsymbol{\psi}^1$$

とおくと，(2.70) は $(2.73)_\nu$ に移る．命題 2.9 により，$\boldsymbol{\varphi}^\nu$ は $\mathcal{T}_0$ の元

$$\boldsymbol{\phi}^2 = \boldsymbol{y}+x\sum{}'\boldsymbol{p}_{kl}x^k\boldsymbol{y}^{\boldsymbol{l}}$$

に収束する．一方，$\boldsymbol{b}_{kl}{}^\nu=\boldsymbol{0}\,(k+|\boldsymbol{l}|\leqq\nu)$ によって，$\boldsymbol{g}^\nu$ は $\mathcal{E}$ の元 $\boldsymbol{0}=(0, \cdots, 0)$ に収束する．命題 2.13 によって，(2.70) は形式的変換 $\boldsymbol{\phi}^2$ によって (2.68) に変換される．

よって，$\boldsymbol{\phi}^1$ と $\boldsymbol{\phi}^2$ との合成

$$\boldsymbol{\varphi} = \boldsymbol{\phi}^2\circ\boldsymbol{\phi}^1$$

は (2.63) を (2.68) に変換する．

最後に，変換の一意性を証明しよう．

(2.63) を (2.68) に移す変換が二つあったとして，それを $\boldsymbol{\varphi}^1, \boldsymbol{\varphi}^2$ とする．そのとき，$\boldsymbol{\phi}=\boldsymbol{\varphi}^1\circ(\boldsymbol{\varphi}^2)^{-1}$ は (2.68) をそれ自身に移す．$\boldsymbol{\phi}$ は $\boldsymbol{\varphi}^1, \boldsymbol{\varphi}^2$ と同じ形

$$(2.74) \qquad \boldsymbol{\phi} = \boldsymbol{y}+x\sum_{k+|\boldsymbol{l}|\geqq 0}\boldsymbol{q}_{kl}x^k\boldsymbol{y}^{\boldsymbol{l}}$$

をもつことが容易に確かめられる．したがって，(2.68) を自分自身に移す変換 (2.74) は恒等変換に等しいことを示せばよい．$\boldsymbol{\phi}$ の逆変換を

$$\boldsymbol{\psi} = \boldsymbol{y}+x\sum_{k+|\boldsymbol{l}|\geqq 0}\boldsymbol{r}_{kl}x^k\boldsymbol{y}^{\boldsymbol{l}}$$

とする．(2.68) は (2.74) によって再び (2.68) に移るから，

$$\left(\frac{\partial\boldsymbol{\psi}}{\partial x}+\sum_J\frac{\partial\boldsymbol{\psi}}{\partial y_J}\cdot 0\right)\circ\boldsymbol{\phi} = \boldsymbol{0}$$

である．これから

$$\sum(k+1)\boldsymbol{r}_{kl}x^k(\boldsymbol{y}+x\sum\boldsymbol{q}_{KL}x^K\boldsymbol{y}^L)^{\boldsymbol{l}}=\boldsymbol{0} \tag{2.75}$$

が得られる．$\boldsymbol{\phi}\neq\boldsymbol{e}$ と仮定して矛盾を導く．$\boldsymbol{q}_{kl}$ のうち $\boldsymbol{0}$ でないものがあるから，そのうち $k+|\boldsymbol{l}|$ が最小のものの一つを $\boldsymbol{q}_{k_0l_0}$ とする．そのとき，

$$\boldsymbol{r}_{kl}=\boldsymbol{0}\quad(k+|\boldsymbol{l}|<k_0+|\boldsymbol{l}_0|),\qquad \boldsymbol{r}_{k_0l_0}=-\boldsymbol{q}_{k_0l_0}$$

であることが容易に分る．(2.75) の左辺の 0 でない最低次の項の一つとして $(k_0+1)\boldsymbol{r}_{k_0l_0}x^{k_0}\boldsymbol{y}^{l_0}$ が現れる．これは矛盾である．▌

§2.5 形式的変換の収束性

前節において，形式的微分方程式

$$\boldsymbol{y}'=\boldsymbol{f}=\sum\boldsymbol{a}_{kl}x^k\boldsymbol{y}^{\boldsymbol{l}} \tag{2.63}$$

に対し，(2.63) を

$$\boldsymbol{y}'=\boldsymbol{0} \tag{2.68}$$

に移す形式的変換

$$\boldsymbol{\varphi}=\boldsymbol{y}+x\sum\boldsymbol{p}_{kl}x^k\boldsymbol{y}^{\boldsymbol{l}} \tag{2.67}$$

がただ一つ存在することを証明した．

本節では，(2.63) の右辺が収束ベキ級数ならば，(2.67) も収束ベキ級数であることを証明するのが目的である．

a) 変換の相互性

微分方程式

$$\boldsymbol{y}'=\boldsymbol{f}(x,\boldsymbol{y}) \tag{2.76}$$

に逆変換をもつ変換

$$\boldsymbol{y}=\boldsymbol{\varphi}(x,\boldsymbol{z}) \tag{2.77}$$

を施して

$$\boldsymbol{z}'=\boldsymbol{g}(x,\boldsymbol{z}) \tag{2.78}$$

を得れば，(2.78) に (2.77) の逆変換

$$\boldsymbol{z}=\boldsymbol{\psi}(x,\boldsymbol{y})$$

を施せば (2.76) になる．

この事実は，形式的微分方程式と形式的変換に対しても成り立つ．

命題 2.14 形式的微分方程式 (2.63) が逆変換をもつ変換 $\boldsymbol{\varphi}$ によって形式的微

分方程式

$$\boldsymbol{y}' = \boldsymbol{g} \tag{2.79}$$

に変換されれば，(2.79) は $\boldsymbol{\varphi}$ の逆変換 $\boldsymbol{\psi}$ によって (2.63) に変換される．

証明　仮定から，$\boldsymbol{g}$ は $\boldsymbol{f}, \boldsymbol{\varphi}, \boldsymbol{\psi}$ によって

$$\boldsymbol{g} = \left(\frac{\partial \boldsymbol{\psi}}{\partial x} + \sum_{J=1}^{n} \frac{\partial \boldsymbol{\psi}}{\partial y_J} f_J\right) \circ \boldsymbol{\varphi}$$

と表される．命題を証明するには，この式から

$$\boldsymbol{f} = \left(\frac{\partial \boldsymbol{\varphi}}{\partial x} + \sum_{J=1}^{n} \frac{\partial \boldsymbol{\varphi}}{\partial y_J} g_J\right) \circ \boldsymbol{\psi} = \frac{\partial \boldsymbol{\varphi}}{\partial x} \circ \boldsymbol{\psi} + \sum_{J=1}^{n} \left(\frac{\partial \boldsymbol{\varphi}}{\partial y_J} \circ \boldsymbol{\psi}\right)(g_J \circ \boldsymbol{\psi}) \tag{2.80}$$

を導けばよい．

$\boldsymbol{\varphi}$ と $\boldsymbol{\psi}$ とは互いに逆変換であるから $\boldsymbol{\varphi} \circ \boldsymbol{\psi}$ は恒等変換である．これを成分を使って書くと

$$\varphi_i \circ (\psi_1, \cdots, \psi_n) = y_i \qquad (i=1, \cdots, n).$$

この両辺を $x, y_1, \cdots, y_n$ で偏微分する．命題 2.6 を適用して，

$$\frac{\partial \varphi_i}{\partial x} \circ \boldsymbol{\psi} + \sum_{J=1}^{n} \left(\frac{\partial \varphi_i}{\partial y_J} \circ \boldsymbol{\psi}\right) \frac{\partial \psi_J}{\partial x} = 0 \qquad (i=1, \cdots, n),$$

$$\sum_{J=1}^{n} \left(\frac{\partial \varphi_i}{\partial y_J} \circ \boldsymbol{\psi}\right) \frac{\partial \psi_J}{\partial y_k} = \delta_{ik} \qquad (i, k=1, \cdots, n)$$

を得る．一方，$\boldsymbol{\varphi} \circ \boldsymbol{\psi}$ は恒等変換であるから，

$$g_J \circ \boldsymbol{\psi} = \left(\frac{\partial \psi_J}{\partial x} + \sum_{K=1}^{n} \frac{\partial \psi_J}{\partial y_K} f_K\right) \circ \boldsymbol{\varphi} \circ \boldsymbol{\psi} = \frac{\partial \psi_J}{\partial x} + \sum_{K=1}^{n} \frac{\partial \psi_J}{\partial y_K} f_K$$

となる．よって，

$$\begin{aligned}
&\frac{\partial \varphi_i}{\partial x} \circ \boldsymbol{\psi} + \sum_{J=1}^{n} \left(\frac{\partial \varphi_i}{\partial y_J} \circ \boldsymbol{\psi}\right)(g_J \circ \boldsymbol{\psi}) \\
&= -\sum_{J=1}^{n} \left(\frac{\partial \varphi_i}{\partial y_J} \circ \boldsymbol{\psi}\right) \frac{\partial \psi_J}{\partial x} + \sum_{J=1}^{n} \left(\frac{\partial \varphi_i}{\partial y_J} \circ \boldsymbol{\psi}\right)\left(\frac{\partial \psi_J}{\partial x} + \sum_{K=1}^{n} \frac{\partial \psi_J}{\partial y_K} f_K\right) \\
&= \sum_{J=1}^{n} \left(\frac{\partial \varphi_i}{\partial y_J} \circ \boldsymbol{\psi}\right) \sum_{K=1}^{n} \frac{\partial \psi_J}{\partial y_K} f_K \\
&= \sum_{K=1}^{n} f_K \sum_{J=1}^{n} \left(\frac{\partial \varphi_i}{\partial y_J} \circ \boldsymbol{\psi}\right) \frac{\partial \psi_J}{\partial y_K} \\
&= \sum_{K=1}^{n} f_K \delta_{iK} = f_i.
\end{aligned}$$

よって，(2.80) が証明された．▌

b）形式的変換の収束

定理 2.3　微分方程式 (2.63) において $\boldsymbol{f}$ が収束ベキ級数ならば，(2.63) を方程式 (2.68) に移す変換 (2.67) も収束ベキ級数である．

証明　仮定によって，(2.68) は変換 (2.67) の逆変換

$$\boldsymbol{\psi} = \boldsymbol{y}+x\sum \boldsymbol{q}_{kl}x^k\boldsymbol{y}^l$$

によって (2.63) へ変換される．したがって

$$\left(\frac{\partial\boldsymbol{\varphi}}{\partial x}+\sum_{J=1}^{n}\frac{\partial\boldsymbol{\varphi}}{\partial y_J}\cdot 0\right)\circ\boldsymbol{\psi} = \boldsymbol{f},$$

すなわち

$$\frac{\partial\boldsymbol{\varphi}}{\partial x}\circ\boldsymbol{\psi} = \boldsymbol{f}$$

が成り立つ．$\boldsymbol{\psi}\circ\boldsymbol{\varphi}=\boldsymbol{e}$ であるから

$$\frac{\partial\boldsymbol{\varphi}}{\partial x} = \boldsymbol{f}\circ\boldsymbol{\varphi}$$

を得る．これを書き直すと

$$\sum (k+1)p_{kl}{}^j x^k\boldsymbol{y}^l = \sum a_{kl}{}^j x^k(\boldsymbol{y}+x\sum \boldsymbol{p}_{KL}x^K\boldsymbol{y}^L)^{\boldsymbol{l}}.$$

両辺の $x^k\boldsymbol{y}^l$ の係数を比較して

$$p_{00}{}^j = a_{00}{}^j \qquad (j=1, \cdots, n),$$

$$(k+1)p_{kl}{}^j = Q_{kl}(p_{KL}{}^i, a_{KL}{}^j) \qquad (k+|\boldsymbol{l}|>0;\ j=1, \cdots, n)$$

を得る．ここで Q_{kl} は $p_{KL}{}^i$ $(K+|\boldsymbol{L}|<k+|\boldsymbol{l}|;\ i=1, \cdots, n)$ と $a_{KL}{}^j$ $(K+|\boldsymbol{L}|<k+|\boldsymbol{l}|)$ の多項式で係数は正の整数である．

次に，$\sum a_{kl}{}^j x^k\boldsymbol{y}^l$ の優級数 $\sum A_{kl}{}^j x^k\boldsymbol{y}^l$ で収束するものをとる．このような優級数がとれることは§2.1, b) から分る．

$$F_j(x, \boldsymbol{y}) = \sum A_{kl}{}^j x^k\boldsymbol{y}^l$$

とおく．F_j はすべて $|x|<r$, $|\boldsymbol{y}|<\rho$ において整型としてよい．$x, \boldsymbol{y}$ の未知関数 $\boldsymbol{z}$ に対する方程式系

$$z_j-y_j = xF_j(x, \boldsymbol{z}) \qquad (j=1, \cdots, n) \tag{2.81}$$

を考える．方程式系 (2.81) は

$$z_j = y_j+x\sum P_{kl}{}^j x^k\boldsymbol{y}^l \tag{2.82}$$

の形の形式解をただ一つもつ．実際，(2.82) を (2.81) に代入して

$$\sum P_{kl}{}^j x^k \boldsymbol{y}^{\boldsymbol{l}} = \sum A_{kl}{}^j x^k (\boldsymbol{y}+x\sum \boldsymbol{P}_{KL} x^K \boldsymbol{y}^{\boldsymbol{L}})^{\boldsymbol{l}}$$

を得る．これから直ちに

$$P_{00}{}^j = A_{00}{}^j \qquad (j=1, \cdots, n),$$
$$P_{kl}{}^j = Q_{kl}(P_{KL}{}^i, A_{KL}{}^j) \qquad (k+|\boldsymbol{l}|>0;\ j=1, \cdots, n)$$

が得られる．定理2.2の証明と同様にして，ベキ級数 $\sum P_{kl}{}^j x^k \boldsymbol{y}^{\boldsymbol{l}}$ はベキ級数 $\sum p_{kl}{}^j x^k \boldsymbol{y}^{\boldsymbol{l}}$ の優級数であることがいえる．

一方，陰関数の定理によって，方程式系(2.81)は $x=0$, $\boldsymbol{y}=\boldsymbol{0}$ において整型かつ $\boldsymbol{z}(0, \boldsymbol{0})=\boldsymbol{0}$ となる解

$$z_j = \Phi_j(x, y_1, \cdots, y_n) \qquad (j=1, \cdots, n)$$

をもつ．したがって，Φ_j の $x=y_1=\cdots=y_n=0$ での Taylor 展開は(2.82)の右辺と一致する．したがって(2.82)は収束ベキ級数である．これから $\sum p_{kl}{}^j x^k \boldsymbol{y}^{\boldsymbol{l}}$ の収束性，したがって形式的変換(2.67)の収束性が示された．▌

系1　微分方程式

(2.83) $$\boldsymbol{y}' = \boldsymbol{f}(x, \boldsymbol{y})$$

において，$\boldsymbol{f}$ は $\boldsymbol{C}^{n+1}$ の領域 $\mathcal{D}$ で整型とする．$\mathcal{D}$ の任意の点 $(a, \boldsymbol{b})$ に対し，次の性質をもつ関数 $\boldsymbol{\varphi}(z, \boldsymbol{w})$ が存在する．

(1)　$\boldsymbol{\varphi}$ は $|z|<r$, $|\boldsymbol{w}|<\rho$ で整型,

(2)　$\boldsymbol{\varphi}(0, \boldsymbol{w}) = \boldsymbol{w}$　$(|\boldsymbol{w}|<\rho)$,

(3)　変換

(2.84) $$\boldsymbol{y}-\boldsymbol{b} = \boldsymbol{\varphi}(x-a, \boldsymbol{w})$$

によって，(2.83)は

$$\frac{d\boldsymbol{w}}{dx} = \boldsymbol{0}$$

に変換される．——

系2　変換(2.84)の逆変換を

$$w_j = \psi_j(x-a, \boldsymbol{y}-\boldsymbol{b}) \qquad (j=1, \cdots, n)$$

とすれば，$\psi_j(x-a, \boldsymbol{y}-\boldsymbol{b})$ $(j=1, \cdots, n)$ は $(a, \boldsymbol{b})$ の近傍 $\mathcal{U}$ において整型で，$\mathcal{U}$ における(2.83)の第1積分である．——

問　　題

1　定理 2.1 に対し，形式解 $y_j=\sum \alpha_\nu{}^j x^\nu$ の収束性を次の方法で証明せよ．

$\sum C_{kl_1\cdots l_n}{}^j x^k y_1{}^{l_1}\cdots y_n{}^{l_n}$ $(j=1, \cdots, n)$ はそれぞれ $\sum c_{kl_1\cdots l_n}{}^j x^k y_1{}^{l_1}\cdots y_n{}^{l_n}$ $(j=1, \cdots, n)$ の優級数で，さらに収束ベキ級数とし，

$$F_j(x, y_1, \cdots, y_n) = \sum C_{kl_1\cdots l_n}{}^j x^k y_1{}^{l_1}\cdots y_n{}^{l_n}$$

とおく．$y_1, \cdots, y_n$ についての方程式

$$y_j = xF_j(x, y_1, \cdots, y_n) \qquad (j=1, \cdots, n)$$

は $x=0$ で整型で，$x=0$ のとき $y_1=\cdots=y_n=0$ となる解

$$y_j = \sum A_\nu{}^j x^\nu$$

をもち，$\sum A_\nu{}^j x^\nu$ $(j=1, \cdots, n)$ は $\sum \alpha_\nu{}^j x^\nu$ $(j=1, \cdots, n)$ の優級数である．

2　$f(x, y)$ は $|x|<r$，$|y|<\rho$ で整型で $|f(x, y)|\leqq M$ とする．$f(x, y)$ の Taylor 展開が

$$f(x, y) = c_{10}x + \sum_{k+l\geqq 2} c_{kl}x^k y^l$$

であるとき，$x=0$ で整型で $x=0$ のとき $y=0$ となる

$$y = f(x, y)$$

の解 $y=\varphi(x)$ の存在を優級数法で証明せよ．

3　命題 2.6 を証明せよ．

4　命題 2.7 を証明せよ．

5　命題 2.12 を証明せよ．

6　微分方程式

$$\text{(1)} \qquad \boldsymbol{y}' = \boldsymbol{f}(x, \boldsymbol{y})$$

で $\boldsymbol{f}$ は $x=0$, $\boldsymbol{y}=\boldsymbol{0}$ において整型とする．$x=0$, $\boldsymbol{z}=\boldsymbol{0}$ で整型な変換 $\boldsymbol{y}=\boldsymbol{\varphi}(x, \boldsymbol{z})$ $(\boldsymbol{\varphi}(0, \boldsymbol{z})=\boldsymbol{z})$ により，(1) は

$$\boldsymbol{z}' = \boldsymbol{0}$$

に移るとし，この変換の逆変換を $\boldsymbol{z}=\boldsymbol{\psi}(x, \boldsymbol{y})$ とする．$|\xi|$, $|\boldsymbol{\eta}|$ が十分小さいとき，$\boldsymbol{y}(\xi)=\boldsymbol{\eta}$ を満たす (1) の解は $\boldsymbol{y}=\boldsymbol{\varphi}(x, \boldsymbol{\psi}(\xi, \boldsymbol{\eta}))$ であることを利用して，解の初期値についての整型性を示せ．

第3章　全微分方程式

本章では全微分方程式といわれる特別な形の連立1階偏微分方程式を考える．全微分方程式は常微分方程式に近く，その解法は常微分方程式の解法に帰着される．本章では第2章で展開された方法を使って解くことにした．この方法は次章においても使われるからである．

§3.1　完全積分可能な全微分方程式系

a）完全積分可能性

m 個の独立変数 $x_1, \cdots, x_m$ と n 個の従属変数 $y_1, \cdots, y_n$ に対する次の偏微分方程式系

$$(3.1)\qquad \frac{\partial y_j}{\partial x_i} = f_{ij}(x_1, \cdots, x_m, y_1, \cdots, y_n) \qquad (i=1, \cdots, m;\ j=1, \cdots, n)$$

を考える．(3.1) をしばしば

$$(3.2)\qquad dy_j = \sum_{i=1}^{m} f_{ij}(x_1, \cdots, x_m, y_1, \cdots, y_n)dx_i \qquad (j=1, \cdots, n)$$

と書く．(3.1) または (3.2) を**全微分方程式系**または **Pfaff 方程式系**という．全微分方程式系は必ずしも解をもたない．(3.1) が解をもつための条件を求めよう．

f_{ij} はすべて $\boldsymbol{C}^{m+n}$ の領域 $\mathcal{D}$ で整型とし，

$$y_j = \varphi_j(x_1, \cdots, x_m) \qquad (j=1, \cdots, n)$$

を $\boldsymbol{C}^m$ の領域 D で整型な解とする．すなわち，φ_j は D において

$$\frac{\partial \varphi_j}{\partial x_i} = f_{ij}(x_1, \cdots, x_m, \varphi_1(x_1, \cdots, x_m), \cdots, \varphi_n(x_1, \cdots, x_m))$$

を満たす．両辺は整型であるから $x_1, \cdots, x_m$ について偏微分可能である．x_I について偏微分してみると，

$$\frac{\partial^2 \varphi_j}{\partial x_I \partial x_i} = \frac{\partial f_{ij}}{\partial x_I}(\boldsymbol{x}, \boldsymbol{\varphi}(\boldsymbol{x})) + \sum_{J=1}^{n} \frac{\partial f_{ij}}{\partial y_J}(\boldsymbol{x}, \boldsymbol{\varphi}(\boldsymbol{x})) \frac{\partial \varphi_J}{\partial x_I}$$

$$= \frac{\partial f_{ij}}{\partial x_I}(\boldsymbol{x}, \boldsymbol{\varphi}(\boldsymbol{x})) + \sum_{J=1}^{n} \frac{\partial f_{ij}}{\partial y_J}(\boldsymbol{x}, \boldsymbol{\varphi}(\boldsymbol{x})) f_{IJ}(\boldsymbol{x}, \boldsymbol{\varphi}(\boldsymbol{x}))$$

が得られる．微分の順序は交換してよいから

$$\frac{\partial^2 \varphi_j}{\partial x_I \partial x_i} = \frac{\partial^2 \varphi_j}{\partial x_i \partial x_I}.$$

一方，

$$\frac{\partial^2 \varphi_j}{\partial x_i \partial x_I} = \frac{\partial}{\partial x_i}(f_{Ij}(\boldsymbol{x}, \boldsymbol{\varphi}(\boldsymbol{x}))).$$

前と同様に右辺を計算して

$$\frac{\partial^2 \varphi_j}{\partial x_i \partial x_I} = \frac{\partial f_{Ij}}{\partial x_i}(\boldsymbol{x}, \boldsymbol{\varphi}(\boldsymbol{x})) + \sum_{J=1}^{n} \frac{\partial f_{Ij}}{\partial y_J}(\boldsymbol{x}, \boldsymbol{\varphi}(\boldsymbol{x})) f_{iJ}(\boldsymbol{x}, \boldsymbol{\varphi}(\boldsymbol{x}))$$

を得る．したがって，$i, I=1, \cdots, m$；$j=1, \cdots, n$ に対して

$$\frac{\partial f_{ij}}{\partial x_I} + \sum_{J=1}^{n} \frac{\partial f_{ij}}{\partial y_J} f_{IJ} = \frac{\partial f_{Ij}}{\partial x_i} + \sum_{J=1}^{n} \frac{\partial f_{Ij}}{\partial y_J} f_{iJ} \tag{3.3}$$

が解 $y_j=\varphi_j(x_1, \cdots, x_m)$ $(j=1, \cdots, n)$ に沿って成り立つ．

領域 $\mathscr{D}$ の任意の点 $(\boldsymbol{a}, \boldsymbol{b})=(a_1, \cdots, a_m, b_1, \cdots, b_n)$ に対し，$\boldsymbol{x}=\boldsymbol{a}$ の近傍で定義されて整型かつ条件 $\boldsymbol{y}(\boldsymbol{a})=\boldsymbol{b}$ を満たす (3.1) の解が存在するとき，(3.1) は $\mathscr{D}$ において**完全積分可能**であるという．

方程式系 (3.1) は $\mathscr{D}$ において完全積分可能とする．任意の $(\boldsymbol{a}, \boldsymbol{b}) \in \mathscr{D}$ に対して，$\boldsymbol{x}=\boldsymbol{a}$ で整型かつ $\boldsymbol{y}(\boldsymbol{a})=\boldsymbol{b}$ を満たす解が存在し，その解に沿って (3.3) が成り立つ．このことは (3.3) が $\mathscr{D}$ において恒等的に成り立つことを示している．よって $\mathscr{D}$ において (3.3) が成り立つことが，(3.1) が $\mathscr{D}$ において完全積分可能なることの必要条件である：

(3.1) が $\mathscr{D}$ で完全積分可能 $\Longrightarrow$ $\mathscr{D}$ で (3.3) が成立．

§3.2 と §3.3 において，$\mathscr{D}$ で (3.3) が成り立つことが，(3.1) が $\mathscr{D}$ において完全積分可能であるための十分条件であることが示される．

$\mathscr{D}$ の部分領域 $\mathscr{G}$ において整型な関数 $F: \mathscr{G} \to \boldsymbol{C}$ に対し，$\boldsymbol{\varphi}$ が $\boldsymbol{C}^m$ の領域 D で整型な (3.1) の解で $(\boldsymbol{x}, \boldsymbol{\varphi}(\boldsymbol{x})) \in \mathscr{G}$ $(\boldsymbol{x} \in D)$ を満たすならば，$F(\boldsymbol{x}, \boldsymbol{\varphi}(\boldsymbol{x}))$ が D において定数（解 $\boldsymbol{\varphi}$ によって定まる）になるとき，F を $\mathscr{G}$ における (3.1) の**第1積分**という．§1.5 におけるのと同様な論法によって，次の定理が得られる．

定理 3.1 F が $\mathscr{G}$ における (3.1) の第1積分であるための必要十分条件は $\mathscr{G}$

において

$$\frac{\partial F}{\partial x_i}+\sum_{J=1}^{n}\frac{\partial F}{\partial y_J}f_{iJ}=0 \qquad (i=1, \cdots, m)$$

が成り立つことである．——

問　定理3.1を証明せよ．

b)　変数変換

方程式系(3.1)の右辺 f_{ij} は領域 $\mathscr{D}$ で整型とする．変数変換

(3.4)　$$y_j=\varphi_j(x_1, \cdots, x_m, z_1, \cdots, z_n) \qquad (j=1, \cdots, n)$$

を考える．ここで φ_j はすべて $\boldsymbol{C}^{m+n}$ の領域 $\mathscr{G}$ において整型で，$\boldsymbol{C}^{m+n}$ の部分集合 $\mathscr{H}=\{(\boldsymbol{x}, \boldsymbol{\varphi}(\boldsymbol{x}, \boldsymbol{z}))\mid(\boldsymbol{x}, \boldsymbol{z})\in\mathscr{G}\}$ は $\mathscr{D}$ に含まれていて，(3.4)は逆変換

(3.5)　$$z_j=\psi_j(x_1, \cdots, x_m, y_1, \cdots, y_n) \qquad (j=1, \cdots, n)$$

をもち，ψ_j はすべて $\mathscr{H}$ において整型であるとする．

$$\frac{\partial z_j}{\partial x_i}=\frac{\partial \psi_j}{\partial x_i}+\sum_{J=1}^{n}\frac{\partial \psi_j}{\partial y_J}\frac{\partial y_J}{\partial x_i}$$

であるから，(3.4)によって(3.1)が

(3.6)　$$\frac{\partial z_j}{\partial x_i}=g_{ij}(x_1, \cdots, x_m, z_1, \cdots, z_n) \qquad (j=1, \cdots, n)$$

に変換されたとすれば，g_{ij} は

$$\frac{\partial \psi_j}{\partial x_i}+\sum_{J=1}^{n}\frac{\partial \psi_j}{\partial y_J}f_{iJ}$$

に(3.4)を代入したものである．

$$\boldsymbol{f}_i=(f_{i1}, \cdots, f_{in}), \qquad \boldsymbol{g}_i=(g_{i1}, \cdots, g_{in}) \qquad (i=1, \cdots, m),$$
$$\boldsymbol{\varphi}=(\varphi_1, \cdots, \varphi_n), \qquad \boldsymbol{\psi}=(\psi_1, \cdots, \psi_n)$$

とおいて，$\boldsymbol{g}_i$ を簡単に

(3.7)　$$\boldsymbol{g}_i=\left(\frac{\partial \boldsymbol{\psi}}{\partial x_i}+\sum_{J=1}^{n}\frac{\partial \boldsymbol{\psi}}{\partial y_J}f_{iJ}\right)\circ\boldsymbol{\varphi}$$

と書いてよい．

方程式系(3.6)は変数変換(3.5)によって(3.1)に変換される．すなわち

(3.8)　$$\boldsymbol{f}_i=\left(\frac{\partial \boldsymbol{\varphi}}{\partial x_i}+\sum_{J=1}^{n}\frac{\partial \boldsymbol{\varphi}}{\partial y_J}g_{iJ}\right)\circ\boldsymbol{\psi}$$

が成り立つ．

問　(3. 7) から (3. 8) を導け．

命題 3. 1　方程式 (3. 1)，変換 (3. 4), (3. 5) は前と同じとする．もし (3. 1) に対し，(3. 3) が $\mathscr{D}$ において成り立てば，変換された方程式 (3. 6) に対し，

$$\frac{\partial g_{ij}}{\partial x_I}+\sum_{J=1}^{n}\frac{\partial g_{ij}}{\partial z_J}g_{IJ}=\frac{\partial g_{Ij}}{\partial x_i}+\sum_{J=1}^{n}\frac{\partial g_{Ij}}{\partial z_J}g_{iJ} \tag{3.9}$$

が $\mathscr{H}$ において成り立つ．

証明　(3. 3) と (3. 7) とから (3. 9) を導けばよい．計算は長くなるが労をいとわず実行してみる．

$$g_{ij}=\left(\frac{\partial\psi_j}{\partial x_i}+\sum_{K=1}^{n}\frac{\partial\psi_j}{\partial y_K}f_{iK}\right)\circ\boldsymbol{\varphi}$$

を x_I で微分する．以後，簡単のため $\circ\boldsymbol{\varphi}$ を省略する．そのために混乱を起すことはあるまい．

$$\begin{aligned}\frac{\partial g_{ij}}{\partial x_I}&=\frac{\partial^2\psi_j}{\partial x_I\partial x_i}+\sum_{K=1}^{n}\frac{\partial^2\psi_j}{\partial y_K\partial x_i}\frac{\partial\varphi_K}{\partial x_I}\\&\quad+\sum_{K=1}^{n}\left(\frac{\partial^2\psi_j}{\partial x_I\partial y_K}f_{iK}+\frac{\partial\psi_j}{\partial y_K}\frac{\partial f_{iK}}{\partial x_I}\right)\\&\quad+\sum_{K=1}^{n}\sum_{L=1}^{n}\left(\frac{\partial^2\psi_j}{\partial y_L\partial y_K}\frac{\partial\varphi_L}{\partial x_I}f_{iK}+\frac{\partial\psi_j}{\partial y_K}\frac{\partial f_{iK}}{\partial y_L}\frac{\partial\varphi_L}{\partial x_I}\right).\end{aligned}$$

次に g_{ij} を z_J で微分して

$$\begin{aligned}\frac{\partial g_{ij}}{\partial z_J}&=\sum_{K=1}^{n}\frac{\partial^2\psi_j}{\partial y_K\partial x_i}\frac{\partial\varphi_K}{\partial z_J}\\&\quad+\sum_{K=1}^{n}\sum_{L=1}^{n}\left(\frac{\partial^2\psi_j}{\partial y_L\partial y_K}\frac{\partial\varphi_L}{\partial z_J}f_{iK}+\frac{\partial\psi_j}{\partial y_K}\frac{\partial f_{iK}}{\partial y_L}\frac{\partial\varphi_L}{\partial z_J}\right).\end{aligned}$$

これに

$$g_{IJ}=\frac{\partial\psi_J}{\partial x_I}+\sum_{M=1}^{n}\frac{\partial\psi_J}{\partial y_M}f_{IM}$$

をかけて J について和をとる．

$$\begin{aligned}\sum_{J=1}^{n}\frac{\partial g_{ij}}{\partial z_J}g_{IJ}&=\sum_J\sum_K\frac{\partial^2\psi_j}{\partial y_K\partial x_i}\frac{\partial\varphi_K}{\partial z_J}\frac{\partial\psi_J}{\partial x_I}\\&\quad+\sum_J\sum_K\sum_L\left(\frac{\partial^2\psi_j}{\partial y_L\partial y_K}\frac{\partial\varphi_L}{\partial z_J}\frac{\partial\psi_J}{\partial x_I}f_{iK}+\frac{\partial\psi_j}{\partial y_K}\frac{\partial\varphi_L}{\partial z_J}\frac{\partial\psi_J}{\partial x_I}\frac{\partial f_{iK}}{\partial y_L}\right)\end{aligned}$$

$$+\sum_J\sum_K\sum\frac{\partial^2\psi_j}{\partial y_K\partial x_i}\frac{\partial\varphi_K}{\partial z_J}\frac{\partial\psi_J}{\partial y_M}f_{IM}$$

$$+\sum_J\sum_K\sum_L\sum_M\left(\frac{\partial^2\psi_j}{\partial y_L\partial y_K}\frac{\partial\varphi_L}{\partial z_J}\frac{\partial\psi_J}{\partial y_M}f_{iK}f_{IM}\right.$$

$$\left.+\frac{\partial\psi_j}{\partial y_K}\frac{\partial\varphi_L}{\partial z_J}\frac{\partial\psi_J}{\partial y_M}\frac{\partial f_{iK}}{\partial y_L}f_{IM}\right).$$

変換 (3.4) と (3.5) は互いに逆変換であるから

$$\varphi_L(\boldsymbol{x},\psi_1(\boldsymbol{x},\boldsymbol{y}),\cdots,\psi_n(\boldsymbol{x},\boldsymbol{y}))=y_L\qquad(L=1,\cdots,n).$$

これから

$$\frac{\partial\varphi_L}{\partial x_I}+\sum_{J=1}^n\frac{\partial\varphi_L}{\partial z_J}\frac{\partial\psi_J}{\partial x_I}=0\qquad(I=1,\cdots,m;\ L=1,\cdots,n),$$

$$\sum_{J=1}^n\frac{\partial\varphi_L}{\partial z_J}\frac{\partial\psi_J}{\partial y_M}=\delta_{LM}\qquad(L,M=1,\cdots,n)$$

が得られる．この関係を使うと，

$$\sum_{J=1}^n\frac{\partial g_{ij}}{\partial z_J}g_{IJ}=-\sum_K\frac{\partial^2\psi_j}{\partial y_K\partial x_i}\frac{\partial\varphi_K}{\partial x_I}-\sum_K\sum_L\left(\frac{\partial^2\psi_j}{\partial y_L\partial y_K}\frac{\partial\varphi_L}{\partial x_I}f_{iK}+\frac{\partial\psi_j}{\partial y_K}\frac{\partial\varphi_L}{\partial x_I}\frac{\partial f_{iK}}{\partial y_L}\right)$$

$$+\sum_K\frac{\partial^2\psi_j}{\partial y_K\partial x_i}f_{IK}+\sum_K\sum_L\left(\frac{\partial^2\psi_j}{\partial y_L\partial y_K}f_{iK}f_{IL}+\frac{\partial\psi_j}{\partial y_K}\frac{\partial f_{iK}}{\partial y_L}f_{IL}\right).$$

したがって，

$$\frac{\partial g_{ij}}{\partial x_I}+\sum_{J=1}^n\frac{\partial g_{ij}}{\partial z_J}g_{IJ}=\frac{\partial^2\psi_j}{\partial x_I\partial x_i}+\sum_K\left(\frac{\partial^2\psi_j}{\partial x_I\partial y_K}f_{iK}+\frac{\partial^2\psi_j}{\partial x_i\partial y_K}f_{IK}\right)$$

$$+\sum_K\sum_L\frac{\partial^2\psi_j}{\partial y_K\partial y_L}f_{iK}f_{IL}+\sum_K\frac{\partial\psi_j}{\partial y_K}\left(\frac{\partial f_{iK}}{\partial x_I}+\sum_L\frac{\partial f_{iK}}{\partial y_L}f_{IL}\right)$$

を得る．(3.9) の右辺は左辺において i, I を交換したものであることと，(3.3) とを使って，(3.9) が得られる．▌

§3.2 形式的理論

a) 形式的変換

f_{ij} $(i=1,\cdots,m;\ j=1,\cdots,n)$ が $\boldsymbol{C}[[x_1,\cdots,x_m,y_1,\cdots,y_n]]$ に属する形式的ベキ級数のとき，

$$\frac{\partial y_j}{\partial x_i}=f_{ij}\qquad(i=1,\cdots,m;\ j=1,\cdots,n)\tag{3.10}$$

を**形式的全微分方程式**という．形式的全微分方程式 (3.10) に対し

$$\frac{\partial f_{ij}}{\partial x_I}+\sum_{J=1}^{n}\frac{\partial f_{ij}}{\partial y_J}f_{IJ}=\frac{\partial f_{Ij}}{\partial x_i}+\sum_{J=1}^{n}\frac{\partial f_{Ij}}{\partial y_J}f_{iJ}$$

が $\boldsymbol{C}[[\boldsymbol{x},\boldsymbol{y}]]$ において成立しているとき，(3.10) を**形式的に完全積分可能**という．

本節の目的は，形式的に完全積分可能な形式的全微分方程式

$$\frac{\partial y_j}{\partial x_i}=f_{ij}=\sum a_{\boldsymbol{kl}}{}^{ij}\boldsymbol{x}^{\boldsymbol{k}}\boldsymbol{y}^{\boldsymbol{l}} \tag{3.11}$$

は適当な形式的変換

$$\boldsymbol{\varphi}=\boldsymbol{y}+\sum_{|\boldsymbol{k}|>0}\boldsymbol{p}_{\boldsymbol{kl}}\boldsymbol{x}^{\boldsymbol{k}}\boldsymbol{y}^{\boldsymbol{l}} \tag{3.12}$$

によって形式的に

$$\frac{\partial y_j}{\partial x_i}=0 \qquad (i=1,\cdots,m;\ j=1,\cdots,n)$$

に変換されることを証明することにある．

次のことを注意しよう．

命題 3.2　変換 (3.12) は逆変換

$$\boldsymbol{\psi}=\boldsymbol{y}+\sum_{|\boldsymbol{k}|>0}\boldsymbol{q}_{\boldsymbol{kl}}\boldsymbol{x}^{\boldsymbol{k}}\boldsymbol{y}^{\boldsymbol{l}} \tag{3.13}$$

をもつ．——

この命題から (3.11) に変換 (3.12) を施せることが保障される．すなわち，

$$g_{ij}=\left(\frac{\partial \psi_j}{\partial x_i}+\sum_{J=1}^{n}\frac{\partial \psi_j}{\partial y_J}f_{iJ}\right)\circ\boldsymbol{\varphi} \tag{3.14}$$

によって g_{ij} を定義したとき，

$$\frac{\partial y_j}{\partial x_i}=g_{ij}=\sum b_{\boldsymbol{kl}}{}^{ij}\boldsymbol{x}^{\boldsymbol{k}}\boldsymbol{y}^{\boldsymbol{l}} \tag{3.15}$$

が変換された方程式である．

命題 3.3　形式的方程式 (3.11) が形式的変換 (3.12) によって (3.15) に変換されれば，(3.15) は (3.12) の逆変換 (3.13) によって (3.11) に変換される．——

命題 3.4　変換 (3.12) に対し，1次変換

$$\boldsymbol{\phi}^1=\boldsymbol{y}+\sum_{I=1}^{m}\boldsymbol{p}_I{}^1x_I$$

と $\mathcal{T}_0$ に属する変換

$$\boldsymbol{\phi}^2 = \boldsymbol{y} + \sum_{|\boldsymbol{k}|>0}{}'' \boldsymbol{p}_{\boldsymbol{k}\boldsymbol{l}}{}^2 \boldsymbol{x}^{\boldsymbol{k}} \boldsymbol{y}^{\boldsymbol{l}}$$

が存在して $\boldsymbol{\varphi}=\boldsymbol{\phi}^2\circ\boldsymbol{\phi}^1$. ここで $\sum''$ は $|\boldsymbol{k}|+|\boldsymbol{l}|\geqq 2$ を満たす $(\boldsymbol{k}, \boldsymbol{l})$ についての和を表す. ——

命題 3.5 形式的に完全積分可能な方程式 (3.11) から形式的変換 (3.12) によって得られる方程式 (3.15) は形式的に完全積分可能である. ——

読者みずからこれらの命題の証明を考えられたい.

b) 変換の効果

変換

$$\boldsymbol{\phi} = \boldsymbol{y} + \sum_{I=1}^{m} \boldsymbol{p}_I x_I \tag{3.16}$$

を (3.11) に施して (3.15) を得たとしよう. $\boldsymbol{\phi}$ の逆変換は

$$\boldsymbol{\psi} = \boldsymbol{y} - \sum_{I=1}^{m} \boldsymbol{p}_I x_I$$

で与えられる. (3.14) によって g_{ij} を計算する.

$$\frac{\partial \psi_j}{\partial x_i} + \sum_{J=1}^{n} \frac{\partial \psi_j}{\partial y_J} f_{iJ} = -p_i{}^j + f_{ij}$$

であるから,

$$g_{ij} = (-p_i{}^j + f_{ij})\circ\boldsymbol{\phi} = -p_i{}^j + \sum a_{\boldsymbol{k}\boldsymbol{l}}{}^{ij} \boldsymbol{x}^{\boldsymbol{k}} (\boldsymbol{y} + \sum \boldsymbol{p}_I x_I)^{\boldsymbol{l}}.$$

これから

$$b_{00}{}^{ij} = a_{00}{}^{ij} - p_i{}^j \qquad ((\mathbf{0}, \mathbf{0}) = (\underbrace{0, \cdots, 0}_{m}, \underbrace{0, \cdots, 0}_{n}))$$

を得る. $p_i{}^j = a_{00}{}^{ij}$ ととれば $b_{00}{}^{ij}=0$ とできる.

次に, (3.11) は形式的に完全積分可能で

$$a_{\boldsymbol{k}\boldsymbol{l}}{}^{ij} = 0 \qquad (|\boldsymbol{k}|+|\boldsymbol{l}|<\nu;\ i=1, \cdots, m;\ j=1, \cdots, n)$$

と仮定する. 完全積分可能条件から $a_{\boldsymbol{k}\boldsymbol{l}}{}^{ij}$ $(|\boldsymbol{k}|+|\boldsymbol{l}|=\nu)$ の満たす関係式を求めておこう. 完全積分可能条件は

$$\frac{\partial}{\partial x_I}(\sum a_{\boldsymbol{k}\boldsymbol{l}}{}^{ij} \boldsymbol{x}^{\boldsymbol{k}} \boldsymbol{y}^{\boldsymbol{l}}) + \sum_{J=1}^{n} \frac{\partial}{\partial y_J}(\sum a_{\boldsymbol{k}\boldsymbol{l}}{}^{ij} \boldsymbol{x}^{\boldsymbol{k}} \boldsymbol{y}^{\boldsymbol{l}}) \cdot \sum a_{\boldsymbol{k}\boldsymbol{l}}{}^{IJ} \boldsymbol{x}^{\boldsymbol{k}} \boldsymbol{y}^{\boldsymbol{l}}$$
$$= \frac{\partial}{\partial x_i}(\sum a_{\boldsymbol{k}\boldsymbol{l}}{}^{Ij} \boldsymbol{x}^{\boldsymbol{k}} \boldsymbol{y}^{\boldsymbol{l}}) + \sum_{J=1}^{n} \frac{\partial}{\partial y_J}(\sum a_{\boldsymbol{k}\boldsymbol{l}}{}^{Ij} \boldsymbol{x}^{\boldsymbol{k}} \boldsymbol{y}^{\boldsymbol{l}}) \cdot \sum a_{\boldsymbol{k}\boldsymbol{l}}{}^{iJ} \boldsymbol{x}^{\boldsymbol{k}} \boldsymbol{y}^{\boldsymbol{l}}$$

となる. ここで和は $|\boldsymbol{k}|+|\boldsymbol{l}|\geqq\nu$ を満たす $(\boldsymbol{k}, \boldsymbol{l})$ にわたる. したがって, 両辺の

第1項は $\nu-1$ 次から始まり，両辺の第2項は $2\nu-1$ 次から始まる級数である．両辺の $\nu-1$ 次の項を調べて比較する．左辺からは

$$\sum_{|\boldsymbol{k}|+|\boldsymbol{l}|=\nu} k_I a_{\boldsymbol{kl}}{}^{ij}\boldsymbol{x}^{\boldsymbol{k}-\boldsymbol{e}_I}\boldsymbol{y}^{\boldsymbol{l}} = \sum_{|\boldsymbol{k}|+|\boldsymbol{l}|=\nu-1}(k_I+1)\,a_{\boldsymbol{k}+\boldsymbol{e}_I\,\boldsymbol{l}}{}^{ij}\boldsymbol{x}^{\boldsymbol{k}}\boldsymbol{y}^{\boldsymbol{l}}$$

が，右辺からは

$$\sum_{|\boldsymbol{k}|+|\boldsymbol{l}|=\nu} k_i a_{\boldsymbol{kl}}{}^{Ij}\boldsymbol{x}^{\boldsymbol{k}-\boldsymbol{e}_i}\boldsymbol{y}^{\boldsymbol{l}} = \sum_{|\boldsymbol{k}|+|\boldsymbol{l}|=\nu-1}(k_i+1)\,a_{\boldsymbol{k}+\boldsymbol{e}_i\,\boldsymbol{l}}{}^{Ij}\boldsymbol{x}^{\boldsymbol{k}}\boldsymbol{y}^{\boldsymbol{l}}$$

が現れる．ここで $\boldsymbol{e}_I=(\underbrace{0,\cdots,0,1}_{I},0,\cdots,0)$，$\boldsymbol{e}_i=(\underbrace{0,\cdots,0,1}_{i},0,\cdots,0)$．これから

$$(k_I+1)\,a_{\boldsymbol{k}+\boldsymbol{e}_I\,\boldsymbol{l}}{}^{ij} = (k_i+1)\,a_{\boldsymbol{k}+\boldsymbol{e}_i\,\boldsymbol{l}}{}^{Ij} \tag{3.17}$$

が得られる．

次に，変換

$$\boldsymbol{\phi} = \boldsymbol{y} + \sum_{\substack{|\boldsymbol{k}|+|\boldsymbol{l}|=\nu+1\\|\boldsymbol{k}|>0}} \boldsymbol{p}_{\boldsymbol{kl}}\boldsymbol{x}^{\boldsymbol{k}}\boldsymbol{y}^{\boldsymbol{l}} \tag{3.18}$$

を考える．この変換の逆変換 $\boldsymbol{\psi}$ は

$$\boldsymbol{\psi} = \boldsymbol{y} - \sum_{\substack{|\boldsymbol{k}|+|\boldsymbol{l}|=\nu+1\\|\boldsymbol{k}|>0}} \boldsymbol{p}_{\boldsymbol{kl}}\boldsymbol{x}^{\boldsymbol{k}}\boldsymbol{y}^{\boldsymbol{l}} + \sum_{\substack{|\boldsymbol{k}|+|\boldsymbol{l}|>\nu+1\\|\boldsymbol{k}|>0}} \boldsymbol{q}_{\boldsymbol{kl}}\boldsymbol{x}^{\boldsymbol{k}}\boldsymbol{y}^{\boldsymbol{l}}$$

で与えられる．(3.18) を (3.11) に施したものを (3.15) とする．g_{ij} の ν 次以下の項を調べる．そのためには

$$\frac{\partial\psi_j}{\partial x_i} + \sum_{J=1}^{n}\frac{\partial\psi_j}{\partial y_J}f_{iJ} \tag{3.19}$$

から現れる ν 次以下の項が問題となる．第1項から現れる ν 次以下の項は

$$-\sum_{|\boldsymbol{k}|+|\boldsymbol{l}|=\nu+1} k_i p_{\boldsymbol{kl}}{}^{j}\boldsymbol{x}^{\boldsymbol{k}-\boldsymbol{e}_i}\boldsymbol{y}^{\boldsymbol{l}} = -\sum_{|\boldsymbol{k}|+|\boldsymbol{l}|=\nu}(k_i+1)\,p_{\boldsymbol{k}+\boldsymbol{e}_i\,\boldsymbol{l}}{}^{j}\boldsymbol{x}^{\boldsymbol{k}}\boldsymbol{y}^{\boldsymbol{l}}$$

である．

$$\frac{\partial\psi_j}{\partial y_J} = \delta_{jJ} + (\nu\text{ 次以上})$$

に注意して第2項を計算し第1項に加え，(3.19) の ν 次以下の項は

$$\sum_{|\boldsymbol{k}|+|\boldsymbol{l}|=\nu} a_{\boldsymbol{kl}}{}^{ij}\boldsymbol{x}^{\boldsymbol{k}}\boldsymbol{y}^{\boldsymbol{l}} - \sum_{|\boldsymbol{k}|+|\boldsymbol{l}|=\nu}(k_i+1)\,p_{\boldsymbol{k}+\boldsymbol{e}_i\,\boldsymbol{l}}{}^{j}\boldsymbol{x}^{\boldsymbol{k}}\boldsymbol{y}^{\boldsymbol{l}}.$$

これとこれに $\boldsymbol{\phi}$ を代入したものの ν 次以下の項とは同じである．これから

$$b_{\boldsymbol{kl}}{}^{ij} = \begin{cases} 0 & (|\boldsymbol{k}|+|\boldsymbol{l}|<\nu) \\ a_{\boldsymbol{kl}}{}^{ij} - (k_i+1)\,p_{\boldsymbol{k}+\boldsymbol{e}_i\,\boldsymbol{l}}{}^{j} & (|\boldsymbol{k}|+|\boldsymbol{l}|=\nu) \end{cases}$$

が得られる．

ここで $|\boldsymbol{k}'|+|\boldsymbol{l}|=\nu+1$, $|\boldsymbol{k}'|>0$ を満たすすべての $(\boldsymbol{k}', \boldsymbol{l})$ に対し, $p_{\boldsymbol{k}'\boldsymbol{l}}{}^{j}$ を

$$(k_i+1)p_{\boldsymbol{k}+\boldsymbol{e}_i\boldsymbol{l}}{}^{j} = a_{\boldsymbol{k}\boldsymbol{l}}{}^{ij} \tag{3.20}$$

を満たすように取れれば $b_{\boldsymbol{k}\boldsymbol{l}}{}^{ij}=0$ とできる. $\boldsymbol{k}'$ に対し $\boldsymbol{k}'=\boldsymbol{k}+\boldsymbol{e}_i$ を満たす $\boldsymbol{e}_i$ がただ一つのときは, $p_{\boldsymbol{k}'\boldsymbol{l}}{}^{j}$ は (3.20) から一通りにきまる. $\boldsymbol{k}'=\boldsymbol{k}_1+\boldsymbol{e}_i=\boldsymbol{k}_2+\boldsymbol{e}_I$ $(i\neq I)$ とする. そのとき, $\boldsymbol{k}'=\boldsymbol{k}+\boldsymbol{e}_i+\boldsymbol{e}_I$ と書ける. $\boldsymbol{k}+\boldsymbol{e}_i$ の第 I 成分は k_I, $\boldsymbol{k}+\boldsymbol{e}_I$ の第 i 成分は k_i であることに注意すると, (3.20) から

$$(k_I+1)p_{\boldsymbol{k}+\boldsymbol{e}_i+\boldsymbol{e}_I\boldsymbol{l}}{}^{j} = a_{\boldsymbol{k}+\boldsymbol{e}_i\boldsymbol{l}}{}^{Ij},$$
$$(k_i+1)p_{\boldsymbol{k}+\boldsymbol{e}_i+\boldsymbol{e}_I\boldsymbol{l}}{}^{j} = a_{\boldsymbol{k}+\boldsymbol{e}_I\boldsymbol{l}}{}^{ij}$$

を得る. 上の第1式から $p_{\boldsymbol{k}+\boldsymbol{e}_i+\boldsymbol{e}_I\boldsymbol{l}}{}^{j}=a_{\boldsymbol{k}+\boldsymbol{e}_i\boldsymbol{l}}{}^{Ij}/(k_I+1)$, 第2式から $p_{\boldsymbol{k}+\boldsymbol{e}_i+\boldsymbol{e}_I\boldsymbol{l}}{}^{j}=a_{\boldsymbol{k}+\boldsymbol{e}_I\boldsymbol{l}}{}^{ij}/(k_i+1)$ となる. しかし, 完全積分可能条件から得られた (3.17) によって, この二つの値は等しいことが分る. 以上のことから, $p_{\boldsymbol{k}'\boldsymbol{l}}{}^{j}$ を矛盾なく定められることがいえた.

c) 形式的変換の存在

定理 3.2 形式的に完全積分可能な形式的微分方程式 (3.11) を

$$\frac{\partial y_j}{\partial x_i} = 0 \qquad (i=1, \cdots, m;\ j=1, \cdots, n) \tag{3.21}$$

に変換する形式的変換 (3.12) が存在する.

証明 適当な変換

$$\boldsymbol{\phi}^1 = \boldsymbol{y}+\sum_{I=1}^{n}\boldsymbol{q}_I x_I$$

によって (3.11) を

$$\frac{\partial \boldsymbol{y}}{\partial x_i} = \boldsymbol{g}_i = \sum \boldsymbol{b}_{\boldsymbol{k}\boldsymbol{l}}{}^{i}\boldsymbol{x}^{\boldsymbol{k}}\boldsymbol{y}^{\boldsymbol{l}} \qquad (\boldsymbol{b}_{00}{}^{i}=\boldsymbol{0}) \tag{3.22}$$

に移す. (3.22) は形式的に完全積分可能である.

次に, 適当に変換

$$\boldsymbol{\psi}^1 = \boldsymbol{y}+\sum_{\substack{|\boldsymbol{k}|+|\boldsymbol{l}|=2\\ |\boldsymbol{k}|>0}}\boldsymbol{q}_{\boldsymbol{k}\boldsymbol{l}}{}^{(1)}\boldsymbol{x}^{\boldsymbol{k}}\boldsymbol{y}^{\boldsymbol{l}}$$

をとって, (3.22) を

$$\frac{\partial \boldsymbol{y}}{\partial x_i} = \boldsymbol{h}_i{}^1 = \sum \boldsymbol{c}_{\boldsymbol{k}\boldsymbol{l}}{}^{(1)i}\boldsymbol{x}^{\boldsymbol{k}}\boldsymbol{y}^{\boldsymbol{l}} \qquad (\boldsymbol{c}_{\boldsymbol{k}\boldsymbol{l}}{}^{(1)i}=\boldsymbol{0},\ |\boldsymbol{k}|+|\boldsymbol{l}|\leqq 1) \tag{3.23}$$

に移す. (3.23) は形式的に完全積分可能である.

$\nu=1,2,\cdots,N-1$ に対して，形式的変換

(3.24)$_\nu$
$$\boldsymbol{\psi}^\nu=\boldsymbol{y}+\sum_{\substack{|\boldsymbol{k}|+|\boldsymbol{l}|=\nu+1\\|\boldsymbol{k}|>0}}\boldsymbol{q}_{\boldsymbol{k}\boldsymbol{l}}{}^{(\nu)}\boldsymbol{x}^{\boldsymbol{k}}\boldsymbol{y}^{\boldsymbol{l}}$$

と形式的に完全積分可能な方程式

(3.25)$_\nu$
$$\frac{\partial\boldsymbol{y}}{\partial x_i}=\boldsymbol{h}_i{}^\nu=\sum\boldsymbol{c}_{\boldsymbol{k}\boldsymbol{l}}{}^{(\nu)i}\boldsymbol{x}^{\boldsymbol{k}}\boldsymbol{y}^{\boldsymbol{l}}\qquad(\boldsymbol{c}_{\boldsymbol{k}\boldsymbol{l}}{}^{(\nu)i}=\boldsymbol{0},\ \ |\boldsymbol{k}|+|\boldsymbol{l}|\leqq\nu)$$

がとれて，(3.24)$_1$ は (3.22) を (3.25)$_1$ に変換し，$\nu=2,\cdots,N-1$ ならば，(3.24)$_\nu$ は (3.25)$_{\nu-1}$ を (3.25)$_\nu$ に変換するとする．b) の結果から，形式的変換

(3.24)$_N$
$$\boldsymbol{\psi}^N=\boldsymbol{y}+\sum_{\substack{|\boldsymbol{k}|+|\boldsymbol{l}|=N+1\\|\boldsymbol{k}|>0}}\boldsymbol{q}_{\boldsymbol{k}\boldsymbol{l}}{}^{(N)}\boldsymbol{x}^{\boldsymbol{k}}\boldsymbol{y}^{\boldsymbol{l}}$$

が存在して，(3.25)$_{N-1}$ は (3.24)$_N$ によって

(3.25)$_N$
$$\frac{\partial\boldsymbol{y}}{\partial x_i}=\boldsymbol{h}_i{}^N=\sum\boldsymbol{c}_{\boldsymbol{k}\boldsymbol{l}}{}^{(N)i}\boldsymbol{x}^{\boldsymbol{k}}\boldsymbol{y}^{\boldsymbol{l}}\qquad(\boldsymbol{c}_{\boldsymbol{k}\boldsymbol{l}}{}^{(N)i}=\boldsymbol{0},\ \ |\boldsymbol{k}|+|\boldsymbol{l}|\leqq N)$$

に変換される．(3.25)$_N$ は形式的に完全積分可能である．

よって，帰納法により，すべての $\nu=1,2,\cdots$ に対して，変換 (3.24)$_\nu$ と形式的に完全積分可能な方程式 (3.25)$_\nu$ が存在し，(3.24)$_1$ は (3.22) を (3.25)$_1$ に変換し，$\nu\geqq2$ ならば，(3.24)$_\nu$ は (3.25)$_{\nu-1}$ を (3.25)$_\nu$ に変換する．よって，合成変換 $\boldsymbol{\psi}^\nu\circ\cdots\circ\boldsymbol{\psi}^1$ は (3.22) を (3.25)$_\nu$ に変換する．§2.3 の命題 2.8 によって，$\nu\to\infty$ のとき $\boldsymbol{\psi}^\nu\circ\cdots\circ\boldsymbol{\psi}^1$ は $\mathcal{T}$ の要素 $\boldsymbol{\phi}^2$ に収束する．一方，各 i に対し $\boldsymbol{h}_i{}^\nu$ は $\nu\to\infty$ のとき $\boldsymbol{0}$ に収束する．したがって，$\boldsymbol{\phi}^2$ は (3.22) を (3.21) に変換する．このことから合成変換 $\boldsymbol{\phi}^2\circ\boldsymbol{\phi}^1$ は (3.11) を (3.21) に変換することがいえる．▌

問 変換 (3.12) は一意的に定まることを示せ．

§3.3 形式的変換の収束性

定理 3.3 形式的に完全積分可能な方程式 (3.11) の右辺がすべて収束ベキ級数ならば，(3.11) を (3.21) に変換する変換 (3.12) も収束ベキ級数である．

証明 命題 3.3 によって，方程式 (3.21) は変換 (3.12) の逆変換 (3.13) によって (3.11) に移る．したがって

$$f_{ij}=\left(\frac{\partial\varphi_j}{\partial x_i}+\sum_{J=1}^n\frac{\partial\varphi_j}{\partial y_J}\cdot0\right)\circ\boldsymbol{\psi}=\frac{\partial\varphi_j}{\partial x_i}\circ\boldsymbol{\psi}.$$

これから

$$\frac{\partial \varphi_j}{\partial x_i} = f_{ij}\circ\boldsymbol{\varphi}$$

を得る．これを書き直して

$$\sum k_i p_{\boldsymbol{kl}}{}^j \boldsymbol{x}^{\boldsymbol{k}-\boldsymbol{e}_i}\boldsymbol{y}^{\boldsymbol{l}} = \sum a_{\boldsymbol{kl}}{}^{ij}\boldsymbol{x}^{\boldsymbol{k}}(\boldsymbol{y}+\sum \boldsymbol{p}_{\boldsymbol{KL}}\boldsymbol{x}^{\boldsymbol{K}}\boldsymbol{y}^{\boldsymbol{L}})^{\boldsymbol{l}}.$$

両辺の定数項を比較して

$$p_{\boldsymbol{e}_i 0}{}^j = a_{00}{}^{ij}$$

を得る．右辺の級数を整理したとき，$\boldsymbol{x}^{\boldsymbol{k}-\boldsymbol{e}_i}\boldsymbol{y}^{\boldsymbol{l}}$ $(|\boldsymbol{k}|+|\boldsymbol{l}|>1,\ |\boldsymbol{k}|>0)$ の係数は $p_{\boldsymbol{KL}}{}^J$ $(|\boldsymbol{K}|+|\boldsymbol{L}|<|\boldsymbol{k}|+|\boldsymbol{l}|;\ |\boldsymbol{K}|>0;\ J=1,\cdots,n)$ と $a_{\boldsymbol{KL}}{}^{ij}$ $(|\boldsymbol{K}|+|\boldsymbol{L}|<|\boldsymbol{k}|+|\boldsymbol{l}|)$ の多項式 $Q_{\boldsymbol{kl}}$ となる．$Q_{\boldsymbol{kl}}$ の係数は正の整数である．よって，$|\boldsymbol{k}|+|\boldsymbol{l}|>1,\ k_i>0$ を満たす $(\boldsymbol{k},\boldsymbol{l})$ に対し

$$k_i p_{\boldsymbol{kl}}{}^j = Q_{\boldsymbol{kl}}(p_{\boldsymbol{KL}}{}^J, a_{\boldsymbol{KL}}{}^{ij})$$

が得られる．

次に，収束ベキ級数 $\sum A_{\boldsymbol{kl}}{}^{ij}\boldsymbol{x}^{\boldsymbol{k}}\boldsymbol{y}^{\boldsymbol{l}}$ で $\sum a_{\boldsymbol{kl}}{}^{ij}\boldsymbol{x}^{\boldsymbol{k}}\boldsymbol{y}^{\boldsymbol{l}}$ の優級数となっているものをとり，

$$F_{ij}(\boldsymbol{x},\boldsymbol{y}) = \sum A_{\boldsymbol{kl}}{}^{ij}\boldsymbol{x}^{\boldsymbol{k}}\boldsymbol{y}^{\boldsymbol{l}}$$

とおく．F_{ij} は $(\boldsymbol{0},\boldsymbol{0})$ で整型である．$\boldsymbol{z}$ に関する方程式

$$z_j - y_j = x_1F_{1j}(\boldsymbol{x},\boldsymbol{z})+\cdots+x_mF_{mj}(\boldsymbol{x},\boldsymbol{z}) \qquad (j=1,\cdots,n) \tag{3.26}$$

を考える．陰関数の定理により，$\boldsymbol{x}=\boldsymbol{0},\ \boldsymbol{y}=\boldsymbol{0}$ において整型な解 $z_j=\Phi_j(\boldsymbol{x},\boldsymbol{y})$ で $\Phi_j(\boldsymbol{0},\boldsymbol{0})=0$ を満たすものがただ一つ存在する．明らかに $\Phi_j(\boldsymbol{0},\boldsymbol{y})=y_j$ であるから，$\Phi_j(\boldsymbol{x},\boldsymbol{y})$ の Taylor 展開は

$$\Phi_j(\boldsymbol{x},\boldsymbol{y}) = y_j + \sum_{\substack{|\boldsymbol{k}|+|\boldsymbol{l}|\geqq 1\\ |\boldsymbol{k}|>0}} P_{\boldsymbol{kl}}{}^j\boldsymbol{x}^{\boldsymbol{k}}\boldsymbol{y}^{\boldsymbol{l}}$$

となる．これを (3.26) に代入して

$$\sum P_{\boldsymbol{kl}}{}^j\boldsymbol{x}^{\boldsymbol{k}}\boldsymbol{y}^{\boldsymbol{l}} = \sum_{i=1}^{m} x_i \sum A_{\boldsymbol{kl}}{}^{ij}\boldsymbol{x}^{\boldsymbol{k}}(\boldsymbol{y}+\sum \boldsymbol{P}_{\boldsymbol{KL}}\boldsymbol{x}^{\boldsymbol{K}}\boldsymbol{y}^{\boldsymbol{L}})^{\boldsymbol{l}}$$

を得る．定数項を比較して

$$P_{\boldsymbol{e}_i 0}{}^j = A_{00}{}^{ij}$$

を得る．ベキ級数 $\sum A_{\boldsymbol{kl}}{}^{ij}\boldsymbol{x}^{\boldsymbol{k}}(\boldsymbol{y}+\sum \boldsymbol{P}_{\boldsymbol{KL}}\boldsymbol{x}^{\boldsymbol{K}}\boldsymbol{y}^{\boldsymbol{L}})^{\boldsymbol{l}}$ に含まれる項 $\boldsymbol{x}^{\boldsymbol{k}-\boldsymbol{e}_i}\boldsymbol{y}^{\boldsymbol{l}}$ の係数は $Q_{\boldsymbol{kl}}(P_{\boldsymbol{KL}}{}^J, A_{\boldsymbol{KL}}{}^{ij})$ であるから，$|\boldsymbol{k}|+|\boldsymbol{l}|>1$ のとき，

$$P_{kl}{}^{j}=\sum_{i=1}^{m}Q_{kl}(P_{KL}{}^{J},\ A_{KL}{}^{ij}).$$

$k_i>0$ であれば

$$P_{kl}{}^{j}\geqq Q_{kl}(P_{KL}{}^{J},\ A_{KL}{}^{ij}).$$

以上から，前と同様な推論によって，級数 $\sum P_{kl}{}^{j}\boldsymbol{x}^{k}\boldsymbol{y}^{l}$ は級数 $\sum p_{kl}{}^{j}\boldsymbol{x}^{k}\boldsymbol{y}^{l}$ の優級数であることがいえる．これから級数(3.12)の収束性がいえる．▮

系1　全微分方程式

$$\frac{\partial y_j}{\partial x_i}=f_{ij}(\boldsymbol{x},\boldsymbol{y})\qquad (i=1,\cdots,m;\ j=1,\cdots,n) \tag{3.27}$$

において，f_{ij} はすべて $\boldsymbol{C}^{m+n}$ の領域 $\mathscr{D}$ で整型で条件

$$\frac{\partial f_{ij}}{\partial x_I}+\sum_{J=1}^{n}\frac{\partial f_{ij}}{\partial y_J}f_{IJ}=\frac{\partial f_{Ij}}{\partial x_i}+\sum_{J=1}^{n}\frac{\partial f_{Ij}}{\partial y_J}f_{iJ} \tag{3.28}$$

を満たすとする．そのとき，$\mathscr{D}$ の任意の点 $(\boldsymbol{a},\boldsymbol{b})$ に対し，次の性質をもつ関数 $\boldsymbol{\varphi}(\boldsymbol{z},\boldsymbol{w})$ が存在する．

(1)　$\boldsymbol{\varphi}$ は $|\boldsymbol{z}|<r$，$|\boldsymbol{w}|<\rho$ において整型，

(2)　$\boldsymbol{\varphi}(\boldsymbol{0},\boldsymbol{w})=\boldsymbol{w}\quad(|\boldsymbol{w}|<\rho)$，

(3)　変換

$$\boldsymbol{y}-\boldsymbol{b}=\boldsymbol{\varphi}(\boldsymbol{x}-\boldsymbol{a},\boldsymbol{w}) \tag{3.29}$$

によって(3.27)は

$$\frac{\partial w_j}{\partial x_i}=0\qquad (i=1,\cdots,m;\ j=1,\cdots,n)$$

に変換される．——

系2　変換(3.29)の逆変換

$$w_j=\psi_j(\boldsymbol{x}-\boldsymbol{a},\boldsymbol{y}-\boldsymbol{b})\qquad (j=1,\cdots,n)$$

は $(\boldsymbol{a},\boldsymbol{b})$ の近傍 $\mathscr{U}$ において整型で，$\psi_1(\boldsymbol{x}-\boldsymbol{a},\boldsymbol{y}-\boldsymbol{b}),\cdots,\psi_n(\boldsymbol{x}-\boldsymbol{a},\boldsymbol{y}-\boldsymbol{b})$ は $\mathscr{U}$ における(3.27)の第1積分である．——

定理 3.4　f_{ij} が $\mathscr{D}$ において整型のとき，全微分方程式(3.27)が $\mathscr{D}$ において完全積分可能であるための必要十分条件は $\mathscr{D}$ において(3.28)が成り立つことである．

問　　題

問題1～問題5においては，完全積分可能な全微分方程式

$$(1)\qquad \frac{\partial y_j}{\partial x_i}=f_{ij}(\boldsymbol{x},\boldsymbol{y})\qquad (i=1,\cdots,m;\ j=1,\cdots,n)$$

を考える．

1　f_{ij} はすべて $\boldsymbol{x}=\boldsymbol{0}$, $\boldsymbol{y}=\boldsymbol{0}$ において整型とする．初期条件 $\boldsymbol{y}(\boldsymbol{0})=\boldsymbol{0}$ を満たす (1) の解の存在を次の方針で証明せよ．まず，形式解 $\boldsymbol{y}=\sum \boldsymbol{p}_k\boldsymbol{x}^k$ の存在を示し，次に優級数法によりこの形式解の収束を証明する．

2　$\boldsymbol{f}_i=(f_{i1},\cdots,f_{in})$ はすべて $\boldsymbol{C}^{m+n}$ の領域 $\mathscr{D}$ で整型とする．$(\boldsymbol{a},\boldsymbol{b})\in\mathscr{D}$, D は $\boldsymbol{a}$ を含む $\boldsymbol{C}^m$ の単連結な領域とする．$\boldsymbol{y}=\boldsymbol{\varphi}(\boldsymbol{x})$ が $\boldsymbol{y}(\boldsymbol{a})=\boldsymbol{b}$ を満たす D において整型な (1) の解であるための必要十分条件は積分方程式

$$\boldsymbol{\varphi}(\boldsymbol{x})=\boldsymbol{b}+\int_{\boldsymbol{a}}^{\boldsymbol{x}}\sum_{i=1}^{m}\boldsymbol{f}_i(\boldsymbol{x},\boldsymbol{\varphi}(\boldsymbol{x}))\,dx_i$$

が $\boldsymbol{a}$ から $\boldsymbol{x}$ への D 内の任意の道に対し成り立つことである．

3　f_{ij} はすべて $\boldsymbol{x}=\boldsymbol{a}$, $\boldsymbol{y}=\boldsymbol{b}$ において整型とする．初期条件 $\boldsymbol{y}(\boldsymbol{a})=\boldsymbol{b}$ を満たす (1) の解の存在を次の方針で証明せよ．

1)　$|\boldsymbol{x}-\boldsymbol{a}|$ が十分小さいならば，$\boldsymbol{x}=(x_1,\cdots,x_m)$ をパラメータとする微分方程式

$$\frac{du_j}{dt}=\sum_{i=1}^{m}(x_i-a_i)f_{ij}(\boldsymbol{a}+t(\boldsymbol{x}-\boldsymbol{a}),\boldsymbol{u})\qquad (j=1,\cdots,n)$$

の解で，$u_j(0)=b_j$ $(j=1,\cdots,n)$ を満たすものが $|t|\leqq 1$ において整型であるようにできることを示し，その解を $u_j=\phi_j(t,\boldsymbol{x})$ $(j=1,\cdots,n)$ とすると，$\boldsymbol{\phi}$ は $|t|\leqq 1$, $|\boldsymbol{x}-\boldsymbol{a}|<r$ で整型であることを示す．

2)　各 i, $1\leqq i\leqq m$, に対し

$$\psi_{ij}(t,\boldsymbol{x})=\frac{\partial\phi_j}{\partial x_i}-tf_{ij}(\boldsymbol{a}+t(\boldsymbol{x}-\boldsymbol{a}),\boldsymbol{\phi}(t,\boldsymbol{x}))\qquad (j=1,\cdots,n)$$

とおき，$(\psi_{i1}(t,\boldsymbol{x}),\cdots,\psi_{in}(t,\boldsymbol{x}))$ は

$$\frac{dv_j}{dt}=\sum_{\nu=1}^{n}\left(\sum_{i=1}^{m}(x_i-a_i)\frac{\partial f_{ij}}{\partial y_\nu}(\boldsymbol{a}+t(\boldsymbol{x}-\boldsymbol{a}),\boldsymbol{\phi}(t,\boldsymbol{x}))\right)v_\nu\qquad (j=1,\cdots,n)$$

の解で初期条件 $v_j(0)=0$ を満たすことを示し，それから

$$\frac{\partial\phi_j}{\partial x_i}=tf_{ij}(\boldsymbol{a}+t(\boldsymbol{x}-\boldsymbol{a}),\boldsymbol{\phi}(t,\boldsymbol{x}))\qquad (i=1,\cdots,m;\ j=1,\cdots,n)$$

を導く．

3)　$y_j=\varphi_j(\boldsymbol{x})=\phi_j(1,\boldsymbol{x})$ $(j=1,\cdots,n)$ が求める解であることを示す．

4　f_{ij} はすべて $\boldsymbol{x}=\boldsymbol{a}$, $\boldsymbol{y}=\boldsymbol{b}$ において整型とする．$|\boldsymbol{\xi}-\boldsymbol{a}|$, $|\boldsymbol{\eta}-\boldsymbol{b}|$ が十分小さいとき，$\boldsymbol{y}(\boldsymbol{\xi})=\boldsymbol{\eta}$ を満たす (1) の解を $\boldsymbol{\varphi}(\boldsymbol{x},\boldsymbol{\xi},\boldsymbol{\eta})$ としたとき，$\boldsymbol{\varphi}$ は $\boldsymbol{x}=\boldsymbol{a}$, $\boldsymbol{\xi}=\boldsymbol{a}$, $\boldsymbol{\eta}=\boldsymbol{b}$ において整型であることを定理3.3，系1を使って証明せよ (問題の2，6参照)．

5　$\boldsymbol{\varphi}(\boldsymbol{x}, \boldsymbol{\xi}, \boldsymbol{\eta}) = (\varphi_1(\boldsymbol{x}, \boldsymbol{\xi}, \boldsymbol{\eta}), \cdots, \varphi_n(\boldsymbol{x}, \boldsymbol{\xi}, \boldsymbol{\eta}))$ を前問と同じとする．各 k, $1 \leqq k \leqq n$, に対し，$(\partial\varphi_1/\partial\eta_k, \cdots, \partial\varphi_n/\partial\eta_k)$ を考える．$\boldsymbol{\xi}, \boldsymbol{\eta}$ を固定すると，これは

$$\frac{\partial z_j}{\partial x_i} = \sum_{\nu=1}^{n} \frac{\partial f_{ij}}{\partial y_\nu}(\boldsymbol{x}, \boldsymbol{\varphi}(\boldsymbol{x}, \boldsymbol{\xi}, \boldsymbol{\eta})) z_\nu \qquad (i=1, \cdots, m;\ j=1, \cdots, n) \tag{2}$$

の解で条件

$$z_j(\boldsymbol{\xi}) = \delta_{jk} \qquad (j=1, \cdots, n)$$

を満たすことを証明せよ．

$(\partial\varphi_1/\partial\xi_l, \cdots, \partial\varphi_n/\partial\xi_l)$ は条件

$$z_j(\boldsymbol{\xi}) = -f_{lj}(\boldsymbol{\xi}, \boldsymbol{\eta}) \qquad (j=1, \cdots, n)$$

を満たす (2) の解である．((2) を (1) の**変分方程式**という．)

6　線型全微分方程式

$$\frac{\partial y_j}{\partial x_i} = \sum_{\nu=1}^{n} p_{ij\nu}(\boldsymbol{x}) y_\nu \qquad (i=1, \cdots, m;\ j=1, \cdots, n)$$

において $p_{ij\nu}(\boldsymbol{x})$ は $\boldsymbol{C}^m$ の領域 D で整型とする．この方程式の完全積分可能条件は

$$\frac{\partial p_{ij\nu}}{\partial x_I} + \sum_{J=1}^{n} p_{ijJ} p_{IJ\nu} = \frac{\partial p_{Ij\nu}}{\partial x_i} + \sum_{J=1}^{n} p_{IJj} p_{iJ\nu} \qquad (i=1, \cdots, m;\ j, \nu=1, \cdots, n)$$

であることを示せ．

7　2変数 x, y の関数 u に対する連立偏微分方程式

$$\frac{\partial^2 u}{\partial x^2} = f\left(x, y, u, \frac{\partial u}{\partial x}, \frac{\partial u}{\partial y}\right), \qquad \frac{\partial^2 u}{\partial x \partial y} = g\left(x, y, u, \frac{\partial u}{\partial x}, \frac{\partial u}{\partial y}\right), \qquad \frac{\partial^2 u}{\partial y^2} = h\left(x, y, u, \frac{\partial u}{\partial x}, \frac{\partial u}{\partial y}\right)$$

は $\partial u/\partial x = p$, $\partial u/\partial y = q$ とおくことにより

$$\left\{\begin{array}{ll} \dfrac{\partial u}{\partial x} = p, & \dfrac{\partial u}{\partial y} = q, \\[2ex] \dfrac{\partial p}{\partial x} = f(x, y, u, p, q), & \dfrac{\partial p}{\partial y} = g(x, y, u, p, q), \\[2ex] \dfrac{\partial q}{\partial x} = g(x, y, u, p, q), & \dfrac{\partial q}{\partial y} = h(x, y, u, p, q) \end{array}\right. \tag{3}$$

に移ることを示し，(3) が完全積分可能な条件を求めよ．

$$\begin{aligned} f &= \alpha_1(x, y) u + \alpha_2(x, y) p + \alpha_3(x, y) q, \\ g &= \beta_1(x, y) u + \beta_2(x, y) p + \beta_3(x, y) q, \\ h &= \gamma_1(x, y) u + \gamma_2(x, y) p + \gamma_3(x, y) q \end{aligned}$$

のときはどうなるか．

8　前問の結果を方程式系

$$\frac{\partial^2 u}{\partial x_i \partial x_j} = f_{ij}\left(x_1, \cdots, x_m, u, \frac{\partial u}{\partial x_1}, \cdots, \frac{\partial u}{\partial x_m}\right) \qquad (i, j=1, \cdots, m)$$

に拡張せよ．

第4章　微分方程式の特異点

前章までで，常微分方程式および全微分方程式の右辺がある点において整型であるとき，その点に対応する初期条件を満たす解，およびその点の近傍における解について論じた．方程式の右辺がある点においてもはや整型でないとき，その点の近傍で解はどうなるかを調べるのは，第2段階として当然考えられることである．

しかし，この問題は難しく完全な解決が得られているわけではない．本章ではごく特殊な場合を第2章，第3章で用いられた方法によって取り扱うことにした．

§4.1　特異点

微分方程式

(4.1)
$$\boldsymbol{y}' = \boldsymbol{f}(x, \boldsymbol{y})$$

において $\boldsymbol{f}$ が点 $(a, \boldsymbol{b})$ において整型であれば，存在定理により，$x=a$ で整型で $\boldsymbol{y}(a)=\boldsymbol{b}$ を満たす解がただ一つ存在する．さらに，定理1.9により，$x=a$ で整型であることを仮定しなくても，ある意味で初期条件 $\boldsymbol{y}(a)=\boldsymbol{b}$ を満たす解は $x=a$ で整型となることがいえた．

次に，$\boldsymbol{f}$ が点 $(\alpha, \boldsymbol{\beta})$ で整型でなくなる場合に，$(\alpha, \boldsymbol{\beta})$ の近傍において (4.1) の解がどうなるかを調べる．まず，2, 3の準備を行う．

点 $(a, \boldsymbol{b})$ と点 $(\alpha, \boldsymbol{\beta})$ を結ぶ $\boldsymbol{C}^{n+1}$ 内の曲線を

$$\Gamma:\ x = x(t),\quad \boldsymbol{y} = \boldsymbol{y}(t) \qquad (0 \leqq t \leqq 1),$$
$$x(0) = a,\ \ \boldsymbol{y}(0) = \boldsymbol{b};\quad x(1) = \alpha,\ \ \boldsymbol{y}(1) = \boldsymbol{\beta}$$

とする．$\boldsymbol{f}$ は $(a, \boldsymbol{b})$ において整型とし，その Taylor 展開を

$$\boldsymbol{f}_0(x, \boldsymbol{y}) = \sum \boldsymbol{c}_{kl}(x-a)^k(\boldsymbol{y}-\boldsymbol{b})^{\boldsymbol{l}}$$

とする．任意の $t_0 \in (0, 1)$ に対し，$\boldsymbol{f}_0(x, \boldsymbol{y})$ は Γ に沿って点 $(x(t_0), \boldsymbol{y}(t_0))$ まで解析接続可能であるが，Γ に沿って点 $(\alpha, \boldsymbol{\beta})$ までは解析接続できないとき，$(\alpha, \boldsymbol{\beta})$ は $\boldsymbol{f}$ の**特異点**という．$\boldsymbol{f}$ が1価でないときには，$\boldsymbol{f}_0$ が Γ に沿って $(\alpha, \boldsymbol{\beta})$ まで解

析接続できなくても，$\boldsymbol{f}_0$ が他の曲線に沿って点 $(\alpha, \boldsymbol{\beta})$ まで解析接続できることがある．しかし，ここではこのことに深く立ち入らないことにする．

点 $(\alpha, \boldsymbol{\beta})$ が $\boldsymbol{f}$ の特異点であれば，$x=\alpha$ で整型で $\boldsymbol{y}(\alpha)=\boldsymbol{\beta}$ を満たす (4.1) の解が存在しないこともあるし，存在したとしても一つとは限らないことがある．さらに，$x=\alpha$ で整型でなくても，ある意味で $\boldsymbol{y}(\alpha)=\boldsymbol{\beta}$ を満たす解が存在することもあるし，存在したとしてもただ一つとは限らない．

例 4.1 方程式

$$y'=\frac{\lambda y+x}{x} \qquad (\lambda:\text{定数})$$

において，右辺は (0, 0) を特異点としてもつ．この方程式の解は，C を任意定数として，

$$y=\begin{cases} x\log x+Cx & (\lambda=1) \\ \dfrac{x}{1-\lambda}+Cx^{\lambda} & (\lambda\neq 1) \end{cases}$$

で与えられる．

$\lambda=1$ のときには $x=0$ で整型な解は存在しない．しかしどの解も x が実軸に沿って $x\to 0$ のとき $y\to 0$ となる．

λ が 1 でない正の整数であれば，どの解も $x=0$ で整型で $y(0)=0$ を満たす．λ が負の整数ならば，$x=0$ で整型な解はただ一つ存在して，$y(0)=0$ を満たす．他の解は $x\to 0$ のとき $y\to\infty$ となる．——

$\boldsymbol{f}$ の特異点としてあまり一般なものでなく，制限したものを考える．そのため次のような考察を行う．

$\boldsymbol{C}^n$ の 1 点 $\boldsymbol{b}$ において整型な関数の全体を $\mathcal{A}(\boldsymbol{b})$，あるいは単に $\mathcal{A}$ と書こう．$f\in\mathcal{A}$ の $\boldsymbol{b}$ における Taylor 展開の収束域は f ごとに異なってよい．Taylor 展開の一意性によって，$\mathcal{A}$ は $\boldsymbol{y}=\boldsymbol{b}$ を中心とする収束ベキ級数の全体と同一視できる．$f, g\in\mathcal{A}$ に対して，$g=hf$ となる $h\in\mathcal{A}$ が存在するとき，f は $\boldsymbol{b}$ で g を**割る**，または f は $\boldsymbol{b}$ で g を**整除**するという．($g=hf$ は f, g, h の Taylor 展開の収束域の共通部分で成り立つと考える．) $f\in\mathcal{A}$ に対して，$fg=1$ を満たす $g\in\mathcal{A}$ が存在するとき，f は $\boldsymbol{b}$ における**単元**という．$f\in\mathcal{A}$ が $\boldsymbol{b}$ における単元である必要十分な条件は $f(\boldsymbol{b})\neq 0$ である．

問 $f\in\mathscr{A}$ が $\boldsymbol{b}$ における単元 $\Longleftrightarrow f(\boldsymbol{b})\neq 0$

を証明せよ．——

$f, g\in\mathscr{A}$ が互いに他を整除するとき，f と g は $\boldsymbol{b}$ において**同値**であるという．恒等的に0でない $f\in\mathscr{A}$ が二つの単元でない $\mathscr{A}$ の元の積になるとき，f は $\boldsymbol{b}$ において**可約**であるといい，そうでないとき，f は $\boldsymbol{b}$ において**既約**であるという．二つの元 $f, g\in\mathscr{A}$ に対して，単元でない $h\in\mathscr{A}$ が f と g とを整除するとき，f と g とは $\boldsymbol{b}$ において**共通因子**をもつといい，そうでないとき，f と g とは $\boldsymbol{b}$ において**互いに素**であるという．f と g とが $\boldsymbol{b}$ において互いに素であれば，$\boldsymbol{b}$ の近傍 U が存在して，U の任意の点において f と g とは互いに素となることが知られている．

点 $\boldsymbol{b}$ の近傍 U において整型な二つの関数 φ, ψ，ただし $\psi\not\equiv 0$，の比 φ/ψ を考える．$P=\{\boldsymbol{y}\in U \mid \psi(\boldsymbol{y})=0\}$ とおくと，φ/ψ は $U-P$ において整型である．また P は U 内の閉集合で内点をもたず，かつ $U-P$ は連結かつ局所連結(各点が連結な近傍からなる近傍系をもつこと)であることが知られている．このことから次の定義をする．

関数 f が点 $\boldsymbol{b}$ において**有理型**であるというのは，$\boldsymbol{b}$ の近傍 U，U の部分集合 E，$U-E$ で整型な関数 φ, ψ ($\psi\not\equiv 0$)が存在し，

(1) E は U の閉集合で内点をもたず，$U-E$ は連結かつ局所連結である，

(2) f は $U-E$ において整型である，

(3) φ, ψ は $\boldsymbol{b}$ において互いに素で，$\psi f=\varphi$ が $U-E$ において成り立つ

ことである．

$\psi(\boldsymbol{\beta})\neq 0$ ($\boldsymbol{\beta}\in U$) ならば φ/ψ は $\boldsymbol{\beta}$ において整型であるから，このような点は E から除いても一般性を失わない．したがって $E=\{\boldsymbol{y}\in U \mid \psi(\boldsymbol{y})=0\}$ ととれる．関数 f が領域 D の各点で有理型のとき，f は D で**有理型**であるという．f が D で有理型とすれば，D の各点 $\boldsymbol{b}$ に対し，上の条件を満たす二つの関数が定まる．$\psi(\boldsymbol{b})=0$ となる点 $\boldsymbol{b}\in D$ を f の**極**といい，極の全体 P を**極集合**という．$\varphi(\boldsymbol{b})=0$ となる点 $\boldsymbol{b}\in D$ を f の**零点**といい，零点の集合 N を**零点集合**という．$P\cap N$ の点を**不確定点**という．($P-P\cap N$ の点を極，$N-P\cap N$ の点を零点ともいう．) $\boldsymbol{b}$ が不確定点ならば，$\boldsymbol{b}$ に収束する $D-P$ 内の点列 $\{\boldsymbol{b}_\nu\}_{\nu=1}^{\infty}$ を適当にとって，$\{f(\boldsymbol{b}_\nu)\}_{\nu=1}^{\infty}$ を任意の値(∞ でもよい)に収束させることができる．

微分方程式 (4.1) において，$\boldsymbol{f}=(f_1, \cdots, f_n)$ の各成分 f_j が点 $(\boldsymbol{a}, \boldsymbol{b})$ において有理型のとき，$\boldsymbol{f}$ は $(\boldsymbol{a}, \boldsymbol{b})$ において**有理型**であるという．$\boldsymbol{f}$ が $(\boldsymbol{a}, \boldsymbol{b})$ において有理型であっても，$(\boldsymbol{a}, \boldsymbol{b})$ の近傍における (4.1) の解の挙動は複雑となることが多く，これを統一的に論ずることは極めて難しい．以下の節で，特別な場合を論じよう．

微分方程式

$$x\boldsymbol{y}' = \boldsymbol{f}(x, \boldsymbol{y}) \tag{4.2}$$

において，$\boldsymbol{f}$ は $x=0$, $\boldsymbol{y}=\boldsymbol{0}$ において整型で $\boldsymbol{f}(0, \boldsymbol{0})=\boldsymbol{0}$ であるとき，(4.2) は **Briot-Bouquet の方程式**と呼ばれる．変換

$$\boldsymbol{y} = \boldsymbol{\varphi}(x, \boldsymbol{z}) \tag{4.3}$$

によって (4.2) が

$$x\boldsymbol{z}' = \boldsymbol{g}(x, \boldsymbol{z})$$

に変換されたとする．ここで (4.3) は逆変換

$$\boldsymbol{z} = \boldsymbol{\psi}(x, \boldsymbol{y})$$

をもつとすると，

$$\frac{\boldsymbol{g}}{x} = \left(\frac{\partial\boldsymbol{\psi}}{\partial x} + \sum_{J=1}^{n} \frac{\partial\boldsymbol{\psi}}{\partial y_J}\frac{f_J}{x}\right)\circ\boldsymbol{\varphi},$$

すなわち

$$\boldsymbol{g} = \left(x\frac{\partial\boldsymbol{\psi}}{\partial x} + \sum_{J=1}^{n} \frac{\partial\boldsymbol{\psi}}{\partial y_J} f_J\right)\circ\boldsymbol{\varphi} \tag{4.4}$$

を得る．

§4.2　形式的変換

Briot-Bouquet の方程式 (4.2) の右辺 $\boldsymbol{f}$ の Taylor 展開は $\boldsymbol{f}(0, \boldsymbol{0})=\boldsymbol{0}$ であるから定数項はない．したがって，

$$f_j(x, y_1, \cdots, y_n) = \sum_{J=1}^{n} a_J{}^j y_J + a^j x + \sum{}'' a_{kl}{}^j x^k \boldsymbol{y}^{\boldsymbol{l}}$$

と書ける．

本節では，形式的変換によって (4.2) を簡単な方程式に変換することを考える．形式的理論では，f_j の展開が収束ベキ級数であることを仮定する必要がないので，本節では，以下 f_j は形式的ベキ級数であると仮定する．

a) 1次変換

形式的な Briot-Bouquet の方程式

$$xy_j' = f_j = \sum_{J=1}^{n} a_J{}^j y_J + a^j x + \sum{}'' a_{kl}{}^j x^k \boldsymbol{y}^{\boldsymbol{l}} \tag{4.5}$$

に対して，まず次の形の変換

$$\varphi_j = \sum_{J=1}^{n} p_J{}^j y_J \qquad (j=1, \cdots, n) \tag{4.6}$$

を考える．(4.6) が逆変換

$$\psi_j = \sum_{J=1}^{n} q_J{}^j y_J \tag{4.7}$$

をもつためには，線型代数でよく知られているように，(4.6) の係数 $p_J{}^j$ から作った行列

$$P = \begin{bmatrix} p_1{}^1 & \cdots & p_n{}^1 \\ \vdots & & \vdots \\ p_1{}^n & \cdots & p_n{}^n \end{bmatrix}$$

が非退化行列であることが必要十分である．また

$$Q = \begin{bmatrix} q_1{}^1 & \cdots & q_n{}^1 \\ \vdots & & \vdots \\ q_1{}^n & \cdots & q_n{}^n \end{bmatrix}$$

とおくと，$Q=P^{-1}$ である．

(4.5) が (4.6) によって変換された方程式は

$$xy_j' = g_j = \sum b_J{}^j y_J + b^j x + \sum{}'' b_{kl}{}^j x^k \boldsymbol{y}^{\boldsymbol{l}} \tag{4.8}$$

と書ける．もちろん g_j は (4.4) の成分で，

$$g_j = \left(x\frac{\partial \psi_j}{\partial x} + \sum_{J=1}^{n} \frac{\partial \psi_j}{\partial y_J} f_J \right) \circ \boldsymbol{\varphi}$$

によって定義されるものとする．まず，

$$x\frac{\partial \psi_j}{\partial x} + \sum_{J=1}^{n} \frac{\partial \psi_j}{\partial y_J} f_J = \sum_{J=1}^{n} q_J{}^j \left(\sum_{K=1}^{n} a_K{}^J y_K + a^J x + \cdots \right)$$

$$= \sum_{K=1}^{n} \sum_{J=1}^{n} q_J{}^j a_K{}^J y_K + \sum_{J=1}^{n} q_J{}^j a^J x + \cdots$$

である．ここで … は2次以上の項からなる形式的ベキ級数である．これから

$$g_j = \sum_J \sum_K q_J{}^j a_K{}^J \Big(\sum_L p_L{}^K y_L\Big) + \sum_J q_J{}^j a^J x + \cdots$$

$$= \sum_L \Big(\sum_{J,\ K=1}^{n} q_J{}^j a_K{}^J p_L{}^K\Big) y_L + \sum_J q_J{}^j a^J x + \cdots.$$

したがって，g_j は (4.8) の右辺のベキ級数の形となり，

$$b_J{}^j = \sum_{K,\ L=1}^{n} q_K{}^j a_L{}^K p_J{}^L$$

を得る．ここで

$$A = \begin{bmatrix} a_1{}^1 & \cdots & a_n{}^1 \\ \vdots & & \vdots \\ a_1{}^n & \cdots & a_n{}^n \end{bmatrix}, \qquad B = \begin{bmatrix} b_1{}^1 & \cdots & b_n{}^1 \\ \vdots & & \vdots \\ b_1{}^n & \cdots & b_n{}^n \end{bmatrix}$$

とおくと，行列の演算から

$$B = QAP = P^{-1}AP$$

となる．線型代数で知られているように，P を適当にとって B を Jordan の標準形にできる：

$$B = \begin{bmatrix} \lambda^1 & & & \\ \delta^2 & \ddots & & \\ & \ddots & \ddots & \\ & & \delta^n & \lambda^n \end{bmatrix},$$

ここで $\lambda^1, \cdots, \lambda^n$ は行列 A の固有値，$\delta^2, \cdots, \delta^n$ は0か1であって，$\delta^j=1$ ならば $\lambda^{j-1}=\lambda^j$ である．したがって (4.8) を

(4.9) $$xy_j{}' = g_j = \delta^j y_{j-1} + \lambda^j y_j + b^j x + \sum{}'' b_{kl}{}^j x^k \boldsymbol{y}^{\boldsymbol{l}}$$

と書いてよい．ここで $\delta^1=0$ ときめておく．

b）変換の効果

形式的微分方程式 (4.9) に対し，変換

(4.10) $$\boldsymbol{\varphi} = \boldsymbol{y} + \boldsymbol{p}x$$

と変換

$$\boldsymbol{\varphi} = \boldsymbol{y} + \sum_{k+|\boldsymbol{l}|=\nu} \boldsymbol{p}_{kl} x^k \boldsymbol{y}^{\boldsymbol{l}} \qquad (\nu \geqq 2)$$

がどのように働くかをみる．

まず，変換 (4.10) を考える．(4.10) は逆変換

$$\boldsymbol{\psi} = \boldsymbol{y} - \boldsymbol{p}x$$

をもつ．

$$x\frac{\partial\psi_j}{\partial x}+\sum_{J=1}^{n}\frac{\partial\psi_j}{\partial y_J}g_J=-p^jx+\delta^jy_{j-1}+\lambda^jy_j+b^jx+\cdots,$$

$$\left(x\frac{\partial\psi_j}{\partial x}+\sum_{J=1}^{n}\frac{\partial\psi_j}{\partial y_J}g_J\right)\circ\boldsymbol{\varphi}=-p^jx+\delta^j(y_{j-1}+p^{j-1}x)+\lambda^j(y_j+p^jx)+b^jx+\cdots$$

であるから，(4.9) は (4.10) によって

$$(4.11)\qquad xy_j'=h_j=\delta^jy_{j-1}+\lambda^jy_j+c^jx+\sum{}''c_{kl}{}^jx^k\boldsymbol{y}^{\boldsymbol{l}}$$

の形の方程式に変換される．c^j を計算して

$$c^j=(\lambda^j-1)p^j+\delta^jp^{j-1}+b^j$$

を得る．$j=1$ のときは

$$c^1=(\lambda^1-1)p^1+b^1$$

であるから，$\lambda^1\neq 1$ ならば，$c^1=0$ となるように p^1 をきめられる．$\lambda^1=1$ ならば，p^1 に任意の値を与える．このようにして，$p^1, p^2, \cdots, p^n$ を順次に，$\lambda^j\neq 1$ ならば $c^j=0$ となるように p^j をきめ，$\lambda^j=1$ ならば p^j を任意にとる．

次に，変換

$$(4.12)\qquad \boldsymbol{\varphi}=\boldsymbol{y}+\sum_{k+|\boldsymbol{l}|=\nu}\boldsymbol{p}_{k\boldsymbol{l}}x^k\boldsymbol{y}^{\boldsymbol{l}}$$

を考える．$\boldsymbol{\varphi}$ の逆変換は

$$\boldsymbol{\psi}=\boldsymbol{y}-\sum_{k+|\boldsymbol{l}|=\nu}\boldsymbol{p}_{k\boldsymbol{l}}x^k\boldsymbol{y}^{\boldsymbol{l}}+\sum_{k+|\boldsymbol{l}|>\nu}\boldsymbol{q}_{k\boldsymbol{l}}x^k\boldsymbol{y}^{\boldsymbol{l}}$$

で与えられる．

$$x\frac{\partial\psi_j}{\partial x}=-\sum_{k+|\boldsymbol{l}|=\nu}kp_{k\boldsymbol{l}}{}^jx^k\boldsymbol{y}^{\boldsymbol{l}}+\cdots,$$

$$\begin{aligned}\sum_{J=1}^{n}\frac{\partial\psi_j}{\partial y_J}g_J&=\sum_{J=1}^{n}\left(\delta_J{}^j-\sum_{k+|\boldsymbol{l}|=\nu}l_Jp_{k\boldsymbol{l}}{}^jx^k\boldsymbol{y}^{\boldsymbol{l}-\boldsymbol{e}_J}+\cdots\right)(\delta^Jy_{J-1}+\lambda^Jy_J\\&\qquad+b^Jx+\sum{}''b_{k\boldsymbol{l}}{}^Jx^k\boldsymbol{y}^{\boldsymbol{l}})\\&=\delta^jy_{j-1}+\lambda^jy_j+b^jx+\sum_{k+|\boldsymbol{l}|=2}^{\nu-1}b_{k\boldsymbol{l}}{}^jx^k\boldsymbol{y}^{\boldsymbol{l}}-\sum_{k+|\boldsymbol{l}|=\nu}\sum_{J=1}^{n}l_J\lambda^Jp_{k\boldsymbol{l}}{}^jx^k\boldsymbol{y}^{\boldsymbol{l}}\\&\qquad-\sum_{k+|\boldsymbol{l}|=\nu}\sum_{J=1}^{n}\delta^Jl_Jp_{k\boldsymbol{l}}{}^jx^k\boldsymbol{y}^{\boldsymbol{l}+\boldsymbol{e}_{J-1}-\boldsymbol{e}_J}-\sum_{k+|\boldsymbol{l}|=\nu}\sum_{J=1}^{n}l_Jb^Jp_{k\boldsymbol{l}}{}^jx^{k+1}\boldsymbol{y}^{\boldsymbol{l}-\boldsymbol{e}_J}\\&\qquad+\sum_{k+|\boldsymbol{l}|=\nu}b_{k\boldsymbol{l}}{}^jx^k\boldsymbol{y}^{\boldsymbol{l}}+\cdots\end{aligned}$$

であるから，

$$x\frac{\partial\psi_j}{\partial x}\circ\boldsymbol{\varphi} = -\sum_{k+|\boldsymbol{l}|=\nu} kp_{k\boldsymbol{l}}{}^j x^k \boldsymbol{y}^{\boldsymbol{l}} + \cdots,$$

$$\left(\sum_{J=1}^{n}\frac{\partial\psi_j}{\partial y_J}g_J\right)\circ\boldsymbol{\varphi} = \delta^j y_{j-1} + \lambda^j y_j + b^j x + \sum_{k+|\boldsymbol{l}|=2}^{\nu-1} b_{k\boldsymbol{l}}{}^j x^k \boldsymbol{y}^{\boldsymbol{l}}$$
$$+\sum_{k+|\boldsymbol{l}|=\nu}\left\{\left(\lambda^j - \sum_{J=1}^{n} l_J\lambda^J\right)p_{k\boldsymbol{l}}{}^j + \delta^j p_{k\boldsymbol{l}}{}^{j-1} + b_{k\boldsymbol{l}}{}^j\right\}x^k\boldsymbol{y}^{\boldsymbol{l}}$$
$$-\sum_{k+|\boldsymbol{l}|=\nu}\sum_{J=1}^{n}(\delta^J l_J p_{k\,\boldsymbol{l}-\boldsymbol{e}_{J-1}+\boldsymbol{e}_J}{}^j + l_J b^J p_{k-1\,\boldsymbol{l}+\boldsymbol{e}_J}{}^j)\,x^k\boldsymbol{y}^{\boldsymbol{l}}$$
$$+\cdots$$

を得る．ここで … は ν より高い次数の項の和を表す．(4.9) が (4.12) によって (4.11) に変換されるとすれば，

$$h_j = \left(x\frac{\partial\psi_j}{\partial x} + \sum_{J=1}^{n}\frac{\partial\psi_j}{\partial y_J}g_J\right)\circ\boldsymbol{\varphi}$$

であるから，

$$c^j = b^j \qquad (j=1, \cdots, n),$$

$k+|\boldsymbol{l}|<\nu$ ならば

$$c_{k\boldsymbol{l}}{}^j = b_{k\boldsymbol{l}}{}^j \qquad (j=1, \cdots, n),$$

$k+|\boldsymbol{l}|=\nu$ ならば

$$(4.13)\qquad c_{k\boldsymbol{l}}{}^j = \left(\lambda^j - k - \sum_{J=1}^{n} l_J\lambda^J\right)p_{k\boldsymbol{l}}{}^j + \delta^j p_{k\boldsymbol{l}}{}^{j-1} - \sum_{J=1}^{n} l_J b^J p_{k-1\,\boldsymbol{l}+\boldsymbol{e}_J}{}^j$$
$$-\sum_{J=1}^{n}\delta^J l_J p_{k\,\boldsymbol{l}-\boldsymbol{e}_{J-1}+\boldsymbol{e}_J}{}^j + b_{k\boldsymbol{l}}{}^j$$

を得る．変換 (4.12) によって ν 次より低い項の係数は不変である．ν 次の項の係数は (4.13) の変化を受ける．

集合 $\{(j, k, \boldsymbol{l})\,|\,j=1, \cdots, n;\ k+|\boldsymbol{l}|=\nu\}$ に対し次のように順序を入れる：

$$(j, k, \boldsymbol{l}) < (j', k', \boldsymbol{l}') \iff \begin{cases} j<j' \quad \text{または} \\ j=j',\ \ k<k' \quad \text{または} \\ j=j',\ \ k=k'\ \text{かつ}\ \exists J\ (1\leqq J\leqq n);\ l_1=l_1', \\ \quad \cdots,\ \ l_{J-1}=l_{J-1}',\ \ l_J<l_J'. \end{cases}$$

この定義によると，$(1, 0, 0, \cdots, 0, \nu)$ が最初の要素で，

$$(1, 0, 0, \cdots, 0, \nu) < (1, 0, 0, \cdots, 0, 1, \nu-1) < (1, 0, 0, \cdots, 0, 2, \nu-2) < \cdots$$

$$<(n,\nu-1,1,0,\cdots,0)<(n,\nu,0,\cdots,0).$$

与えられた $(j,k,\boldsymbol{l})$ に対し，

$$(j-1,k,\boldsymbol{l})<(j,k-1,\boldsymbol{l}+\boldsymbol{e}_J)<(j,k,\boldsymbol{l}-\boldsymbol{e}_{J-1}+\boldsymbol{e}_J)<(j,k,\boldsymbol{l})$$

が成り立つ．この順序に従って，$p_{k\boldsymbol{l}}{}^j$ を次のように定める．

$$\lambda^j-k-\sum_{J=1}^{n}l_J\lambda^J\neq 0 \tag{4.14}$$

ならば，$c_{k\boldsymbol{l}}{}^j=0$ となるように $p_{k\boldsymbol{l}}{}^j$ をとり，

$$\lambda^j-k-\sum l_J\lambda^J=0$$

ならば，任意に $p_{k\boldsymbol{l}}{}^j$ をとる．

条件 $\lambda^j\neq 1$ は (4.14) において $k=1$, $\boldsymbol{l}=\boldsymbol{0}$ とおいたものである．

c) 形式的変換の存在

定理 4.1 形式的な Briot-Bouquet の方程式 (4.5) は形式的変換

$$\varphi_j=\sum p_J{}^j y_J+p^j x+\sum{}'' p_{k\boldsymbol{l}}{}^j x^k\boldsymbol{y}^{\boldsymbol{l}} \tag{4.15}$$

によって，次のような形式的方程式

$$xy_j'=g_j=\delta^j y_{j-1}+\lambda^j y_j+b^j x+\sum{}'' b_{k\boldsymbol{l}}{}^j x^k\boldsymbol{y}^{\boldsymbol{l}} \tag{4.16}$$

に変換される．ここで行列 $P=[p_J{}^j]$ は非退化，$\lambda^1,\cdots,\lambda^n$ は行列 $A=[a_J{}^j]$ の固有値で，

$$\lambda^j\neq 1 \Longrightarrow b^j=0,$$
$$\lambda^j\neq k+\sum l_J\lambda^J \Longrightarrow b_{k\boldsymbol{l}}{}^j=0 \qquad (k+|\boldsymbol{l}|>1). \quad ——$$

証明は b) の結果を使い，定理 2.2 の証明と同様の論法を適用すればよい．

系 $k>0$ または $|\boldsymbol{l}|>1$ を満たす $(k,\boldsymbol{l})$ に対し

$$\lambda^j\neq k+\sum_{J=1}^{n}l_J\lambda^J \tag{4.17}$$

が成り立てば，(4.5) は形式的変換 (4.15) によって

$$xy_j'=\delta^j y_{j-1}+\lambda^j y_j \tag{4.18}$$

に変換される．——

(4.5) を (4.16) に変換する変換 (4.15) はただ一通りにきまるわけではない．

仮定 (4.17) のもとでは，

$$xy_j'=\delta^j y_{j-1}+\lambda^j y_j+a^j x+\sum{}'' a_{k\boldsymbol{l}}{}^j x^k\boldsymbol{y}^{\boldsymbol{l}}$$

を (4.18) に変換する形式的変換

(4.19) $$\varphi_j = y_j + p^j x + \sum{}'' p_{kl}{}^j x^k \boldsymbol{y}^{\boldsymbol{l}}$$

はただ一通りにきまる．これを証明するには，(4.18) を (4.18) 自身に移す変換 (4.19) は恒等変換しかないことを示せばよい．証明は読者にまかせる．

方程式が与えられたとき，したがって，$\lambda^1, \cdots, \lambda^n$ がきまっているとき，条件 (4.17) が成立しなくなるような j と $(k, \boldsymbol{l})$ の組，すなわち

(4.20) $$\lambda^j = k + \sum_{J=1}^{n} l_J \lambda^J$$

を満たす j, $(k, \boldsymbol{l})$ は無数に存在することがある．

問 $n=2$ で $\lambda^1 = -\lambda^2$ が正の有理数 p/q (p, q は互いに素な正の整数) のとき

$$\lambda^1 = k + l_1\lambda^1 + l_2\lambda^2$$

を満たす (k, l_1, l_2) をすべて求めよ．——

(4.20) を満たす j と $(k, \boldsymbol{l})$ が有限組しか存在しないための十分条件を与えよう．$1, \lambda^1, \cdots, \lambda^n$ を複素平面 $\boldsymbol{C}$ の点と考えて次の条件が満たされているとする．

(4.21) 原点を通る $\boldsymbol{C}$ 内の直線 L が引けて，$1, \lambda^1, \cdots, \lambda^n$ は L の一方の側にある．

問 条件 (4.21) は次の条件と同値であることを示せ．

点 $1, \lambda^1, \cdots, \lambda^n$ を含む $\boldsymbol{C}$ 内の最小の凸集合は原点を含まない．——

条件 (4.21) から L は実軸とは一致しない．実軸の正の部分から $\boldsymbol{C}$ の上半平面

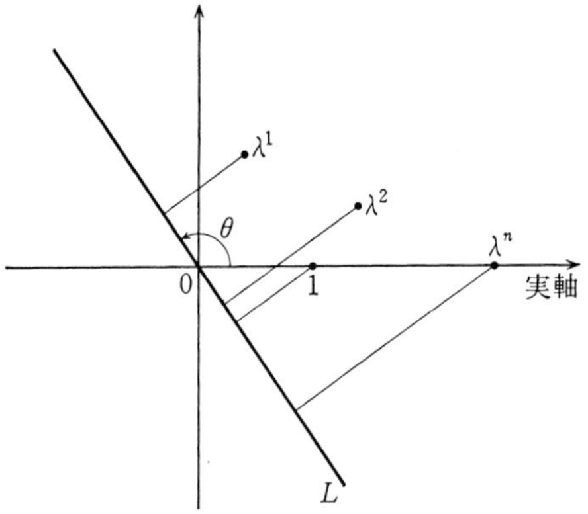

図 4.1

内にある L の部分への角を θ とすると，$0<\theta<\pi$ である．C 内の点 z から L へ下した垂線の長さを $v(z)$ で表せば，

$$v(1) = \mathrm{Re}\,(e^{-(\theta-\pi/2)i}) > 0,$$
$$v(\lambda^j) = \mathrm{Re}\,(\lambda^j e^{-(\theta-\pi/2)i}) > 0$$

となる．さらに

$$v\left(k+\sum_{J=1}^{n} l_J \lambda^J\right) = kv(1)+\sum_{J=1}^{n} l_J v(\lambda^J)$$

が成り立つ．$k+|\boldsymbol{l}|\to\infty$ のとき $v(k+l_1\lambda^1+\cdots+l_n\lambda^n)\to\infty$ であるから，各 j に対し (4.20) が成り立つような $(k, \boldsymbol{l})$ は有限個しかない．したがって，(4.21) のもとでは (4.20) を満たす j, $(k, \boldsymbol{l})$ の組は有限個である．

さて，$\lambda^1, \cdots, \lambda^n$ に対し

$$v(\lambda^1) \leqq v(\lambda^2) \leqq \cdots \leqq v(\lambda^n)$$

が成り立つと仮定しよう．(行列 P を適当にとれば，この条件はいつでも成り立つとしてよい.) j を一つ固定すれば，(4.20) を満たす $(k, \boldsymbol{l})$ ($k>0$ または $|\boldsymbol{l}|>1$) に対し

$$l_j = l_{j+1} = \cdots = l_n = 0$$

となる．このことから，

$$g_1 = \lambda^1 y_1 + b_1(x),$$
$$g_2 = \delta^2 y_1 + \lambda^2 y_2 + b_2(x, y_1),$$
$$\cdots\cdots\cdots\cdots\cdots$$
$$g_n = \delta^n y_{n-1} + \lambda^n y_n + b_n(x, y_1, \cdots, y_{n-1})$$

と書ける．ここで $b_1(x)$ は x の多項式，$b_2(x, y_1)$ は x, y_1 の多項式，…，$b_n(x, y_1, \cdots, y_{n-1})$ は $x, y_1, \cdots, y_{n-1}$ の多項式である．したがって，(4.16) は求積法によって解けてしまう．

問　λ^1 が正の整数でなければ $b_1(x)=0$ であること，また λ^1 が正の整数ならば $b_1(x)=\beta x^{\lambda_1}$ ($\beta=0$ のこともある) であることを示せ．

§4.3　形式的変換の収束性

前節で求めた形式的変換は f_j の収束を仮定しても必ずしも収束しない．収束するためには，いくつかの仮定が必要である．

定理 4.2 方程式 (4.5) において f_j は収束ベキ級数とする．さらに，

(1) 行列 A の Jordan の標準形は対角型である，

(2) $k>0$ または $|\boldsymbol{l}|>1$ を満たす $(k, \boldsymbol{l})$ に対し (4.17) が成り立つ，

(3) 条件 (4.21) が成り立つ

と仮定する．そのとき，定理 4.1 の形式的変換 (4.15) は収束ベキ級数である．

証明 1次変換

$$\phi_j = \sum_{J=1}^{n} p_J{}^j y_J + p^j x$$

を行っておくことにより，仮定 (1), (2) とから，(4.5) は

$$xy_j' = \lambda^j y_j + \sum{}'' a_{k\boldsymbol{l}}{}^j x^k \boldsymbol{y}^{\boldsymbol{l}}, \tag{4.22}$$

変換 (4.15) は

$$\varphi_j = y_j + \sum{}'' p_{k\boldsymbol{l}}{}^j x^k \boldsymbol{y}^{\boldsymbol{l}}, \tag{4.23}$$

変換された方程式 (4.16) は

$$xy_j' = \lambda^j y_j \qquad (j=1, \cdots, n) \tag{4.24}$$

であると仮定してよい．

方程式 (4.24) は (4.23) の逆変換によって (4.22) に変換されるから，前と同様にして

$$x\frac{\partial \varphi_j}{\partial x} + \sum_{J=1}^{n} \frac{\partial \varphi_j}{\partial y_J} \cdot \lambda^J y_J = f_j \circ \boldsymbol{\varphi} = \lambda^j \varphi_j + \left(\sum{}'' a_{k\boldsymbol{l}}{}^j x^k \boldsymbol{y}^{\boldsymbol{l}}\right) \circ \boldsymbol{\varphi}$$

が成り立つ．これを書き直して

$$\sum{}''\left(k + \sum_{J=1}^{n} l_J \lambda^J - \lambda^j\right) p_{k\boldsymbol{l}}{}^j x^k \boldsymbol{y}^{\boldsymbol{l}} = \sum{}'' a_{k\boldsymbol{l}}{}^j x^k \left(\boldsymbol{y} + \sum{}'' p_{K\boldsymbol{L}} x^K \boldsymbol{y}^{\boldsymbol{L}}\right)^{\boldsymbol{l}}$$

が得られる．両辺の項の係数を比較して

$$\left(k + \sum_{J=1}^{n} l_J \lambda^J - \lambda^j\right) p_{k\boldsymbol{l}}{}^j = Q_{k\boldsymbol{l}}(p_{K\boldsymbol{L}}{}^J, a_{K\boldsymbol{L}}{}^j) \qquad (k + |\boldsymbol{l}| \geqq 2), \tag{4.25}$$

ここで $Q_{k\boldsymbol{l}}$ は $p_{K\boldsymbol{L}}{}^J$ $(K+|\boldsymbol{L}|<k+|\boldsymbol{l}|\,;\, J=1, \cdots, n)$ と $a_{K\boldsymbol{L}}{}^j$ $(K+|\boldsymbol{L}| \leqq k+|\boldsymbol{l}|)$ の多項式で係数は正の整数である．正の数 δ がとれて，$k+|\boldsymbol{l}| \geqq 2$ を満たすすべての $(k, \boldsymbol{l})$ と $j=1, \cdots, n$ に対し

$$|k + l_1\lambda^1 + \cdots + l_n\lambda^n - \lambda^j| \geqq \delta \tag{4.26}$$

が成り立つことを示そう．

まず

$$|k+\sum l_J\lambda^J-\lambda^j| = |(k+\sum l_J\lambda^J-\lambda^j)e^{-(\theta-\pi/2)i}|$$
$$\geqq \mathrm{Re}\,((k+\sum l_J\lambda^J-\lambda^j)e^{-(\theta-\pi/2)i})$$
$$= v(k)+\sum l_J v(\lambda^J)-v(\lambda^j)$$

に注意する．仮定(3)によって，$k+|\boldsymbol{l}|\to\infty$ ならば $v(k)+l_1v(\lambda^1)+\cdots+l_nv(\lambda^n)\to\infty$ であるから，十分大きい N をとると

$$v(k)+\sum_{J=1}^{n} l_J v(\lambda^J)-v(\lambda^j)\geqq 1 \qquad (k+|\boldsymbol{l}|\geqq N;\ j=1,\cdots,n)$$

が成り立つ．仮定(2)によって，

$$k+l_1\lambda^1+\cdots+l_n\lambda^n-\lambda^j \neq 0 \qquad (k+|\boldsymbol{l}|<N;\ j=1,\cdots,n).$$

したがって

$$\min\{|k+l_1\lambda^1+\cdots+l_n\lambda^n-\lambda^j|\mid k+|\boldsymbol{l}|<N;\ j=1,\cdots,n\}\geqq\varepsilon$$

となる $\varepsilon>0$ が存在する．$\delta=\min(1,\varepsilon)$ ととればよい．

$j=1,\cdots,n$ に対し，収束ベキ級数 $\sum'' A_{k\boldsymbol{l}}{}^j x^k\boldsymbol{y}^{\boldsymbol{l}}$ で $\sum'' a_{k\boldsymbol{l}}{}^j x^k\boldsymbol{y}^{\boldsymbol{l}}$ の優級数となるものをとり

$$F_j(x,\boldsymbol{y}) = \sum'' A_{k\boldsymbol{l}}{}^j x^k\boldsymbol{y}^{\boldsymbol{l}} \tag{4.27}$$

とおく．

$z_1,\cdots,z_n$ に関する方程式

$$\delta(z_j-y_j) = F_j(x,z_1,\cdots,z_n) \qquad (j=1,\cdots,n)$$

を考える．この方程式は陰関数の定理により，$x=y_1=\cdots=y_n=0$ において整型で，$x=y_1=\cdots=y_n=0$ で $z_1=\cdots=z_n=0$ となるただ一つの解

$$z_j = \Phi_j(x,y_1,\cdots,y_n)$$

をもつ．方程式の形と F_j が2次以上の項から始まることから，Φ_j の Taylor 展開は

$$\Phi_j = y_j+\sum'' P_{k\boldsymbol{l}}{}^j x^k\boldsymbol{y}^{\boldsymbol{l}}$$

となることが分る．これを方程式に代入して

$$\sum''\delta P_{k\boldsymbol{l}}{}^j x^k\boldsymbol{y}^{\boldsymbol{l}} = \sum'' A_{k\boldsymbol{l}}{}^j x^k(\boldsymbol{y}+\sum'' P_{K\boldsymbol{L}}x^K\boldsymbol{y}^{\boldsymbol{L}})^{\boldsymbol{l}}.$$

これから

$$\delta P_{k\boldsymbol{l}}{}^j = Q_{k\boldsymbol{l}}(P_{K\boldsymbol{L}}{}^J,\ A_{K\boldsymbol{L}}{}^j) \tag{4.28}$$

を得る．(4.25), (4.26), (4.27) および (4.28) から容易に $j=1,\cdots,n$ に対して，級数 $\sum'' P_{k\boldsymbol{l}}{}^j x^k\boldsymbol{y}^{\boldsymbol{l}}$ が級数 $\sum'' p_{k\boldsymbol{l}}{}^j x^k\boldsymbol{y}^{\boldsymbol{l}}$ の優級数であることが分る．よって(4.

15) の収束が証明された. ∎

定理 4.2 の仮定 (1), (2) は実は不要であることが知られている. すなわち, 仮定 (3) は形式的変換が収束するための十分条件である. 形式的変換が収束しない場合にも, それに適当な解析的意味を与えられる場合が多い. それを説明するためには, 関数の漸近展開という概念を導入しなくてはならないが, 本講ではこれに触れないことにする.

§4.4 単独の Briot-Bouquet の微分方程式

単独の Briot-Bouquet の方程式

$$xy' = f(x, y) \tag{4.29}$$

について詳しく調べてみよう. この場合

$$f(x, y) = \lambda y + ax + \sum{}'' a_{kl} x^k y^l$$

と展開される.

なお, f は x で整除されないと仮定しておく. これは λ, a_{0l} $(l=2, 3, \cdots)$ のどれかは 0 でないことと同値である.

a) 形式的変換

不等式

$$\lambda \neq k + l\lambda \tag{4.30}$$

が $(0, 1)$ 以外の (k, l) に対して成り立てば, 形式的変換

$$y = z + px + \sum{}'' p_{kl} x^k z^l \tag{4.31}$$

によって (4.29) は方程式

$$xz' = \lambda z$$

に変換される.

ある $(k, l) \neq (0, 1)$ に対して

$$\lambda = k + l\lambda \tag{4.32}$$

が成り立つような λ を求める. $k>0$, $l=0$ ならば, λ は正の整数 k に等しい. $k>0$, $l=1$ の場合は起らない. $k>0$, $l>1$ ならば, λ は負の有理数 $-k/(l-1)$ である. $k=0$, $l>1$ ならば, $\lambda=0$ である. したがって, λ が

正の整数, 0, 負の有理数

のどれかのとき, ある $(k, l) \neq (0, 1)$ に対して (4.32) が成り立つ.

最初，λ が正の整数に等しい場合を考える．(4.32) が成り立つような (k, l) は $(\lambda, 0)$ 以外にない．したがって定理 4.1 によって，適当な形式的変換 (4.31) を行うと

$$xz' = \lambda z + bx^{\lambda}$$

に移る．この方程式の一般解は

$$z = Cx^{\lambda} + bx^{\lambda}\log x \qquad (C:\text{任意定数})$$

である．$b=0$ となる場合もある．

次に，$\lambda=0$ の場合を考える．(4.32) を成立させる (k, l) は $k=0$，$l=2, 3, \cdots$ である．したがって適当な形式的変換 (4.31) によって

$$xz' = \sum{}'' b_l z^l \tag{4.33}$$

に移る．$b_2, b_3, \cdots$ のどれかは 0 でない．もしそうでなければ，$xz'=0$ は (4.31) の逆変換で (4.29) に移る．

$$\varphi = y + px + \sum{}'' p_{kl}x^k y^l$$

とおき，その逆変換を ψ とすれば

$$f = \left(x\frac{\partial\varphi}{\partial x} + \frac{\partial\varphi}{\partial y}\cdot 0\right)\circ\psi = x\frac{\partial\varphi}{\partial x}\circ\psi$$

となり，f は x を因子に含み，最初の仮定に反する．$b_2, b_3, \cdots$ のうち 0 でない最初のものを b_{m+1} とすると，(4.33) は b_l の番号を変えて

$$xz' = z^{m+1}\sum_{l=0}^{\infty} b_l z^l \qquad (b_0 \neq 0) \tag{4.34}$$

と書き直される．

方程式 (4.34) を形式的変換

$$z = u + \sum_{l=2}^{\infty} p_l u^l \tag{4.35}$$

によってなるべく簡単な方程式に変換しよう．そのためまず変換

$$z = u + q_n u^{n+1} \qquad (n \geqq 1) \tag*{(4.36)$_n$}$$

の効果を調べる．この変換の逆変換は

$$u = z - q_n z^{n+1} + \cdots.$$

これから

$$xu' = (1-(n+1)q_n z^n + \cdots)z^{m+1}\sum_{l=0}^{\infty} b_l z^l.$$

右辺に $(4.36)_n$ を代入して

$$xu' = u^{m+1}(b_0+\cdots+b_{n-1}u^{n-1}+(b_n+(m-n)b_0q_n)u^n+\cdots)$$

を得る．

$$xu' = u^{m+1}\sum_{l=0}^{\infty}c_lu^l$$

とおくと，

$$c_l = b_l \quad (l<n), \qquad c_n = b_n+(m-n)b_0q_n$$

を得る．$n \neq m$ ならば，$c_n=0$ となるように q_n をとれる．変換 $(4.36)_n$ $(n=1, 2, \cdots)$ の合成は (4.35) の形の変換になることに注意すれば，(4.34) は適当な変換 (4.35) によって方程式

$$xu' = u^{m+1}(b_0+b_mu^m) \tag{4.37}$$

に変換されることが分る．

変換 (4.31) と (4.35) を合成すれば，(4.31) と同じ形の変換

$$y = u+p'x+\sum{}'' p_{kl}'x^ku^l$$

となり，この変換は (4.29) を (4.37) へ変換する．記号を変え，次の結論を得る．

$\lambda=0$ の場合，方程式 (4.29) は適当な変換 (4.31) によって

$$xz' = z^{m+1}(b+cz^m) \qquad (m>0,\ b\neq 0) \tag{4.38}$$

に変換される．

(4.38) の一般解を求めよう．$c=0$ ならば，一般解は簡単に求められて

$$z = (C-mb\log x)^{-1/m}$$

である．$c\neq 0$ とする．変数変換

$$x = \exp\left(-\frac{c}{mb^2}\xi\right), \qquad z = \left(\frac{c}{b}\zeta\right)^{-1/m}$$

を行う．簡単な計算で

$$x\frac{dz}{dx} = b\left(\frac{c}{b}\zeta\right)^{-(m+1)/m}\frac{d\zeta}{d\xi},$$

$$z^{m+1}(b+cz^m) = \left(\frac{c}{b}\zeta\right)^{-(m+1)/m}\left(b+b\frac{1}{\zeta}\right)$$

を得るから，(4.38) は

$$\frac{d\zeta}{d\xi} = 1+\frac{1}{\zeta} \tag{4.39}$$

に変換される．(4.39) の一般解は

$$\zeta-\log(\zeta+1)=\xi+C$$

である．$\zeta-\log(\zeta+1)=\xi$ の逆関数を $\zeta=\mathfrak{a}(\xi)$ で表すことにすると，(4.39) の一般解は

$$\zeta=\mathfrak{a}(\xi+C).$$

これから (4.38) の一般解

$$z=\left\{\frac{c}{b}\mathfrak{a}\left(C-\frac{mb^2}{c}\log x\right)\right\}^{-1/m}$$

を得る．

最後に，$\lambda=-\mu/\nu$ (μ,ν は互いに素な正の整数) の場合を考える．(4.32) が成り立つ $(k,l)\neq(0,1)$ は

$$k=n\mu,\qquad l=n\nu+1\qquad (n=1,2,\cdots)$$

に限る．よって，(4.29) は適当な変換 (4.31) により

$$xz'=\lambda z+\sum_{n=1}^{\infty}b_{n\mu,n\nu+1}x^{n\mu}z^{n\nu+1}$$

に変換される．この方程式は，記号を変えて，

$$xz'=z\sum_{l=0}^{\infty}b_l(x^{\mu}z^{\nu})^l\qquad(b_0=\lambda)\tag{4.40}$$

と書き直すことができる．

$$z=x^{\lambda}u^{1/\nu}\quad\text{すなわち}\quad u=x^{\mu}z^{\nu}\tag{4.41}$$

とおくと，(4.40) は

$$xu'=\nu u\sum_{l=1}^{\infty}b_lu^l$$

になる．$b_1=b_2=\cdots=0$ となる場合もある．そうでなければ，b_l のうち0でない最初のものを $b_m\,(m>0)$ とし，番号をつけかえ，ν をくりこんで

$$xu'=u^{m+1}\sum_{l=0}^{\infty}b_lu^l\qquad(b_0\neq0)$$

と書き直す．これは (4.34) と同じ形であるから，変換

$$u=w+\sum_{l=2}^{\infty}p_lw^l=w\left(1+\sum_{l=2}^{\infty}p_lw^{l-1}\right)\tag{4.42}$$

によって

(4.43) $$xw' = w^{m+1}(c+dw^m)$$

に移る．ここでさらに

(4.44) $$w = x^{\mu}\zeta^{\nu} \quad \text{すなわち} \quad \zeta = x^{\lambda}w^{1/\nu}$$

とおくと，(4.43) は

$$x\zeta' = \zeta\left(\lambda+\frac{c}{\nu}(x^{\mu}\zeta^{\nu})^m+\frac{d}{\nu}(x^{\mu}\zeta^{\nu})^{2m}\right)$$

となる．(4.44) を (4.42) に代入して，

$$u = x^{\mu}\zeta^{\nu}\left(1+\sum_{l=2}^{\infty}p_l(x^{\mu}\zeta^{\nu})^{l-1}\right),$$

これをまた (4.41) に代入して

$$z = \zeta\left(1+\sum_{l=2}^{\infty}p_l(x^{\mu}\zeta^{\nu})^{l-1}\right)^{1/\nu}$$

となる．この右辺は $\zeta+\sum'' q_{kl}x^k\zeta^{\nu}$ と書けることに注意して，これを (4.31) に代入して

$$y = \zeta+rx+\sum'' r_{kl}x^k\zeta^{\nu}$$

を得る．

したがって次の結論に到達した．

$\lambda=-\mu/\nu$ が負の有理数の場合には，適当な形式的変換 (4.31) が存在して，方程式 (4.29) は

(4.45) $$xz' = z(\lambda+b(x^{\mu}z^{\nu})^m+c(x^{\mu}z^{\nu})^{2m})$$

に変換される．$b=c=0$ の場合も起る．それ以外の場合は $b\neq 0$ である．

(4.45) の一般解を求めておこう．$b=c=0$ ならば

$$z = Cx^{\lambda}$$

である．$b\neq 0$ ならば，$w=x^{\mu}z^{\nu}$ とおくと，

$$xw' = w^{m+1}(b\nu+c\nu w^m)$$

となる．これから，$b\neq 0$, $c=0$ のときは

$$z = x^{\lambda}(C-mb\nu\log x)^{-1/m\nu},$$

$b\neq 0$, $c\neq 0$ ならば

$$z = x^{\lambda}\left\{\frac{c}{b}\mathfrak{a}\left(C-\frac{m\nu b^2}{c}\log x\right)\right\}^{-1/m\nu}$$

を得る．

b）形式的変換の収束性

方程式 (4.29) の右辺 f は $x=y=0$ で整型とする．

1 と λ とが原点を通る $\boldsymbol{C}$ 内の直線の一方の側にあるための必要十分条件は明らかに λ が 0 でもなく，負の実数でもないことである．

(i)　λ が正の整数でも 0 でも負の実数でもないときは，定理 4.2 によって，(4.29) を

$$xz' = \lambda z \tag{4.46}$$

に変換する変換 (4.31) は収束する．

(ii)　λ が正の整数の場合には，前節の終りの注意によって，(4.29) を

$$xz' = \lambda z + bz^{\lambda}$$

に移す変換 (4.31) は収束する．

上記以外の場合，すなわち，λ が 0 か負の有理数か負の無理数の場合には，形式的変換 (4.31) は必ずしも収束しない．収束する場合を二つ述べておく．

(iii)　$\lambda=-\mu/\nu$ が負の有理数であって，変換された方程式が (4.46) になる場合．このとき，(4.29) を (4.46) に変換する形式的変換は無数にある．このことは方程式 (4.46) が

$$z = u\left(1+\sum_{l=1}^{\infty} p_l (x^{\mu}u^{\nu})^l\right)$$

の形の任意の変換で

$$xu' = \lambda u$$

に変換されることから分る．しかし，(4.29) を (4.46) へ移す変換 (4.31) のうち収束するものが存在する．

(iv)　λ が負の無理数で

$$|k+l\lambda| \geqq K|k+l|^{-\nu} \qquad (k+l \geqq 2)$$

を満たす定数 $K>0$ と ν が存在する場合．(4.29) を (4.46) へ変換する (4.31) はただ一つ存在し，(4.31) は収束する．

§4.5　Briot-Bouquet 型の全微分方程式

次の形の完全積分可能な全微分方程式

$$(4.47)\quad \begin{cases} x_i\dfrac{\partial y_j}{\partial x_i}=f_{ij}(x_1,\cdots,x_m,y_1,\cdots,y_n) & (i=1,\cdots,r;\ j=1,\cdots,n),\\[2mm] \dfrac{\partial y_j}{\partial x_i}=f_{ij}(x_1,\cdots,x_m,y_1,\cdots,y_n) & (i=r+1,\cdots,m;\ j=1,\cdots,n)\end{cases}$$

を **Briot-Bouquet 型**という．ここで f_{ij} はすべて $\boldsymbol{x}=\boldsymbol{0}$, $\boldsymbol{y}=\boldsymbol{0}$ において整型で $f_{ij}(\boldsymbol{0},\boldsymbol{0})=0\ (i=1,\cdots,r;\ j=1,\cdots,n)$, $1<r\leqq n$. 方程式 (4.47) に対する完全積分可能条件は $j=1,\cdots,n$ に対し

$$(4.48)\quad \begin{cases} x_I\dfrac{\partial f_{ij}}{\partial x_I}+\displaystyle\sum_{J=1}^{n}\dfrac{\partial f_{ij}}{\partial y_J}f_{IJ}=x_i\dfrac{\partial f_{Ij}}{\partial x_i}+\sum_{J=1}^{n}\dfrac{\partial f_{Ij}}{\partial y_J}f_{iJ} & (i,I=1,\cdots,r),\\[2mm] \dfrac{\partial f_{ij}}{\partial x_I}+\displaystyle\sum_{J=1}^{n}\dfrac{\partial f_{ij}}{\partial y_J}f_{IJ}=x_i\dfrac{\partial f_{Ij}}{\partial x_i}+\sum_{J=1}^{n}\dfrac{\partial f_{Ij}}{\partial y_J}f_{iJ} & \\ & (i=1,\cdots,r;\ I=r+1,\cdots,m),\\[2mm] \dfrac{\partial f_{ij}}{\partial x_I}+\displaystyle\sum_{J=1}^{n}\dfrac{\partial f_{ij}}{\partial y_J}f_{IJ}=\dfrac{\partial f_{Ij}}{\partial x_i}+\sum_{J=1}^{n}\dfrac{\partial f_{Ij}}{\partial y_J}f_{iJ} & (i,I=r+1,\cdots,m)\end{cases}$$

となる．f_{ij} の $x=0$, $y=0$ における Taylor 展開を

$$(4.49)\quad \begin{cases} f_{ij}=\displaystyle\sum_{J=1}^{n}\alpha_J{}^{ij}y_J+\sum_{I=1}^{m}a_I{}^{ij}x_I+\sum{}''a_{\boldsymbol{kl}}{}^{ij}\boldsymbol{x}^{\boldsymbol{k}}\boldsymbol{y}^{\boldsymbol{l}} & \\ & (i=1,\cdots,r;\ j=1,\cdots,n),\\ f_{ij}=\displaystyle\sum_{|\boldsymbol{k}|+|\boldsymbol{l}|\geqq 0}a_{\boldsymbol{kl}}{}^{ij}\boldsymbol{x}^{\boldsymbol{k}}\boldsymbol{y}^{\boldsymbol{l}} & (i=r+1,\cdots,m;\ j=1,\cdots,n)\end{cases}$$

とする．

方程式 (4.47) に対しても，前と同じような論法が適用できる．すなわち，§3.2, §3.3, §4.2, §4.3 の手法が使える．以下，その筋道だけを述べることにする．

a) 形式的理論

(4.48) の第1式に (4.49) を代入して整理し，両辺の $y_1,\cdots,y_n$ の係数を比較して

$$\sum_{J=1}^{n}\alpha_J{}^{ij}\alpha_K{}^{IJ}=\sum_{J=1}^{n}\alpha_J{}^{Ij}\alpha_K{}^{iJ}\qquad (i,I=1,\cdots,r)$$

を得る．このことは，行列

$$A^i=\begin{bmatrix}\alpha_1{}^{i1} & \cdots & \alpha_n{}^{i1}\\ \vdots & & \vdots\\ \alpha_1{}^{in} & \cdots & \alpha_n{}^{in}\end{bmatrix}\qquad (i=1,\cdots,r)$$

が互いに可換：$A^iA^I=A^IA^i$ であることを示している．線型代数によると，可換な行列 $A^1, \cdots, A^r$ に対し，非退化な行列 P がとれて $P^{-1}A^iP\ (i=1, \cdots, r)$ が同時に下三角行列になるようにできる．

$$P=\begin{bmatrix} p_1{}^1 & \cdots & p_n{}^1 \\ \vdots & & \vdots \\ p_1{}^n & \cdots & p_n{}^n \end{bmatrix}, \qquad P^{-1}A^iP=\begin{bmatrix} \lambda_1{}^{i1} & & 0 \\ \vdots & \ddots & \\ \lambda_n{}^{in} & \cdots & \lambda_n{}^{in} \end{bmatrix}$$

とおくと，1次変換

$$y_j=\sum_{J=1}^n p_J{}^j z_J \qquad (j=1, \cdots, n)$$

によって (4.47) は

$$(4.50)\quad \begin{cases} x_i\dfrac{\partial z_j}{\partial x_i}=\displaystyle\sum_{J=1}^j \lambda_J{}^{ij}z_J+\sum_{I=1}^m b_I{}^{ij}x_I+\sum{}'' b_{kl}{}^{ij}\boldsymbol{x}^k\boldsymbol{z}^l & (i=1, \cdots, r), \\ \dfrac{\partial z_j}{\partial x_i}=\sum b_{kl}{}^{ij}\boldsymbol{x}^k\boldsymbol{z}^l & (i=r+1, \cdots, m) \end{cases}$$

に移る．(4.50) も完全積分可能である．

以下簡単のため，$P^{-1}A^iP$ はすべて対角型行列になると仮定する．線型代数学の定理により，もし $A^1, \cdots, A^r$ のうちの一つが異なる固有値をもてば，$P^{-1}A^iP$ がすべて対角型となるようにできる．そのとき，(4.50) は

$$(4.51)\quad \begin{cases} x_i\dfrac{\partial z_j}{\partial x_i}=\lambda^{ij}z_j+\displaystyle\sum_{I=1}^m b_I{}^{ij}x_I+\sum{}'' b_{kl}{}^{ij}\boldsymbol{x}^k\boldsymbol{z}^l & (i=1, \cdots, r), \\ \dfrac{\partial z_j}{\partial x_i}=\sum b_{kl}{}^{ij}\boldsymbol{x}^k\boldsymbol{z}^l & (i=r+1, \cdots, m) \end{cases}$$

と書ける．(4.51) から出発する．

変換

$$z_j=u_j+\sum_{I=1}^m p_I{}^j x_I \qquad (j=1, \cdots, n)$$

を行うと，(4.51) は

$$x_i\frac{\partial u_j}{\partial x_i}=\lambda^{ij}u_j+((\lambda^{ij}-1)p_i{}^j+b_i{}^{ij})x_i+\sum_{I\neq i}(\lambda^{ij}p_I{}^j+b_I{}^{ij})x_I+\cdots,$$

$$\frac{\partial u_j}{\partial x_i}=b_{00}{}^{ij}-p_i{}^j+\cdots$$

に移る．$\lambda^{ij}\neq 1\ (i=1, \cdots, r;\ j=1, \cdots, n)$ と仮定し，

$$(\lambda^{ij}-1)p_i{}^j+b_i{}^{ij}=0 \qquad (i=1,\cdots,r;\ j=1,\cdots,n),$$

$$b_{00}{}^{ij}-p_i{}^j=0 \qquad (i=r+1,\cdots,m;\ j=1,\cdots,n)$$

によって $p_i{}^j\,(i=1,\cdots,m;\ j=1,\cdots,n)$ を定める．そのとき，

$$\lambda^{ij}p_I{}^j+b_I{}^{ij}=0 \qquad (i=1,\cdots,r;\ j=1,\cdots,n;\ I\neq i) \tag{4.52}$$

が成り立つことを示す．そのため，(4.50) に対する完全積分可能条件の第1群において x_i の係数を比較し，第2群において定数項を調べる．簡単な計算で

$$\lambda^{ij}b_L{}^{Ij}+\delta_L{}^Ib_L{}^{ij}=\lambda^{Ij}b_L{}^{ij}+\delta_L{}^ib_L{}^{Ij} \qquad (i,I=1,\cdots,r;\ L=1,\cdots,m), \tag{4.53}$$

$$\lambda^{ij}b_{00}{}^{Ij}+b_I{}^{ij}=0 \qquad (i=1,\cdots,r;\ I=r+1,\cdots,m) \tag{4.54}$$

を得る．$I\neq i,\ 1\leqq I\leqq r$ とすると

$$(\lambda^{Ij}-1)p_I{}^j+b_I{}^{Ij}=0.$$

これに λ^{ij} をかけて

$$(\lambda^{Ij}-1)\lambda^{ij}p_I{}^j+\lambda^{ij}b_I{}^{Ij}=0.$$

(4.53) において $L=I$ とおくと

$$\lambda^{ij}b_I{}^{Ij}+b_I{}^{ij}=\lambda^{Ij}b_I{}^{ij}.$$

これから

$$(\lambda^{Ij}-1)(\lambda^{ij}p_I{}^j+b_I{}^{ij})=0.$$

したがって，(4.52) がいえた．次に $I\neq i,\ r+1\leqq I\leqq m$ とする．$p_I{}^j=b_{00}{}^{Ij}$ である．これを (4.54) に代入したものが (4.52) に他ならない．

よって，上のように $p_I{}^j$ をきめると，変換された方程式は

$$x_i\frac{\partial u_j}{\partial x_i}=\lambda^{ij}u_j+\sum{}''c_{\boldsymbol{kl}}{}^{ij}\boldsymbol{x}^{\boldsymbol{k}}\boldsymbol{u}^{\boldsymbol{l}},$$

$$\frac{\partial u_j}{\partial x_i}=\sum{}'c_{\boldsymbol{kl}}{}^{ij}\boldsymbol{x}^{\boldsymbol{k}}\boldsymbol{u}^{\boldsymbol{l}}$$

となる．

次に，(4.51) において，$b_I{}^{ij}=0,\ b_{\boldsymbol{kl}}{}^{ij}=0\,(|\boldsymbol{k}|+|\boldsymbol{l}|<\nu;\ i=1,\cdots,r;\ j=1,\cdots,n)$，$b_{\boldsymbol{kl}}{}^{ij}=0\,(|\boldsymbol{k}|+|\boldsymbol{l}|<\nu-1;\ i=r+1,\cdots,m;\ j=1,\cdots,n)$ と仮定し，変換

$$z_j=u_j+\sum_{|\boldsymbol{k}|+|\boldsymbol{l}|=\nu}p_{\boldsymbol{kl}}{}^j\boldsymbol{x}^{\boldsymbol{k}}\boldsymbol{u}^{\boldsymbol{l}}$$

を行う．逆変換は

$$u_j=z_j-\sum_{|\boldsymbol{k}|+|\boldsymbol{l}|=\nu}p_{\boldsymbol{kl}}{}^j\boldsymbol{x}^{\boldsymbol{k}}\boldsymbol{z}^{\boldsymbol{l}}+\cdots.$$

これから

$$x_i\frac{\partial u_j}{\partial x_i}=\lambda^{ij}u_j+\sum_{|\boldsymbol{k}|+|\boldsymbol{l}|=\nu}\left(b_{\boldsymbol{kl}}{}^{ij}-\left(k_i+\sum_{J=1}^{n}l_J\lambda^{iJ}-\lambda^{ij}\right)p_{\boldsymbol{kl}}{}^{j}\right)\boldsymbol{x}^{\boldsymbol{k}}\boldsymbol{u}^{\boldsymbol{l}}+\cdots,$$

$$\frac{\partial u_j}{\partial x_i}=\sum_{|\boldsymbol{k}|+|\boldsymbol{l}|=\nu-1}(b_{\boldsymbol{kl}}{}^{ij}-(k_i+1)p_{\boldsymbol{k}+\boldsymbol{e}_i\boldsymbol{l}}{}^{j})\boldsymbol{x}^{\boldsymbol{k}}\boldsymbol{u}^{\boldsymbol{l}}+\cdots$$

を得る．一方，完全積分可能条件から

$$k_Ib_{\boldsymbol{kl}}{}^{ij}+\sum_J l_J\lambda^{IJ}b_{\boldsymbol{kl}}{}^{ij}+\lambda^{ij}b_{\boldsymbol{kl}}{}^{Ij}=k_ib_{\boldsymbol{kl}}{}^{Ij}+\sum_J l_J\lambda^{iJ}b_{\boldsymbol{kl}}{}^{Ij}+\lambda^{Ij}b_{\boldsymbol{kl}}{}^{ij},$$

$$(k_I+1)b_{\boldsymbol{k}+\boldsymbol{e}_I\boldsymbol{l}}{}^{ij}+\lambda^{ij}b_{\boldsymbol{kl}}{}^{Ij}=k_ib_{\boldsymbol{kl}}{}^{Ij}+\sum_J l_J\lambda^{iJ}b_{\boldsymbol{kl}}{}^{Ij},$$

$$(k_I+1)b_{\boldsymbol{k}+\boldsymbol{e}_I\boldsymbol{l}}{}^{ij}=(k_i+1)b_{\boldsymbol{k}+\boldsymbol{e}_i\boldsymbol{l}}{}^{Ij}$$

が導かれる．$\boldsymbol{k}=(k_1,\cdots,k_r,k_{r+1},\cdots,k_m)$ に対して，$\boldsymbol{k}'=(k_1,\cdots,k_r)$，$\boldsymbol{k}''=(k_{r+1},\cdots,k_m)$ とおく．$|\boldsymbol{k}''|>0$ であるような $p_{\boldsymbol{kl}}{}^{j}$ を

$$b_{\boldsymbol{k}+\boldsymbol{e}_i\boldsymbol{l}}{}^{ij}-(k_i+1)p_{\boldsymbol{kl}}{}^{j}=0$$

となるように定められることは，§3.2, b) と同様に，完全積分可能条件の第3群から分る．次に，$j=1,\cdots,n$ と $\boldsymbol{k}''=\boldsymbol{0}$ となる $(\boldsymbol{k},\boldsymbol{l})$ に対し

$$\lambda^{ij}\neq k_i+\sum_{J=1}^{n}l_J\lambda^{iJ}$$

を満たす $i\,(1\leqq i\leqq r)$ が存在すると仮定し，

$$b_{\boldsymbol{kl}}{}^{ij}-(k_i+\sum l_J\lambda^{iJ}-\lambda^{ij})p_{\boldsymbol{kl}}{}^{j}=0$$

を満たすように $p_{\boldsymbol{kl}}{}^{j}$ を定める．そのとき，完全積分可能条件を使って，すべての $i\,(1\leqq i\leqq m)$，j，$(\boldsymbol{k},\boldsymbol{l})\,(|\boldsymbol{k}|+|\boldsymbol{l}|=\nu)$ に対し

$$b_{\boldsymbol{kl}}{}^{ij}-(k_i+\sum l_J\lambda^{iJ}-\lambda^{ij})p_{\boldsymbol{kl}}{}^{j}=0$$

が成り立つことがいえる．この証明は省略する．

したがって，変換された方程式

$$x_i\frac{\partial u_j}{\partial x_i}=\lambda^{ij}u_j+\sum c_I{}^{ij}x_I+\sum{}''c_{\boldsymbol{kl}}{}^{ij}\boldsymbol{x}^{\boldsymbol{k}}\boldsymbol{u}^{\boldsymbol{l}}$$

$$\frac{\partial u_j}{\partial x_i}=\sum c_{\boldsymbol{kl}}{}^{ij}\boldsymbol{x}^{\boldsymbol{k}}\boldsymbol{u}^{\boldsymbol{l}}$$

において，$c_I{}^{ij}=0$，$c_{\boldsymbol{kl}}{}^{ij}=0\ (|\boldsymbol{k}|+|\boldsymbol{l}|<\nu+1;\ i=1,\cdots,r;\ j=1,\cdots,n)$，$c_{\boldsymbol{kl}}{}^{ij}=0\ (|\boldsymbol{k}|+|\boldsymbol{l}|<\nu;\ i=r+1,\cdots,m;\ j=1,\cdots,n)$ となる．

以上を総合して次の定理を得る．

定理 4.3 形式的に完全積分可能な形式的な Briot-Bouquet 型の全微分方程式

$$(4.55)\quad \begin{cases} x_i\dfrac{\partial y_j}{\partial x_i}=\sum \alpha_J{}^{ij}y_J+\sum a_I{}^{ij}x_I+\sum'' a_{kl}{}^{ij}\boldsymbol{x}^{\boldsymbol{k}}\boldsymbol{y}^{\boldsymbol{l}} & (i=1,\cdots,r), \\ \dfrac{\partial y_j}{\partial x_i}=\sum a_{kl}{}^{ij}\boldsymbol{x}^{\boldsymbol{k}}\boldsymbol{y}^{\boldsymbol{l}} & (i=r+1,\cdots,m) \end{cases}$$

に対して次の仮定をおく.

(1) 行列 $A^i=[\alpha_J{}^{ij}]$ の Jordan の標準形は対角型:

$$\begin{bmatrix} \lambda_1{}^{i1} & & 0 \\ & \ddots & \\ 0 & & \lambda_n{}^{in} \end{bmatrix} \qquad (i=1,\cdots,r).$$

(2) 各 $j\ (1\leqq j\leqq n)$ と $\boldsymbol{k}>0$ または $|\boldsymbol{l}|>1$ を満たす $(\boldsymbol{k},\boldsymbol{l})$ に対し

$$\lambda^{ij}\neq k+\sum_{J=1}^{n}l_J\lambda^{iJ}$$

を満たす $i\ (1\leqq i\leqq r)$ が存在する.

そのとき (4.55) を

$$\begin{cases} x_i\dfrac{\partial z_j}{\partial x_i}=\lambda^{ij}z_j, \\ \dfrac{\partial z_j}{\partial x_i}=0 \end{cases}$$

に変換する形式的変換

$$(4.56)\qquad y_j=\sum_{|\boldsymbol{k}|+|\boldsymbol{l}|=1}^{\infty}p_{kl}{}^{j}\boldsymbol{x}^{\boldsymbol{k}}\boldsymbol{z}^{\boldsymbol{l}}$$

が存在する. ——

b) 形式的変換の収束性

定理 4.4 Briot-Bouquet 型の全微分方程式 (4.55) の右辺はすべて収束べキ級数とする. 定理 4.3 の仮定 (1), (2) と次の仮定をおく.

(3) 各 $i\ (1\leqq i\leqq r)$ に対し, $1, \lambda_1{}^{i1}, \cdots, \lambda_n{}^{in}$ は原点を通る $\boldsymbol{C}$ 内の直線 L_i の一方の側にある.

そのとき, 形式的変換 (4.56) は収束する.

証明 前と同様なので道筋だけ述べよう.

まず，1次変換

$$y_j = \sum_{J=1}^{n} p_J{}^j z_J + \sum_{I=1}^{m} q_I{}^j x_I$$

を行っておいて，方程式 (4.55) は始めから

$$\begin{cases} x_i \dfrac{\partial y_j}{\partial x_i} = \lambda^{ij} y_j + \sum'' a_{kl}{}^{ij} \boldsymbol{x}^{\boldsymbol{k}} \boldsymbol{y}^{\boldsymbol{l}}, \\ \dfrac{\partial y_j}{\partial x_i} = \sum' a_{kl}{}^{ij} \boldsymbol{x}^{\boldsymbol{k}} \boldsymbol{y}^{\boldsymbol{l}} \end{cases}$$

であって，変換 (4.56) は

$$y_j = z_j + \sum'' p_{kl}{}^j \boldsymbol{x}^{\boldsymbol{k}} \boldsymbol{z}^{\boldsymbol{l}}$$

としてよい．変換 (4.56) の満たす方程式は

$$\sum''(k_i + \sum l_J \lambda^{iJ} - \lambda^{ij}) p_{kl}{}^j \boldsymbol{x}^{\boldsymbol{k}} \boldsymbol{z}^{\boldsymbol{l}} = \sum'' a_{kl}{}^{ij} \boldsymbol{x}^{\boldsymbol{k}} (\boldsymbol{z}+\cdots)^{\boldsymbol{l}},$$

$$\sum k_i p_{kl}{}^j \boldsymbol{x}^{\boldsymbol{k}} \boldsymbol{z}^{\boldsymbol{l}} = x_i \sum' a_{kl}{}^{ij} \boldsymbol{x}^{\boldsymbol{k}} (\boldsymbol{z}+\cdots)^{\boldsymbol{l}}$$

である．これから

$$(k_i + \sum l_J \lambda^{iJ} - \lambda^{ij}) p_{kl}{}^j = Q_{kl}(p_{KL}{}^J, a_{KL}{}^{ij}) \qquad (j=1, \cdots, r),$$

$$k_i p_{kl}{}^j = Q_{kl}{}^i(p_{KL}{}^J, a_{KL}{}^{ij}) \qquad (j=r+1, \cdots, m)$$

を得る．ここで Q_{kl} は $p_{KL}{}^J$ $(|\boldsymbol{K}|+|\boldsymbol{L}|<|\boldsymbol{k}|+|\boldsymbol{l}|;\ J=1, \cdots, n)$ と $a_{KL}{}^{ij}$ $(|\boldsymbol{K}|+|\boldsymbol{L}|<|\boldsymbol{k}|+|\boldsymbol{l}|)$ の多項式，$Q_{kl}{}^i$ は $p_{KL}{}^J$ $(|\boldsymbol{K}|+|\boldsymbol{L}|<|\boldsymbol{k}|+|\boldsymbol{l}|)$ と $a_{KL}{}^{ij}$ $(|\boldsymbol{K}|+|\boldsymbol{L}|<|\boldsymbol{k}|+|\boldsymbol{l}|)$ の多項式である．仮定 (3) から，任意の j, $(\boldsymbol{k}, \boldsymbol{l})$ に対し

$$|k_i + \sum_J l_J \lambda^{iJ} - \lambda^{ij}| \geqq \delta > 0$$

または

$$k_i \geqq 1 \geqq \delta$$

を満たす i $(1 \leqq i \leqq m)$ がとれる．収束ベキ級数 $\sum'' A_{kl} \boldsymbol{x}^{\boldsymbol{k}} \boldsymbol{y}^{\boldsymbol{l}}$ で $\sum'' a_{kl}{}^{ij} \boldsymbol{x}^{\boldsymbol{k}} \boldsymbol{y}^{\boldsymbol{l}}$ $(i=1, \cdots, r;\ j=1, \cdots, n)$，$x_i \sum' a_{kl}{}^{ij} \boldsymbol{x}^{\boldsymbol{k}} \boldsymbol{y}^{\boldsymbol{l}}$ $(i=r+1, \cdots, m;\ j=1, \cdots, n)$ の優級数になっているものをとる．$y_1, \cdots, y_n$ に関する方程式

$$\delta(y_j - z_j) = \sum'' A_{kl} \boldsymbol{x}^{\boldsymbol{k}} \boldsymbol{y}^{\boldsymbol{l}} \qquad (j=1, \cdots, n)$$

の $x=0$, $z=0$ で整型である解

$$y_j = z_j + \sum'' P_{kl}{}^j \boldsymbol{x}^{\boldsymbol{k}} \boldsymbol{z}^{\boldsymbol{l}}$$

は形式的変換の優級数であることが分る．▌

問　題

1　形式的 Briot-Bouquet の方程式

(1) $$x\frac{dy_j}{dx}=\delta^j y_{j-1}+\lambda^j y_j+a^j x+\sum{}'' a_{kl}x^k \boldsymbol{y}^{\boldsymbol{l}} \qquad (j=1,\cdots,n)$$

において，どの λ^j も正の整数に等しくなければ，(1) は次の形の形式解をただ一つもつことを証明せよ．

(2) $$y_j=\sum_{k=1}^{\infty}p_k{}^j x^k \qquad (j=1,\cdots,n).$$

λ^j のどれかが正の整数に等しいとき，(1) が (2) の形の形式解をもてば，(2) の形の形式解はどの位あるか．

2　Briot-Bouquet の方程式 (1) において，右辺は収束ベキ級数でかつ (1) は形式解 (2) をもつとする (λ^j のうち正の整数に等しいものがあってもよい)．そのとき形式解 (2) は収束することを示せ．

3　単独の Briot-Bouquet の方程式

(3) $$xy'=\lambda y+ax+\sum{}'' a_{kl}x^k y^l$$

において，λ は正の整数とする．(3) を方程式

$$xz'=\lambda z+bx^{\lambda}$$

に変換する形式的変換

$$y=z+px+\sum{}'' p_{kl}x^k z^l$$

は1個の任意定数を含むことを示せ．b は (3) から一意的に定まることを示せ．

4　完全積分可能な全微分方程式

(4) $$x_i\frac{\partial y_j}{\partial x_i}=\lambda^{ij}y_j+\sum_{I=1}^{m}a_I{}^j x_I+\sum{}'' a_{kl}{}^j \boldsymbol{x}^{\boldsymbol{k}}\boldsymbol{y}^{\boldsymbol{l}} \qquad (i=1,\cdots,m;\ j=1,\cdots,n)$$

において，λ^{ij} はどれも正の整数でないとき，(4) はただ一つの形式解

(5) $$y_j=\sum_{|\boldsymbol{k}|>0}p_{\boldsymbol{k}}{}^j \boldsymbol{x}^{\boldsymbol{k}}$$

をもつことを示せ．

5　前問において，(4) の右辺が収束ベキ級数のとき，形式解 (5) は収束することを示せ．

第5章　幾何学的理論

前章までは

$$\frac{dy_j}{dx}=f_j(x, y_1, \cdots, y_n) \qquad (j=1, \cdots, n)$$

の形の常微分方程式を考え，x は独立変数，$y_1, \cdots, y_n$ は従属変数，したがって，解とは x の関数であるとして考察を進めてきた．

これに対し，変数を独立変数，従属変数と区別せず，すべての変数は対等な資格をもつものとみなす立場がある．変数をあらためて $x_1, \cdots, x_n$ とし，さらに補助的変数 t を使い

$$\frac{dx_i}{dt}=f_i(x_1, \cdots, x_n) \qquad (i=1, \cdots, n)$$

の形の微分方程式，または

$$\frac{dx_1}{f_1(x_1, \cdots, x_n)}=\cdots=\frac{dx_n}{f_n(x_1, \cdots, x_n)}$$

の形の方程式を考えることである．$x_1, \cdots, x_n$ は空間の座標とみなすことができるので，このような立場を**幾何学的立場**といい，その理論を**幾何学的理論**という．これに対し，最初の立場は**関数論的立場**，その理論は**関数論的理論**といえる．

この二つのみかたは全微分方程式にも適用できる．

本章では，幾何学的立場から常微分方程式，全微分方程式を考察することにする．

§5.1　複素解析的ベクトル場

微分方程式

$$\frac{d\boldsymbol{x}}{dt}=\boldsymbol{f}(\boldsymbol{x}) \tag{5.1}$$

において，$\boldsymbol{x}=(x_1, \cdots, x_n)$ は $\boldsymbol{C}^n$ の点，$\boldsymbol{f}=(f_1, \cdots, f_n)$ は $\boldsymbol{C}^n$ の値をとるものとする．t は実数でも複素数でもよいが，以下では複素数とする．(5.1) を

(5.2)
$$\frac{dx_1}{f_1}=\cdots=\frac{dx_n}{f_n}$$

と書くこともある.

a) ベクトル場とその軌道

$\boldsymbol{C}^n$ の領域 $\mathcal{D}$ の各点 $\boldsymbol{x}$ に $\boldsymbol{C}^n$ のベクトルが対応しているとき，$\mathcal{D}$ に**複素ベクトル場**が定義されたという．$\mathcal{D}$ における複素ベクトル場 $\boldsymbol{x}\mapsto\boldsymbol{f}(\boldsymbol{x})$ に対し，$\boldsymbol{f}(\boldsymbol{x})$ が $\mathcal{D}$ において整型のとき，このベクトル場を $\mathcal{D}$ において**整型**であるという.

微分方程式 (5.1) において，$\boldsymbol{f}$ が $\mathcal{D}$ において整型であれば，対応 $\boldsymbol{x}\mapsto\boldsymbol{f}(\boldsymbol{x})$ によって $\mathcal{D}$ における整型なベクトル場が得られる．逆に，$\boldsymbol{x}\mapsto\boldsymbol{f}(\boldsymbol{x})$ が $\mathcal{D}$ において整型なベクトル場のとき，このベクトル場に微分方程式 (5.1) を対応させることができる．このようにして微分方程式 (5.1) とベクトル場 $\boldsymbol{x}\mapsto\boldsymbol{f}(\boldsymbol{x})$ を同一視できる.

$F:\mathcal{D}\to\boldsymbol{C}$ は $\mathcal{D}$ で整型とする．F が微分方程式 (5.1) の第1積分であるための必要十分条件は，F が $\mathcal{D}$ において

(5.3)
$$\sum_{i=1}^{n}f_i\frac{\partial F}{\partial x_i}=0$$

を満たすことである．ここで，1階線型偏微分作用素

(5.4)
$$X=\sum_{i=1}^{n}f_i\frac{\partial}{\partial x_i}$$

を考えよう．ベクトル場 $\boldsymbol{x}\mapsto\boldsymbol{f}(\boldsymbol{x})$ に (5.4) を対応させることにより，ベクトル場と1階線型偏微分作用素とを同一視し，$\mathcal{D}$ において**整型なベクトル場** X などといういい方もする．(5.3) の左辺を $X(F)$ で表す.

問 次のことを証明せよ.

(1) $X(aF+bG)=aX(F)+bX(G)\quad(a,b\in\boldsymbol{C})$.

(2) $X(FG)=X(F)\cdot G+F\cdot X(G)$.

(3) $X(\varphi(F))=\dfrac{d\varphi}{az}(F)\cdot X(F)\quad(\varphi(z)$ は1変数整型関数). ——

$\boldsymbol{f}:\mathcal{D}\to\boldsymbol{C}^n$ は $\mathcal{D}$ で整型とする．$\boldsymbol{f}(\boldsymbol{x})$ を $(t,\boldsymbol{x})$ の関数と考えると，$\boldsymbol{C}\times\mathcal{D}$ において整型であるから，定理1.4によって，任意の $t_0\in\boldsymbol{C}$ と $\boldsymbol{x}_0\in\mathcal{D}$ に対し，$t=t_0$ で整型かつ初期条件 $\boldsymbol{x}(t_0)=\boldsymbol{x}_0$ を満たす (5.1) の解 $\boldsymbol{x}=\boldsymbol{\varphi}(t)$ がただ一つ存在する．$\boldsymbol{\psi}(t)=\boldsymbol{\varphi}(t+t_0)$ とおけば，$\boldsymbol{\psi}(t)$ は $t=0$ で整型で $\boldsymbol{x}(0)=\boldsymbol{x}_0$ を満たす (5.1) の解

である．したがって，初期条件を考えるとき，$t=0$ としても一般性を失わない．

$\boldsymbol{x}=\boldsymbol{\varphi}(t)$ は $\boldsymbol{C}$ の領域 D で整型な (5.1) の解とする．そのとき，$\mathscr{D}$ 内の集合

$$\{\boldsymbol{\varphi}(t)\in\mathscr{D}\mid t\in D\}$$

を微分方程式 (5.1) または (5.2) またはベクトル場 (5.4) の**軌道**という．点 $\boldsymbol{x}_0\in\mathscr{D}$ において $\boldsymbol{f}(\boldsymbol{x}_0)\neq\boldsymbol{0}$ とする．$\boldsymbol{f}(\boldsymbol{x}_0)$ の成分の一つ，たとえば $f_1(\boldsymbol{x}_0)\neq 0$ とする．$t=0$ で整型で $\boldsymbol{x}(0)=\boldsymbol{x}_0$ を満たす (5.1) の解を $\boldsymbol{\varphi}(t)=(\varphi_1(t),\cdots,\varphi_n(t))$ とする．

$$\frac{d\varphi_1}{dt}=f_1(\varphi_1(t),\cdots,\varphi_n(t))$$

は $t=0$ で 0 でないから，$t=0$ の十分小さい近傍 U をとると，$x_1=\varphi_1(t)$ は U から x_1 平面の領域 V の上への整型な 1 対 1 写像となり，逆写像 $t=\phi_1(x_1)$ も V において整型となる．$\phi_i(x_1)=\varphi_i(\phi_1(x_1))$ $(i=2,\cdots,n)$ とおくと，ϕ_i も V において整型である．そのとき，

$$\{\boldsymbol{\varphi}(t)\mid t\in U\}=\{(x_1,\phi_2(x_1),\cdots,\phi_n(x_1))\mid x_1\in V\} \tag{5.5}$$

が成り立つ．$(\phi_2(x_1),\cdots,\phi_n(x_1))$ は微分方程式

$$\frac{dx_i}{dx_1}=\frac{f_i(x_1,\cdots,x_n)}{f_1(x_1,\cdots,x_n)}\qquad(i=2,\cdots,n) \tag{5.6}$$

の解であることは明らかであろう．

問　$f_1(\boldsymbol{x}_0)\neq 0$ とする．ここで $\boldsymbol{x}_0=(x_{10},\cdots,x_{n0})$．初期条件 $x_i(x_{10})=x_{i0}$ $(i=2,\cdots,n)$ を満たす (5.6) の解を $x_i=\phi_i(x_1)$ $(i=2,\cdots,n)$ とし，次に $\phi_1(x_1)$ を V で整型な

$$\frac{dt}{dx_1}=\frac{1}{f_1(x_1,\phi_2(x_1),\cdots,\phi_n(x_1))},\qquad t(x_{10})=0$$

の解とする．$t=\phi_1(x_1)$ の逆関数を $x_1=\varphi_1(t)$ とし，$\varphi_i(t)=\phi_i(\varphi_1(t))$ $(i=2,\cdots,n)$ とおくと，$\boldsymbol{\varphi}=(\varphi_1,\cdots,\varphi_n)$ は $t=0$ のとき $\boldsymbol{x}=\boldsymbol{x}_0$ となる (5.1) の解で (5.5) が成り立つことを示せ．

b）変数変換

$\boldsymbol{f}:\mathscr{D}\to\boldsymbol{C}^n$ は $\mathscr{D}$ において整型とする．微分方程式 (5.1) に対し変数変換

$$\boldsymbol{x}=\boldsymbol{p}(\boldsymbol{y}) \tag{5.7}$$

を考える．$\boldsymbol{p}:\varDelta\to\mathscr{D}$ は $\varDelta$ において整型かつ逆変換

$$\boldsymbol{y}=\boldsymbol{q}(\boldsymbol{x}) \tag{5.8}$$

をもち，$\boldsymbol{q}$ も $\mathscr{D}$ で整型とする．変換 (5.7) によって方程式 (5.1) が

$$\frac{d\boldsymbol{y}}{dt}=\boldsymbol{g}(\boldsymbol{y}) \tag{5.9}$$

に変換されたとすれば，

$$\boldsymbol{g}(\boldsymbol{y})=\left(\sum_{i=1}^{n}\frac{\partial \boldsymbol{q}}{\partial x_i}f_i\right)\circ\boldsymbol{p}=\sum_{i=1}^{n}\frac{\partial \boldsymbol{q}}{\partial x_i}(\boldsymbol{p}(\boldsymbol{y}))\cdot f_i(\boldsymbol{p}(\boldsymbol{y}))$$

であって，$\boldsymbol{g}$ は Δ で整型である．同様に，$\mathscr{D}$ において整型なベクトル場 X は Δ において整型なベクトル場

$$Y=\sum_{j=1}^{n}g_j(y)\frac{\partial}{\partial y_j} \tag{5.10}$$

に移る．$F(\boldsymbol{x})$ が (5.1) の第1積分ならば，$G(\boldsymbol{y})=(F\circ\boldsymbol{p})(\boldsymbol{y})=F(\boldsymbol{p}(\boldsymbol{y}))$ は (5.9) の第1積分である．

逆に，変換 (5.8) によって (5.9) は (5.1) に変換されて，

$$\boldsymbol{f}(\boldsymbol{x})=\left(\sum_{j=1}^{n}\frac{\partial \boldsymbol{p}}{\partial y_j}g_j\right)\circ\boldsymbol{q}=\sum_{j=1}^{n}\frac{\partial \boldsymbol{p}}{\partial y_j}(\boldsymbol{q}(\boldsymbol{x}))\cdot g_j(\boldsymbol{q}(\boldsymbol{x}))$$

が成り立ち，Y は X に移る．$G(\boldsymbol{y})$ が (5.9) の第1積分ならば，$F(\boldsymbol{x})=(G\circ\boldsymbol{q})(\boldsymbol{x})=G(\boldsymbol{q}(\boldsymbol{x}))$ は (5.1) の第1積分である．

定理 5.1 $\boldsymbol{f}(\boldsymbol{x}_0)\neq\boldsymbol{0}$ $(\boldsymbol{x}_0\in\mathscr{D})$ とする．そのとき，変換 (5.7) で次の性質をもつものが存在する．

(1) $\boldsymbol{p}(\boldsymbol{y})$ は $|\boldsymbol{y}|<r$ において整型で，$\boldsymbol{p}(\boldsymbol{0})=\boldsymbol{x}_0$．$|\boldsymbol{y}|<r$ の $\boldsymbol{p}$ による像を $\mathscr{U}$ とすれば，$\boldsymbol{q}$ は $\mathscr{U}$ において整型である．

(2) 変換 (5.7) によって (5.1) は

$$\begin{cases}\dfrac{dy_1}{dt}=1,\\[2ex] \dfrac{dy_i}{dt}=0 \qquad (i=2,\cdots,n)\end{cases} \tag{5.11}$$

に移る．

証明 $\boldsymbol{x}_0=\boldsymbol{0}$ と仮定してよい．さらに $f_1(\boldsymbol{0})\neq 0$ と仮定してよい．

方程式

$$\frac{dx_i}{dx_1}=\frac{f_i(x_1,\cdots,x_n)}{f_1(x_1,\cdots,x_n)} \qquad (i=2,\cdots,n) \tag{5.12}$$

の右辺はすべて $\boldsymbol{x}=\mathbf{0}$ において整型である．よって定理 2.3 により，変数変換

$$x_i = \varphi_i(x_1, z_2, \cdots, z_n) = z_i + x_1\tilde{\varphi}_i(x_1, z_2, \cdots, z_n) \qquad (i=2, \cdots, n) \tag{5.13}$$

が存在して，(5.12) は (5.13) により

$$\frac{dz_i}{dx_1} = 0 \qquad (i=2, \cdots, n) \tag{5.14}$$

に移る．ここで $\tilde{\varphi}_i$ は $x_1=z_2=\cdots=z_n=0$ で整型で，変換 (5.13) は逆変換

$$z_i = \psi_i(x_1, x_2, \cdots, x_n) = x_i + x_1\tilde{\psi}_i(x_1, \cdots, x_n) \qquad (i=2, \cdots, n)$$

をもつ．(5.12) が (5.13) によって (5.14) に移るから，

$$\frac{\partial\psi_i}{\partial x_1} + \sum_{j=2}^{n}\frac{\partial\psi_i}{\partial x_j}\frac{f_j}{f_1} \qquad (i=2, \cdots, n)$$

に (5.13) を代入したものが 0 である．したがって

$$\frac{\partial\psi_i}{\partial x_1} + \sum_{j=2}^{n}\frac{\partial\psi_i}{\partial x_j}\frac{f_j}{f_1} = 0 \qquad (i=2, \cdots, n),$$

すなわち

$$\sum_{j=1}^{n} f_j\frac{\partial\psi_i}{\partial x_j} = 0 \qquad (i=2, \cdots, n). \tag{5.15}$$

変換

$$\begin{cases} x_1 = \varphi_1(z_1, \cdots, z_n) = z_1, \\ x_i = \varphi_i(z_1, \cdots, z_n) \qquad (i=2, \cdots, n) \end{cases} \tag{5.16}$$

を (5.1) に行うと，(5.15) により，(5.1) は

$$\begin{cases} \dfrac{dz_1}{dt} = h_1(z_1, \cdots, z_n), \\ \dfrac{dz_i}{dt} = 0 \qquad (i=2, \cdots, n) \end{cases} \tag{5.17}$$

に変換される．(5.16) の逆変換は

$$\begin{cases} z_1 = \psi_1(x_1, \cdots, x_n) = x_1, \\ z_i = \psi_i(x_1, \cdots, x_n) \qquad (i=2, \cdots, n) \end{cases}$$

で，$h_1(z_1, \cdots, z_n)$ は

$$\sum_{j=1}^{n}\frac{\partial\psi_1}{\partial x_j}f_j = f_1$$

に (5.16) を代入したものである：

$$h_1(z_1, \cdots, z_n) = f_1(\varphi_1(\boldsymbol{z}), \cdots, \varphi_n(\boldsymbol{z})).$$

さらに変換

$$(5.18)\qquad \begin{cases} y_1 = \displaystyle\int_0^{z_1} \frac{dz_1}{f_1(\varphi_1(\boldsymbol{z}), \cdots, \varphi_n(\boldsymbol{z}))}, \\ y_i = z_i \qquad (i=2, \cdots, n) \end{cases}$$

を行う．仮定によって $f_1(\boldsymbol{0}) \neq 0$ であるから，この変換は $\boldsymbol{z}=\boldsymbol{0}$ で整型で $\boldsymbol{z}=\boldsymbol{0}$ を $\boldsymbol{y}=\boldsymbol{0}$ に移し，さらに逆変換をもち，逆変換も $\boldsymbol{y}=\boldsymbol{0}$ で整型である．変換 (5.18) によって方程式は (5.11) に移る．変換 (5.16) と (5.18) の逆変換を合成したものを (5.7) にとり，$\boldsymbol{r}$ を十分小さくとればよい．▌

系　ベクトル場 X は適当な変換 (5.7) によりベクトル場

$$Y = \frac{\partial}{\partial y_1}$$

に変換される．——

方程式 (5.11) は一般解

$$y_1 = t + C_1, \qquad y_i = C_i \quad (i=2, \cdots, n)$$

をもつから，(5.11) の軌道は y_1 軸に平行である．(5.11) は $n-1$ 個の第1積分 $y_2, \cdots, y_n$ をもつ．

問　変換

$$y_j = q_j(z_1, \cdots, z_n) \qquad (j=1, \cdots, n)$$

によって，(5.11) が

$$\frac{dz_1}{dt} = 1, \qquad \frac{dz_j}{dt} = 0 \qquad (j=2, \cdots, n)$$

に移るための必要十分条件は

$$q_1(z_1, \cdots, z_n) = z_1 + c \qquad (q_j(z_1, \cdots, z_n) \text{ は } z_2, \cdots, z_n \text{ の関数})$$

であることを示せ．これを利用し，定理の性質を満たす変換 (5.7) をすべて求めよ．ここで c は任意の定数である．

§5.2 ベクトル場の特異点

微分方程式

$$(5.1)\qquad \boldsymbol{x}' = \boldsymbol{f}(\boldsymbol{x})$$

の考察を続ける．$\boldsymbol{f}$ は領域 $\mathscr{D}$ において整型とする．$\mathscr{D}$ の点 $\boldsymbol{x}_0$ において $\boldsymbol{f}(\boldsymbol{x}_0)\neq\boldsymbol{0}$ ならば，定理 5.1 によって $\boldsymbol{x}_0$ の近傍内の軌道は素直である．

$\boldsymbol{f}(\boldsymbol{x}_0)=\boldsymbol{0}$ ($\boldsymbol{x}_0\in\mathscr{D}$) と仮定してみる．明らかに

$$\boldsymbol{x}=\boldsymbol{x}_0$$

は (5.1) の解であって，軌道は 1 点 $\boldsymbol{x}_0$ に退化してしまう．$\boldsymbol{f}(\boldsymbol{x}_0)=\boldsymbol{0}$ となる点 $\boldsymbol{x}_0$ を (5.1) またはベクトル場

$$X=\sum_{i=1}^{n}f_i\frac{\partial}{\partial x_i}$$

の**特異点**または**危点**などと呼ぶ．特異点の近傍における軌道は一般に極めて複雑になる．

以下，特異点について考える．$\boldsymbol{x}_0=\boldsymbol{0}$ と仮定しても一般性を失わない．

$\boldsymbol{x}=\boldsymbol{0}$ を特異点とし，$\boldsymbol{f}$ の $\boldsymbol{x}=\boldsymbol{0}$ での Taylor 展開を

$$f_i(x_1,\cdots,x_n)=\sum_{I=1}^{n}a_I{}^i x_I+\sum_{|\boldsymbol{k}|\geqq 2}a_{\boldsymbol{k}}{}^i\boldsymbol{x}^{\boldsymbol{k}}$$

とする．ここで $\boldsymbol{k}=(k_1,\cdots,k_n)$，$\boldsymbol{x}^{\boldsymbol{k}}=x_1{}^{k_1}\cdots x_n{}^{k_n}$ である．x_I の係数のつくる行列を

$$A=\begin{bmatrix}a_1{}^1 & \cdots & a_n{}^1\\ \vdots & & \vdots\\ a_1{}^n & \cdots & a_n{}^n\end{bmatrix}$$

とする．非退化行列 $P=[p_I{}^i]$ を適当にとって $P^{-1}AP$ を Jordan の標準形にする：

$$P^{-1}AP=\begin{bmatrix}\lambda^1 & & & \\ \delta^2 & \ddots & & \\ & \ddots & \ddots & \\ & & \delta^n & \lambda^n\end{bmatrix}\qquad (\delta^i=0 \text{ または } 1).$$

そのとき，1 次変換

$$x_i=p_1{}^i y_1+\cdots+p_n{}^i y_n\qquad (i=1,\cdots,n)$$

によって (5.1) は

$$y_i'=\delta^i y_{i-1}+\lambda^i y_i+\sum_{|\boldsymbol{k}|\geqq 2}{}''b_{\boldsymbol{k}}{}^i\boldsymbol{y}^{\boldsymbol{k}}$$

に移る．

記号節約のため，初めから (5.1) において A は Jordan の標準形になっていると仮定する：

(5.19) $$x_i' = \delta^i x_{i-1} + \lambda^i x_i + \sum_{|\boldsymbol{k}|\geqq 2} a_{\boldsymbol{k}}{}^i \boldsymbol{x}^{\boldsymbol{k}} \qquad (i=1,\cdots,n).$$

本節の目的は変換

(5.20) $$x_i = y_i + \sum_{|\boldsymbol{k}|\geqq 2} p_{\boldsymbol{k}}{}^i \boldsymbol{y}^{\boldsymbol{k}}$$

によって (5.19) をできるだけ簡単な方程式に変換することである．手法は既に前章で用いたものと同じものを使う．したがって，詳述はしない．

a）形式的変換

まず変換

(5.21) $$x_i = y_i + \sum_{|\boldsymbol{k}|=\nu} p_{\boldsymbol{k}}{}^i \boldsymbol{y}^{\boldsymbol{k}} \qquad (\nu\geqq 2)$$

によって (5.19) がどのような方程式に変換されるかを調べる．(5.21) の逆変換は

$$y_i = x_i - \sum_{|\boldsymbol{k}|=\nu} p_{\boldsymbol{k}}{}^i \boldsymbol{x}^{\boldsymbol{k}} + \cdots.$$

これから

$$y_i' = x_i' - \sum_{|\boldsymbol{k}|=\nu} \sum_{I=1}^{n} k_I p_{\boldsymbol{k}}{}^i \boldsymbol{x}^{\boldsymbol{k}-\boldsymbol{e}_I} x_I' + \cdots.$$

これに (5.19) を代入して

$$y_i' = \delta^i x_{i-1} + \lambda^i x_i + \sum_{|\boldsymbol{k}|=2}^{\nu} a_{\boldsymbol{k}}{}^i \boldsymbol{x}^{\boldsymbol{k}} - \sum_{|\boldsymbol{k}|=\nu} \sum_{I=1}^{n} k_I \lambda^I p_{\boldsymbol{k}}{}^i \boldsymbol{x}^{\boldsymbol{k}}$$
$$- \sum_{|\boldsymbol{k}|=\nu} \sum_{I=2}^{n} \delta^I (k_I+1) p_{\boldsymbol{k}-\boldsymbol{e}_{I-1}+\boldsymbol{e}_I}{}^i \boldsymbol{x}^{\boldsymbol{k}} + \cdots.$$

さらに (5.21) を代入して

$$y_i' = \delta^i y_{i-1} + \lambda^i y_i + \sum_{|\boldsymbol{k}|=2}^{\nu} a_{\boldsymbol{k}}{}^i \boldsymbol{y}^{\boldsymbol{k}} + \sum_{|\boldsymbol{k}|=\nu} \left(\lambda^i - \sum_{I=1}^{n} k_I \lambda^I\right) p_{\boldsymbol{k}}{}^i \boldsymbol{y}^{\boldsymbol{k}}$$
$$+ \sum_{|\boldsymbol{k}|=\nu} \delta^i p_{\boldsymbol{k}}{}^{i-1} \boldsymbol{y}^{\boldsymbol{k}} - \sum_{|\boldsymbol{k}|=\nu} \sum_{I=2}^{n} \delta^I (k_I+1) p_{\boldsymbol{k}-\boldsymbol{e}_{I-1}+\boldsymbol{e}_I}{}^i \boldsymbol{y}^{\boldsymbol{k}} + \cdots$$

を得る．したがって

(5.22) $$y_i' = \delta^i y_{i-1} + \lambda^i y_i + \sum_{|\boldsymbol{k}|=2}^{\infty} b_{\boldsymbol{k}}{}^i \boldsymbol{y}^{\boldsymbol{k}} \qquad (i=1,\cdots,n)$$

とおけば，

$$b_{\boldsymbol{k}}{}^{i} = \begin{cases} a_{\boldsymbol{k}}{}^{i} & (|\boldsymbol{k}|<\nu) \\ a_{\boldsymbol{k}}{}^{i}+\left(\lambda^{i}-\sum_{I=1}^{n}k_{I}\lambda^{I}\right)p_{\boldsymbol{k}}{}^{i}+\delta^{i}p_{\boldsymbol{k}}{}^{i-1}-\sum_{I=2}^{n}\delta^{I}(k_{I}+1)p_{\boldsymbol{k}-\boldsymbol{e}_{I-1}+\boldsymbol{e}_{I}}{}^{i} & (|\boldsymbol{k}|=\nu) \end{cases}$$

を得る．$(i, \boldsymbol{k})$ $(\iota=1, \cdots, n;\ |\boldsymbol{k}|=\nu)$ に§4.2, b) と同様な順序を与え，この順序に従い，

(5.23)
$$\lambda^{i}-\sum k_{I}\lambda^{I} \neq 0$$

ならば $b_{\boldsymbol{k}}{}^{i}=0$ となるように $p_{\boldsymbol{k}}{}^{i}$ をきめ，

(5.24)
$$\lambda^{i}-\sum k_{I}\lambda^{I} = 0$$

ならば $p_{\boldsymbol{k}}{}^{i}$ を任意にとる．

以上の考察から，次の定理を得る．

定理 5.2　方程式 (5.19) に対し，変換された方程式 (5.22) において (5.23) が成り立てば，形式的変換 (5.20) を $b_{\boldsymbol{k}}{}^{i}=0$ となるようにとれる．特に，すべての $i=1, \cdots, n$ と $\boldsymbol{k}$ $(|\boldsymbol{k}|\geqq 2)$ に対して (5.23) が成り立てば，(5.22) として

$$y_{i}' = \delta^{i}y_{i-1}+\lambda^{i}y_{i} \qquad (i=1, \cdots, n)$$

がとれる．——

さて，§4.2, c) で使った条件と同様な条件：

(5.25)　$\lambda^{1}, \cdots, \lambda^{n}$ は原点を通る $\boldsymbol{C}$ 内の直線 L の一方側にある

を仮定すると，前と同様な推論で，(5.24) が成り立つような $(i, \boldsymbol{k})$ の組は有限個であることが分る．$v(\lambda)$ は λ から L までの距離とし，

(5.26)
$$v(\lambda^{1}) \leqq v(\lambda^{2}) \leqq \cdots \leqq v(\lambda^{n})$$

とすると，(5.24) が成り立っていれば $k_{I}=0$ $(I\geqq i)$ がいえる．したがって，仮定 (5.25), (5.26) のもとで方程式 (5.22) は

(5.27)
$$\begin{cases} y_{1}' = \lambda^{1}y_{1} \\ y_{2}' = \delta^{2}y_{1}+\lambda^{2}y_{2}+b_{2}(y_{1}) \\ \qquad\cdots\cdots\cdots\cdots\cdots \\ y_{n}' = \delta^{n}y_{n-1}+\lambda^{n}y_{n}+b_{n}(y_{1}, \cdots, y_{n-1}) \end{cases}$$

となる．ここで $b_{i}(y_{1}, \cdots, y_{i-1})$ は $y_{1}, \cdots, y_{i-1}$ の2次以上の項からなる多項式である．この方程式は求積法によって逐次解ける．

b）形式解の収束性

定理 5.3　方程式 (5.19) に対し，右辺は収束ベキ級数でかつ

(1) $\delta^i = 0 \quad (i=2, \cdots, n)$,

(2) すべての i $(1 \leqq i \leqq n)$ と $\boldsymbol{k}$ $(|\boldsymbol{k}| \geqq 2)$ に対し

$$\lambda^i \neq \sum k_I \lambda^I,$$

(3) 条件 (5. 25) が成り立つ,

ことを仮定する．そのとき，(5. 19) を

$$(5.28) \qquad y_i' = \lambda^i y_i \qquad (i=1, \cdots, n)$$

へ変換する形式的変換 (5. 20) は収束する．

証明 前と同様，優級数法によって証明する．方針は前と同じであるから簡単に述べる．

$$x_i = y_i + \sum{}'' p_{\boldsymbol{k}}{}^i \boldsymbol{y}^{\boldsymbol{k}}$$

の両辺を微分して,

$$x_i' = y_i' + \sum_{I=1}^{n} \sum{}'' k_I p_{\boldsymbol{k}}{}^i \boldsymbol{y}^{\boldsymbol{k}-\boldsymbol{e}_I} y_I'.$$

これに (5. 19) と (5. 28) を代入して

$$\lambda^i x_i + \sum{}'' a_{\boldsymbol{k}}{}^i \boldsymbol{x}^{\boldsymbol{k}} = \lambda^i y_i + \sum{}'' \sum_{I=1}^{n} k_I \lambda^I p_{\boldsymbol{k}}{}^i \boldsymbol{y}^{\boldsymbol{k}}.$$

左辺に (5. 20) を代入し，両辺を入れかえて

$$\sum{}'' \sum_{I=1}^{n} k_I \lambda^I p_{\boldsymbol{k}}{}^i \boldsymbol{y}^{\boldsymbol{k}} = \sum{}'' \lambda^i p_{\boldsymbol{k}}{}^i \boldsymbol{y}^{\boldsymbol{k}} + \sum{}'' a_{\boldsymbol{k}}{}^i \Big(\boldsymbol{y} + \sum_{\boldsymbol{K}}{}'' \boldsymbol{p}_{\boldsymbol{K}} \boldsymbol{y}^{\boldsymbol{K}}\Big)^{\boldsymbol{k}}.$$

これから

$$\sum{}'' \Big(\sum_{I=1}^{n} k_I \lambda^I - \lambda^i\Big) p_{\boldsymbol{k}}{}^i \boldsymbol{y}^{\boldsymbol{k}} = \sum{}'' a_{\boldsymbol{k}}{}^i \Big(\boldsymbol{y} + \sum{}'' \boldsymbol{p}_{\boldsymbol{K}} \boldsymbol{y}^{\boldsymbol{K}}\Big)^{\boldsymbol{k}}$$

を得る．仮定 (3) から

$$\Big|\sum k_I \lambda^I - \lambda^i\Big| \geqq \delta > 0 \qquad (i=1, \cdots, n;\ |\boldsymbol{k}| \geqq 2)$$

を満たす正の数 δ がとれる．収束べキ級数 $\sum'' A_{\boldsymbol{k}}{}^i \boldsymbol{x}^{\boldsymbol{k}}$ を $\sum'' a_{\boldsymbol{k}}{}^i \boldsymbol{x}^{\boldsymbol{k}}$ の優級数であるようにとり，$x_1, \cdots, x_n$ の方程式

$$\delta(x_i - y_i) = \sum{}'' A_{\boldsymbol{k}}{}^i \boldsymbol{x}^{\boldsymbol{k}}$$

を考える．この方程式は収束べキ級数解

$$x_i = y_i + \sum{}'' P_{\boldsymbol{k}}{}^i \boldsymbol{y}^{\boldsymbol{k}}$$

を持ち，$\sum'' P_{\boldsymbol{k}}{}^i \boldsymbol{y}^{\boldsymbol{k}}$ は $\sum'' p_{\boldsymbol{k}}{}^i \boldsymbol{y}^{\boldsymbol{k}}$ の優級数であることがいえる．▌

形式的変換 (5.20) の収束をいうためには仮定 (3) で十分であることが知られている．その際，変換された方程式は (5.27) となる．

定理 5.2, 5.3 をベクトル場に対する定理にいいかえることは容易である．読者にまかせる．

c) 第1積分

簡単のため，方程式 (5.19) に対し，定理 5.3 の条件 (1), (2), (3) を仮定する．(5.19) は整型な変換

$$x_i = p_i(y_1, \cdots, y_n) = y_i + \sum{}'' p_{\boldsymbol{k}}{}^i \boldsymbol{y}^{\boldsymbol{k}}$$

によって方程式 (5.28) に移った．この変換の逆変換も整型で

$$y_i = q_i(x_1, \cdots, x_n) = x_i + \sum{}'' q_{\boldsymbol{k}}{}^i \boldsymbol{x}^{\boldsymbol{k}}$$

と書ける．方程式 (5.28) は一般解

$$y_i = C_i e^{\lambda_i t} \qquad (C_i \text{ は任意定数})$$

をもつ．これから t を消去して

$$y_i{}^{1/\lambda_i} y_1{}^{-1/\lambda_1} = C_i{}^{1/\lambda_i} C_1{}^{-1/\lambda_1} \qquad (i=2, \cdots, n)$$

を得る．このことは

$$y_i{}^{1/\lambda_i} y_1{}^{-1/\lambda_1} \qquad (i=2, \cdots, n)$$

は (5.28) の第1積分であることを示している．したがって

$$q_i(x_1, \cdots, x_n)^{1/\lambda_i} q_1(x_1, \cdots, x_n)^{-1/\lambda_1} \qquad (i=2, \cdots, n)$$

は (5.19) の第1積分である．

(5.28) に対応するベクトル場

$$Y = \sum_{i=1}^{n} \lambda^i y_i \frac{\partial}{\partial y_i}$$

に対し

$$Y(y_i) = \lambda^i y_i \qquad (i=1, \cdots, n)$$

である．このことから

$$X(q_i(x_1, \cdots, x_n)) = \lambda^i q_i(x_1, \cdots, x_n) \qquad (i=1, \cdots, n)$$

がいえる．

問 次のことを証明せよ．

$$X(F) = \lambda F \Leftrightarrow X(\log F^{1/\lambda}) = 1,$$

$$X(\log F^{1/\lambda}) = 1,\ X(\log G^{1/\mu}) = 1 \Longrightarrow X(F^{1/\lambda} G^{-1/\mu}) = 0.$$

§5.3 全微分方程式の幾何学的意味

第3章で

$$\frac{\partial y_j}{\partial x_i}=f_{ij} \qquad (i=1,\cdots,m;\ j=1,\cdots,n)$$

の形の連立偏微分方程式を

$$dy_j=\sum_{i=1}^{m}f_{ij}dx_i \qquad (j=1,\cdots,n)$$

とも書くと述べた．これをさらに

$$dy_j-\sum_{i=1}^{m}f_{ij}dx_i=0 \qquad (j=1,\cdots,n)$$

と書くこともできる．

これを一般化し，

$$\sum_{j=1}^{n}a_{ij}(x_1,\cdots,x_n)dx_j=0 \qquad (i=1,\cdots,r)$$

の形の方程式を考え，これをやはり**全微分方程式**という．

a) 微分形式

$$\omega=\sum_{j=1}^{n}a_j(x_1,\cdots,x_n)dx_j$$

の形の式を**1次微分形式**または **Pfaff 形式**という．この概念を拡張しよう．

関数 $a(x_1,\cdots,x_n)$ を**0次の微分形式**という．

$1\leqq p\leqq n$ なる p に対し，

$$\sum_{\substack{1\leqq i_1\leqq n\\ \cdots\\ 1\leqq i_p\leqq n}}a_{i_1\cdots i_p}(x_1,\cdots,x_n)dx_{i_1}\wedge dx_{i_2}\wedge\cdots\wedge dx_{i_p} \tag{5.29}$$

の形の式を **p 次の微分形式**という．ただし，次の規約をおく．$i_1,\cdots,i_p$ のうち同じ番号があれば

$$dx_{i_1}\wedge dx_{i_2}\wedge\cdots\wedge dx_{i_p}=0,$$

したがって，$a_{i_1\cdots i_p}dx_{i_1}\wedge dx_{i_2}\wedge\cdots\wedge dx_{i_p}$ を (5.29) から取り去ってよい．$i_1,\cdots,i_p$ は互いに異なり，$j_1,\cdots,j_p$ も互いに異なり，$(j_1,\cdots,j_p)$ は $(i_1,\cdots,i_p)$ から偶置換によって得られるならば

$$dx_{i_1}\wedge\cdots\wedge dx_{i_p}=dx_{j_1}\wedge\cdots\wedge dx_{j_p},$$

$(j_1,\cdots,j_p)$ が $(i_1,\cdots,i_p)$ から奇置換によって得られるとすれば

$$dx_{i_1}\wedge\cdots\wedge dx_{i_p} = -dx_{j_1}\wedge\cdots\wedge dx_{j_p}$$

とする．この規約によって，(5.29) において $(i_1, \cdots, i_p)$ のうち同じ番号があれば取り去り，$\{1, \cdots, n\}$ から p 個とる組合せ $\{i_1, \cdots, i_p\}$ についての和に書くことができる．さらに組合せ $\{i_1, \cdots, i_p\}$ において $i_1<i_2<\cdots<i_p$ としてもよい．したがって，(5.29) を整理して

$$\sum_{i_1<\cdots<i_p} b_{i_1\cdots i_p}(\boldsymbol{x})dx_{i_1}\wedge\cdots\wedge dx_{i_p}$$

の形に書くことができる．

微分形式 (5.29) において，係数 $a_{i_1\cdots i_p}(\boldsymbol{x})$ がすべて $\boldsymbol{C}^n$ の領域 $\mathscr{D}$ において整型のとき，(5.29) は $\mathscr{D}$ において**整型**であるという．以下微分形式は整型とする．

例 5.1　3変数 x, y, z の1次，2次，3次の微分形式は

$$a(x, y, z)dx+b(x, y, z)dy+c(x, y, z)dz,$$
$$a(x, y, z)dx\wedge dy+b(x, y, z)dy\wedge dz+c(x, y, z)dz\wedge dx,$$
$$a(x, y, z)dx\wedge dy\wedge dz$$

の形に書くことができる．——

二つの p 次微分形式

$$\omega = \sum_{i_1, \cdots, i_p} a_{i_1\cdots i_p}(\boldsymbol{x})dx_{i_1}\wedge\cdots\wedge dx_{i_p},$$
$$\theta = \sum_{i_1, \cdots, i_p} b_{i_1\cdots i_p}(\boldsymbol{x})dx_{i_1}\wedge\cdots\wedge dx_{i_p}$$

の和 $\omega+\theta$ を

$$\omega+\theta = \sum(a_{i_1\cdots i_p}(\boldsymbol{x})+b_{i_1\cdots i_p}(\boldsymbol{x}))dx_{i_1}\wedge\cdots\wedge dx_{i_p}$$

によって定義する．

p 次微分形式

$$\omega = \sum a_{i_1\cdots i_p}(\boldsymbol{x})dx_{i_1}\wedge\cdots\wedge dx_{i_p}$$

と q 次微分形式

$$\theta = \sum b_{j_1\cdots j_q}(\boldsymbol{x})dx_{j_1}\wedge\cdots\wedge dx_{j_q}$$

に対し，ω と θ との**外積**といわれる積——これを $\omega\wedge\theta$ と書く——を

$$\omega\wedge\theta = \sum_{j_1, \cdots, j_q}\sum_{i_1, \cdots, i_p} a_{i_1\cdots i_p}(\boldsymbol{x})b_{j_1\cdots j_q}(\boldsymbol{x})dx_{i_1}\wedge\cdots\wedge dx_{i_p}\wedge dx_{j_1}\wedge\cdots\wedge dx_{j_q}$$

によって定義する．$i_1, \cdots, i_p$, $j_1, \cdots, j_q$ のうち同じ番号があればもちろん $dx_{i_1}\wedge\cdots\wedge dx_{i_p}\wedge dx_{j_1}\wedge\cdots\wedge dx_{j_q}=0$ である．

例 5.2
$$(a_1dx_1+\cdots+a_ndx_n)\wedge(b_1dx_1+\cdots+b_ndx_n)$$
$$=\sum_{i<j}(a_ib_j-a_jb_i)\,dx_i\wedge dx_j. \qquad ——$$

規約に従い，ω が1次以上の微分形式ならばつねに

$$\omega\wedge\omega=0.$$

ω が p 次微分形式，θ が q 次微分形式ならば

$$\omega\wedge\theta=(-1)^{pq}\theta\wedge\omega. \tag{5.30}$$

問 (5.30) を証明せよ．——

微分形式 ω に対し，その**外微分**——$d\omega$ と書く——というものを定義できる．

0次微分形式 f に対しては，

$$df=\sum_{i=1}^{n}\frac{\partial f}{\partial x_i}dx_i$$

と定義する．1次以上の微分形式

$$\omega=\sum a_{i_1\cdots i_p}dx_{i_1}\wedge\cdots\wedge dx_{i_p}$$

に対しては，$d\omega$ を

$$d\omega=\sum da_{i_1\cdots i_p}\wedge dx_{i_1}\wedge\cdots\wedge dx_{i_p}$$

によって定義する．

二つの0次形式 f, g に対して明らかに

$$d(fg)=df\cdot g+f\cdot dg$$

が成り立つ．p 次の形式 ω と q 次の形式 θ に対しては

$$d(\omega\wedge\theta)=d\omega\wedge\theta+(-1)^{p}\omega\wedge d\theta \tag{5.31}$$

が成り立つ．また，任意の形式 ω に対し

$$d(d\omega)=0. \tag{5.32}$$

(5.31) と (5.32) の証明は難しくないが，念のため証明を与えておこう．簡単のため，次の記法を使う．

$$\boldsymbol{i}=(i_1,\cdots,i_p),\qquad dx^{\boldsymbol{i}}=dx_{i_1}\wedge\cdots\wedge dx_{i_p},$$
$$\omega=\sum a_{\boldsymbol{i}}dx^{\boldsymbol{i}},\qquad \theta=\sum b_{\boldsymbol{j}}dx^{\boldsymbol{j}}.$$

さて

$$d(\omega\wedge\theta)=d(\sum a_{\boldsymbol{i}}b_{\boldsymbol{j}}dx^{\boldsymbol{i}}\wedge dx^{\boldsymbol{j}})=\sum d(a_{\boldsymbol{i}}b_{\boldsymbol{j}})\wedge dx^{\boldsymbol{i}}\wedge dx^{\boldsymbol{j}}$$
$$=\sum(da_{\boldsymbol{i}}\cdot b_{\boldsymbol{j}}+a_{\boldsymbol{i}}\cdot db_{\boldsymbol{j}})\wedge dx^{\boldsymbol{i}}\wedge dx^{\boldsymbol{j}}$$

$$= \sum da_i \wedge dx^i \wedge b_j dx^j + \sum a_i \cdot db_j \wedge dx^i \wedge dx^j$$
$$= d\omega \wedge \theta + (-1)^p \omega \wedge d\theta.$$

次に

$$d(d\omega) = d\left(\sum da_i \wedge dx^i\right) = d\left(\sum_i \sum_k \frac{\partial a_i}{\partial x_k} dx_k \wedge dx^i\right)$$
$$= \sum_i \sum_k d\left(\frac{\partial a_i}{\partial x_k}\right) dx_k \wedge dx^i$$
$$= \sum_i \sum_k \sum \frac{\partial^2 a_i}{\partial x_l \partial x_k} dx_l \wedge dx_k \wedge dx^i$$
$$= \sum_i \sum_{k<l} \left(\frac{\partial^2 a_i}{\partial x_l \partial x_k} - \frac{\partial^2 a_i}{\partial x_k \partial x_l}\right) dx_k \wedge dx_l \wedge dx^i$$
$$= 0.$$

b）写像と微分形式

微分形式

$$\omega = \sum a_{i_1 \cdots i_p}(\boldsymbol{x}) dx_{i_1} \wedge \cdots \wedge dx_{i_p}$$

は $\boldsymbol{C}^n$ の領域 $\mathcal{D}$ において整型とする．Δ は $\boldsymbol{C}^m$ の領域で，$\boldsymbol{\varphi}$: $\Delta \to \mathcal{D}$: $\boldsymbol{y} \mapsto \boldsymbol{\varphi}(\boldsymbol{y})$ は Δ から $\mathcal{D}$ への整型写像とする．

$$x_i = \varphi_i(y_1, \cdots, y_m) \qquad (i=1, \cdots, n)$$

とおき，

$$dx_i = \sum_{j=1}^m \frac{\partial \varphi_i}{\partial y_j} dy_j$$

を ω に代入すれば，Δ において整型な微分形式

$$\sum_{i_1, \cdots, i_p} (a_{i_1 \cdots i_p} \circ \boldsymbol{\varphi}) \left(\sum_{j_1=1}^m \frac{\partial \varphi_{i_1}}{\partial y_{j_1}} dy_{j_1}\right) \wedge \cdots \wedge \left(\sum_{j_p=1}^m \frac{\partial \varphi_{i_p}}{\partial y_{j_p}} dy_{j_p}\right)$$
$$= \sum_{j_1, \cdots, j_p} \left(\sum_{i_1, \cdots, i_p} a_{i_1 \cdots i_p} \circ \boldsymbol{\varphi} \frac{\partial \varphi_{i_1}}{\partial y_{j_1}} \cdots \frac{\partial \varphi_{i_p}}{\partial y_{j_p}}\right) dy_{j_1} \wedge \cdots \wedge dy_{j_p}$$

を得る．これを $\omega \circ \boldsymbol{\varphi}$ で表そう．($\boldsymbol{\varphi}^* \omega$ と書くこともある.)

次の公式が成り立つ．

(5.33)　$$(\omega \wedge \theta) \circ \boldsymbol{\varphi} = (\omega \circ \boldsymbol{\varphi}) \wedge (\theta \circ \boldsymbol{\varphi}),$$

(5.34)　$$d(\omega \circ \boldsymbol{\varphi}) = (d\omega) \circ \boldsymbol{\varphi}.$$

(5.33) の証明は難しくないから省略し，(5.34) だけ証明する．f が 0 次の微分

形式のとき,

$$d(f\circ\boldsymbol{\varphi})=\sum_{j=1}^{m}\frac{\partial}{\partial y_j}(f\circ\boldsymbol{\varphi})\,dy_j=\sum_{j=1}^{m}\sum_{i=1}^{n}\left(\frac{\partial f}{\partial x_i}\circ\boldsymbol{\varphi}\right)\frac{\partial\varphi_i}{\partial y_j}dy_j.$$

一方

$$df\circ\boldsymbol{\varphi}=\left(\sum_{i=1}^{n}\frac{\partial f}{\partial x_i}dx_i\right)\circ\boldsymbol{\varphi}=\sum_{i=1}^{n}\frac{\partial f}{\partial x_i}\circ\boldsymbol{\varphi}\sum_{j=1}^{m}\frac{\partial\varphi_i}{\partial y_j}dy_j.$$

これから，$d(f\circ\boldsymbol{\varphi})=df\circ\boldsymbol{\varphi}$ が得られる．特に，$d(x_i\circ\boldsymbol{\varphi})=dx_i\circ\boldsymbol{\varphi}$ である．

$$\omega=\sum a_{i_1\cdots i_p}(\boldsymbol{x})\,dx_{i_1}\wedge\cdots\wedge dx_{i_p}$$

とすると，

$$\begin{aligned}\omega\circ\boldsymbol{\varphi}&=\sum_{i_1,\cdots,i_p}(a_{i_1\cdots i_p}\circ\boldsymbol{\varphi})(dx_{i_1}\circ\boldsymbol{\varphi})\wedge\cdots\wedge(dx_{i_p}\circ\boldsymbol{\varphi})\\&=\sum_{i_1,\cdots,i_p}(a_{i_1\cdots i_p}\circ\boldsymbol{\varphi})\,d(x_{i_1}\circ\boldsymbol{\varphi})\wedge\cdots\wedge d(x_{i_p}\circ\boldsymbol{\varphi}).\end{aligned}$$

(5.31) を使って

$$\begin{aligned}d(\omega\circ\boldsymbol{\varphi})&=\sum_{i_1,\cdots,i_p}d(a_{i_1\cdots i_p}\circ\boldsymbol{\varphi})\wedge d(x_{i_1}\circ\boldsymbol{\varphi})\wedge\cdots\wedge d(x_{i_p}\circ\boldsymbol{\varphi})\\&=\sum(da_{i_1\cdots i_p}\circ\boldsymbol{\varphi})\wedge(dx_{i_1}\circ\boldsymbol{\varphi})\wedge\cdots\wedge(dx_{i_p}\circ\boldsymbol{\varphi})\\&=d\omega\circ\boldsymbol{\varphi}.\end{aligned}$$

c) 全微分方程式の積分多様体

r 個の 1 次微分形式

$$\omega_i=\sum_{j=1}^{n}a_{ij}(\boldsymbol{x})\,dx_j\qquad(i=1,\cdots,r)$$

はすべて $\boldsymbol{C}^n$ の領域 $\mathcal{D}$ において整型とする．$\mathcal{D}$ において整型な 1 次微分形式

$$\omega=\sum a_j(\boldsymbol{x})\,dx_j$$

に対し，$\mathcal{D}$ において整型な関数 $\lambda_1(\boldsymbol{x}),\cdots,\lambda_r(\boldsymbol{x})$ がとれて

$$\sum\lambda_i\omega_i=\omega\tag{5.35}$$

が成り立つとき，すなわち

$$\sum_{i=1}^{r}\lambda_i(\boldsymbol{x})\,a_{ij}(\boldsymbol{x})=a_j(\boldsymbol{x})$$

が成り立つとき，ω は $\mathcal{D}$ において $\omega_1,\cdots,\omega_r$ の **1 次結合**であるという．ω が $\mathcal{D}$ において $\omega_1,\cdots,\omega_r$ の 1 次結合のとき，ω は $\mathcal{D}$ において $\omega_1,\cdots,\omega_r$ に対し **1 次従属**，そうでないとき，ω は $\mathcal{D}$ において $\omega_1,\cdots,\omega_r$ に対し **1 次独立**であるという．

$\omega_1, \cdots, \omega_r$ のどれかが $\mathcal{D}$ において残りの $r-1$ 個の微分形式の1次結合となるとき，$\omega_1, \cdots, \omega_r$ は $\mathcal{D}$ において**1次従属**，そうでないとき，$\omega_1, \cdots, \omega_r$ は $\mathcal{D}$ において**1次独立**であるという．行列

$$\begin{bmatrix} a_{11}(\boldsymbol{x}) & \cdots & a_{1n}(\boldsymbol{x}) \\ & \cdots\cdots & \\ a_{r1}(\boldsymbol{x}) & \cdots & a_{rn}(\boldsymbol{x}) \end{bmatrix}$$

の位数が $\mathcal{D}$ の1点 $\boldsymbol{x}_0$ で r のとき，$\omega_1, \cdots, \omega_r$ は $\mathcal{D}$ において1次独立である．

さて，全微分方程式系

$$(5.36)\qquad \omega_i = \sum_{j=1}^{n} a_{ij}(\boldsymbol{x})\,dx_j = 0 \qquad (i=1, \cdots, r)$$

を考える．ω_i はすべて $\mathcal{D}$ において整型とする．$\boldsymbol{C}^m$ の領域 $\varDelta$ から $\mathcal{D}$ への整型写像

$$(5.37)\qquad x_i = \varphi_i(t_1, \cdots, t_m) \qquad (i=1, \cdots, n)$$

に対し，$\varDelta$ において

$$\omega_i \circ \boldsymbol{\varphi} = 0 \qquad (i=1, \cdots, r)$$

が成り立つとき，すなわち

$$\sum_{j=1}^{n} (a_{ij} \circ \boldsymbol{\varphi}) \frac{\partial \varphi_j}{\partial t_k} = 0 \qquad (k=1, \cdots, m;\ i=1, \cdots, r)$$

が成り立つとき，(5.37) を (5.36) の**解**といい，$\mathcal{D}$ の集合

$$\{\boldsymbol{x} = \boldsymbol{\varphi}(\boldsymbol{t}) \mid \boldsymbol{t} \in \varDelta\}$$

を (5.36) の**積分多様体**という．$\mathcal{D}$ で整型な1次微分形式 ω が $\omega_1, \cdots, \omega_r$ の1次結合で (5.35) と表されていれば，

$$\omega \circ \boldsymbol{\varphi} = \sum (\lambda_i \circ \boldsymbol{\varphi})(\omega_i \circ \boldsymbol{\varphi}) = 0$$

となる．このことから，全微分方程式系 (5.36) において $\omega_1, \cdots, \omega_r$ は $\mathcal{D}$ において1次独立であるとしてよい．

他の全微分方程式系

$$(5.38)\qquad \theta_i = \sum b_{ij}(\boldsymbol{x})\,dx_j \qquad (i=1, \cdots, s)$$

に対し，$\theta_1, \cdots, \theta_s$ はすべて $\mathcal{D}$ において $\omega_1, \cdots, \omega_r$ の1次結合であり，逆に $\omega_1, \cdots, \omega_r$ が $\mathcal{D}$ において $\theta_1, \cdots, \theta_s$ の1次結合であれば――そのとき (5.36) と (5.38) は $\mathcal{D}$ において**同値**であるという――，(5.36) の解は (5.38) の解であり，(5.38)

の解は(5.36)の解である．したがって，同値な方程式系の解，および積分多様体はまったく同じである．

(5.36)の解(5.37)に対し

$$x_{0i} = \varphi_i(t_{01}, \cdots, t_{0m}) \qquad (i=1, \cdots, n)$$

とすれば，(5.36)の積分多様体は $\mathscr{D}$ の点 $\boldsymbol{x}_0=(x_{01}, \cdots, x_{0n})$ を通るという．$\boldsymbol{t}_0=(t_{01}, \cdots, t_{0m})$ において Jacobi 行列

$$\begin{bmatrix} \dfrac{\partial\varphi_1}{\partial t_1} & \cdots & \dfrac{\partial\varphi_n}{\partial t_1} \\ & \cdots\cdots & \\ \dfrac{\partial\varphi_1}{\partial t_m} & \cdots & \dfrac{\partial\varphi_n}{\partial t_m} \end{bmatrix}$$

の位数が $\boldsymbol{m}$ であったとする．たとえば，$\boldsymbol{t}=\boldsymbol{t}_0$ で

$$\det\begin{bmatrix} \dfrac{\partial\varphi_1}{\partial t_1} & \cdots & \dfrac{\partial\varphi_m}{\partial t_1} \\ & \cdots\cdots & \\ \dfrac{\partial\varphi_1}{\partial t_m} & \cdots & \dfrac{\partial\varphi_m}{\partial t_m} \end{bmatrix} \neq 0$$

としよう．すると，陰関数の定理によって，

$$x_i = \varphi_i(t_1, \cdots, t_m) \qquad (i=1, \cdots, m)$$

は逆に

$$t_i = \psi_i(x_1, \cdots, x_m) \qquad (i=1, \cdots, m)$$

と解けて，ψ_i は $\boldsymbol{x}_0$ の近傍で整型で $t_{0i}=\psi_i(x_{01}, \cdots, x_{0m})$ となる．これを

$$x_i = \varphi_i(t_1, \cdots, t_m) \qquad (i=m+1, \cdots, n)$$

に代入して

$$x_i = \phi_i(x_1, \cdots, x_m) \qquad (i=m+1, \cdots, n)$$

となり，$x_{0i}=\phi_i(x_{01}, \cdots, x_{0m})$ を満たす．したがって，$\boldsymbol{x}_0$ を通る積分多様体は $\boldsymbol{x}_0$ の近傍で

$$\{\boldsymbol{x} \mid x_i=\phi_i(x_1, \cdots, x_m)\ (i=m+1, \cdots, n)\}$$

と書ける．このように $\boldsymbol{x}_0$ を通る積分多様体が $x_1, \cdots, x_n$ のうちの $\boldsymbol{m}$ 個をとると，他の変数はこれら $\boldsymbol{m}$ 個の変数の整型関数として表されるとき，この積分多様体は $\boldsymbol{x}_0$ において $\boldsymbol{m}$ 次元の**滑らかな積分多様体**であるということにする．

d) 完全積分可能な全微分方程式系

全微分方程式系 (5.36) において，$\omega_1, \cdots, \omega_r$ が $\mathscr{D}$ において整型かつ1次独立とする．そのとき，$\mathscr{D}$ の任意の点 $\boldsymbol{x}_0$ に対し，$\boldsymbol{x}_0$ において $n-r$ 次元の滑らかな積分多様体が存在するならば，(5.36) は $\mathscr{D}$ において**完全積分可能**であるという．

定理 5.4 (5.36) の係数から作った行列

$$A(\boldsymbol{x}) = \begin{bmatrix} a_{11}(\boldsymbol{x}) & \cdots & a_{1n}(\boldsymbol{x}) \\ & \cdots\cdots & \\ a_{r1}(\boldsymbol{x}) & \cdots & a_{rn}(\boldsymbol{x}) \end{bmatrix}$$

の位数は $\mathscr{D}$ の各点で r とする．そのとき，(5.36) が $\mathscr{D}$ において完全積分可能であるための必要十分条件は，$\mathscr{D}$ の各点 $\boldsymbol{x}_0$ に対し，$\boldsymbol{x}_0$ の近傍において

$$d\omega_i = \sum_{j=1}^{r} \theta_{ij} \wedge \omega_j \qquad (i=1, \cdots, r)$$

を満たす整型な1次微分形式 θ_{ij} $(i, j=1, \cdots, r)$ が存在することである．

証明 (5.36) が $\mathscr{D}$ において完全積分可能であるとする．$\boldsymbol{x}_0=(x_{01}, \cdots, x_{0n})$ を $\mathscr{D}$ の任意の点とし，(5.36) は次の形の積分多様体をもつとする：

$$(5.39) \qquad x_i = \phi_i(x_1, \cdots, x_{n-r}) \qquad (i=n-r+1, \cdots, n).$$

ここで ϕ_i はすべて $(x_{01}, \cdots, x_{0\,n-r})$ において整型で $x_{0i}=\phi_i(x_{01}, \cdots, x_{0\,n-r})$ である．簡単のため $\boldsymbol{x}'=(x_1, \cdots, x_{n-r})$，$\boldsymbol{x}''=(x_{n-r+1}, \cdots, x_n)$ とおき，(5.39) を $\boldsymbol{x}''=\boldsymbol{\phi}(\boldsymbol{x}')$ で表す．(5.39) は積分多様体であるから，

$$\sum_{j=1}^{n-r} a_{ij}(\boldsymbol{x}', \boldsymbol{\phi}(\boldsymbol{x}'))dx_j + \sum_{k=n-r+1}^{n} a_{ik}(\boldsymbol{x}', \boldsymbol{\phi}(\boldsymbol{x}')) \sum_{j=1}^{n-r} \frac{\partial \phi_k}{\partial x_j} dx_j = 0,$$

すなわち，$i=1, \cdots, r$；$j=1, \cdots, n-r$ に対して

$$(5.40) \qquad a_{ij}(\boldsymbol{x}', \boldsymbol{\phi}(\boldsymbol{x}')) + \sum_{k=n-r+1}^{n} a_{ik}(\boldsymbol{x}', \boldsymbol{\phi}(\boldsymbol{x}')) \frac{\partial \phi_k}{\partial x_j} = 0$$

が成り立つ．

まず

$$(5.41) \qquad \det \begin{bmatrix} a_{1\,n-r+1}(\boldsymbol{x}_0) & \cdots & a_{1n}(\boldsymbol{x}_0) \\ & \cdots\cdots & \\ a_{r\,n-r+1}(\boldsymbol{x}_0) & \cdots & a_{rn}(\boldsymbol{x}_0) \end{bmatrix} \neq 0$$

であることを示そう．もしそうでなければ

$$(5.42) \qquad \lambda_1 a_{1k}(\boldsymbol{x}_0) + \cdots + \lambda_r a_{rk}(\boldsymbol{x}_0) = 0 \qquad (k=n-r+1, \cdots, n)$$

を満たす $(\lambda_1, \cdots, \lambda_r) \neq (0, \cdots, 0)$ がとれる．(5.40) において $\boldsymbol{x}'=\boldsymbol{x}_0'=(x_{01}, \cdots, x_{0\,n-r})$ とおくと

$$a_{ij}(\boldsymbol{x}_0)+\sum_{k=n-r+1}^{n} a_{ik}(\boldsymbol{x}_0)\frac{\partial\phi_k}{\partial x_j}\bigg|_{\boldsymbol{x}'=\boldsymbol{x}_0'}=0$$

となる．これから

$$\sum_{i=1}^{r}\lambda_i a_{ij}(\boldsymbol{x}_0)+\sum_{k=n-r+1}^{n}\sum_{i=1}^{r}\lambda_i a_{ik}(\boldsymbol{x}_0)\frac{\partial\phi_k}{\partial x_j}\bigg|_{\boldsymbol{x}'=\boldsymbol{x}_0'}=0.$$

したがって (5.42) から

$$\lambda_1 a_{1j}(\boldsymbol{x}_0)+\cdots+\lambda_r a_{rj}(\boldsymbol{x}_0)=0 \qquad (j=1, \cdots, n-r)$$

が得られる．この式と (5.42) から $A(\boldsymbol{x}_0)$ の位数は r 以下となり仮定に反する．

行列

$$\begin{bmatrix} a_{1\,n-r+1}(\boldsymbol{x}) & \cdots & a_{1n}(\boldsymbol{x}) \\ & \cdots\cdots & \\ a_{r\,n-r+1}(\boldsymbol{x}) & \cdots & a_{rn}(\boldsymbol{x}) \end{bmatrix} \tag{5.43}$$

は $\boldsymbol{x}_0$ の近傍 $\mathcal{U}$ において逆行列 $[b_{jk}(\boldsymbol{x})]$ $(j=1, \cdots, r;\ k=n-r+1, \cdots, n)$ をもち，$b_{jk}(\boldsymbol{x})$ は $\mathcal{U}$ で整型であるとする．

(5.39) から

$$dx_i=\sum_{j=1}^{n-r}\frac{\partial\phi_i}{\partial x_j}dx_j \qquad (i=n-r+1, \cdots, n)$$

である．1次微分形式 $\eta_{n-r+1}, \cdots, \eta_n$ を

$$\eta_i=-\sum_{j=1}^{n-r}\frac{\partial\phi_i}{\partial x_j}dx_j+dx_i \qquad (i=n-r+1, \cdots, n)$$

によって定義すると，(5.40) から

$$\omega_i(\boldsymbol{x}', \boldsymbol{\phi}(\boldsymbol{x}'))=\sum_{j=1}^{n}a_{ij}(\boldsymbol{x}', \boldsymbol{\phi}(\boldsymbol{x}'))\,dx_j=\sum_{k=n-r+1}^{n}a_{ik}(\boldsymbol{x}', \boldsymbol{\phi}(\boldsymbol{x}'))\,\eta_k \tag{5.44}$$

を得る．逆に

$$\eta_k=\sum_{j=1}^{r}b_{k-n+r\,n-r+j}(\boldsymbol{x}', \boldsymbol{\phi}(\boldsymbol{x}'))\,\omega_j(\boldsymbol{x}', \boldsymbol{\phi}(\boldsymbol{x}')) \qquad (k=n-r+1, \cdots, n) \tag{5.45}$$

が成り立つ．

$\mathcal{U}$ において整型な1次微分形式 θ_{ij} $(i, j=1, \cdots, r)$ を

$$\theta_{ij}=\sum_{k=n-r+1}^{n}b_{k-n+r\,n-r+j}\,da_{ik}$$

によって定義する．

$$d\eta_k = 0 \qquad (k=n-r+1, \cdots, n)$$

に注意すると，(5.44) から

$$d\omega_i(\boldsymbol{x}', \boldsymbol{\phi}(\boldsymbol{x}')) = \sum_{k=n-r+1}^{n} da_{ik}(\boldsymbol{x}', \boldsymbol{\phi}(\boldsymbol{x}')) \wedge \eta_k$$

が得られる．右辺に (5.45) を代入して

$$\begin{aligned} d\omega_i(\boldsymbol{x}', \boldsymbol{\phi}(\boldsymbol{x}')) &= \sum_{j=1}^{r}\sum_{k=n-r+1}^{n} b_{k-n+r\, n-r+j}(\boldsymbol{x}', \boldsymbol{\phi}(\boldsymbol{x}'))da_{ik}(\boldsymbol{x}', \boldsymbol{\phi}(\boldsymbol{x}')) \wedge \omega_j(\boldsymbol{x}', \boldsymbol{\phi}(\boldsymbol{x}')) \\ &= \sum_{j=1}^{r}\theta_{ij}(\boldsymbol{x}', \boldsymbol{\phi}(\boldsymbol{x}')) \wedge \omega_j(\boldsymbol{x}', \boldsymbol{\phi}(\boldsymbol{x}')). \end{aligned}$$

すなわち

$$d\omega_i = \theta_{i1} \wedge \omega_1 + \cdots + \theta_{ir} \wedge \omega_r$$

が $\boldsymbol{x} = (\boldsymbol{x}', \boldsymbol{\phi}(\boldsymbol{x}'))$ において成り立つ．

$\mathcal{U}$ の任意の点 $\boldsymbol{x}_1$ を通る積分多様体が (5.39) の形に書ければ証明は終る．$m = n-r$, $0 \leqq \mu < m$, $\nu = m-\mu$ として，ある点 $\boldsymbol{x}_1 \in \mathcal{U}$ を通る積分多様体がたとえば

$$x_i = \varphi_i(x_1, \cdots, x_\mu, x_{m+1}, \cdots, x_{m+\nu}) \qquad (i=\mu+1, \cdots, m, m+\nu+1, \cdots, n)$$

と書けるとき，$\boldsymbol{x}_1$ において

$$\det\begin{bmatrix} \dfrac{\partial\varphi_{\mu+1}}{\partial x_{m+1}} & \cdots & \dfrac{\partial\varphi_m}{\partial x_{m+1}} \\ & \cdots\cdots & \\ \dfrac{\partial\varphi_{\mu+1}}{\partial x_{m+\nu}} & \cdots & \dfrac{\partial\varphi_m}{\partial x_{m+\nu}} \end{bmatrix} \neq 0$$

であることをいえば，この積分多様体は (5.39) の形に書き直すことができる．これをいうには，

$$a_{ij} + \sum_k a_{ik}\frac{\partial\varphi_k}{\partial x_j} = 0 \qquad (j=1, \cdots, \mu, m+1, \cdots, m+\nu)$$

と行列式

$$\det\begin{bmatrix} a_{1\,\mu+1} & \cdots & a_{1m} & a_{1\,m+\nu+1} & \cdots & a_{1n} \\ & & \cdots\cdots\cdots & & & \\ a_{r\,\mu+1} & \cdots & a_{rm} & a_{r\,m+\nu+1} & \cdots & a_{rn} \end{bmatrix}, \qquad \det\begin{bmatrix} a_{1\,m+1} & \cdots & a_{1n} \\ & \cdots\cdots\cdots & \\ a_{r\,m+1} & \cdots & a_{rn} \end{bmatrix}$$

が $\boldsymbol{x}_1$ で 0 とならないことを使えばよい．詳細は読者にまかせる．

次に，$\mathscr{D}$ の点 $\boldsymbol{x}_0$ の近傍で

$$d\omega_i = \sum_{j=1}^{r} \theta_{ij} \wedge \omega_j \qquad (i=1, \cdots, r)$$

を満たす θ_{ij} が存在したとする．$A(\boldsymbol{x})$ の位数は $\boldsymbol{x}_0$ においてr であるから，たとえば，(5.41) が成り立つとする．$[b_{jk}(\boldsymbol{x})]$ $(j, k=1, \cdots, r)$ を $\boldsymbol{x}_0$ の近傍 $\mathscr{U}$ で整型な (5.43) の逆行列とする．そのとき

$$\eta_i = \sum_{j=1}^{r} b_{ij} \omega_j \qquad (i=1, \cdots, r) \tag{5.46}$$

とおけば，

$$\eta_i = -\sum_{j=1}^{n-r} c_{ij}(\boldsymbol{x})\, dx_j + dx_{n-r+i} \qquad (i=1, \cdots, r)$$

の形に書け，方程式系

$$\eta_i = 0 \qquad (i=1, \cdots, r) \tag{5.47}$$

は (5.36) と同値である．実際，ω_i は $\eta_1, \cdots, \eta_r$ の1次結合

$$\omega_i = \sum_{j=1}^{r} a_{i\, n-r+j} \eta_j \qquad (i=1, \cdots, r) \tag{5.48}$$

となる．(5.46) から，

$$\begin{aligned} d\eta_i &= \sum_{j=1}^{r} db_{ij} \wedge \omega_j + \sum_{j=1}^{r} b_{ij} d\omega_j \\ &= \sum_{j=1}^{r} db_{ij} \wedge \omega_j + \sum_{j=1}^{r} b_{ij} \left(\sum_{k=1}^{r} \theta_{jk} \wedge \omega_k \right) \\ &= \sum_{j=1}^{r} \left(db_{ij} + \sum_{k=1}^{r} b_{ik} \theta_{kj} \right) \wedge \omega_j \end{aligned}$$

を得る．これに (5.48) を代入して

$$d\eta_i = \sum_{j=1}^{r} \zeta_{ij} \wedge \eta_j \tag{5.49}$$

を満たす $\boldsymbol{x}_0$ で整型な1次微分形式 ζ_{ij} が存在する．方程式系 (5.47) は

$$dx_{n-r+i} = \sum_{j=1}^{n-r} c_{ij}(\boldsymbol{x})\, dx_j \qquad (i=1, \cdots, r)$$

あるいは

$$\frac{\partial x_{n-r+i}}{\partial x_j} = c_{ij}(\boldsymbol{x}) \qquad (i=1, \cdots, r;\ j=1, \cdots, n-r) \tag{5.50}$$

と書き直される．したがって，(5.49) から (5.50) の完全積分可能条件が導かれれば，定理 3.3 の系 1 によって $\boldsymbol{x}_0$ を通る

$$x_i = \psi_i(x_1, \cdots, x_{n-r}) \qquad (i=n-r+1, \cdots, n)$$

の形の (5.47) の積分多様体が得られる．

記号を変更し，

$$\omega_j = dy_j - \sum_{i=1}^{m} a_{ij}(\boldsymbol{x}, \boldsymbol{y})\,dx_i \qquad (j=1, \cdots, n)$$

に対し，

$$d\omega_j = \sum_{k=1}^{n} \theta_{jk} \wedge \omega_k$$

を満たす 1 次微分形式

$$\theta_{jk} = \sum_{J=1}^{n} b_{jkJ}(\boldsymbol{x}, \boldsymbol{y})\,dy_J + \sum_{I=1}^{m} c_{jkI}(\boldsymbol{x}, \boldsymbol{y})\,dx_I$$

が存在するとき，

$$\frac{\partial y_j}{\partial x_i} = a_{ij}(\boldsymbol{x}, \boldsymbol{y}) \qquad (i=1, \cdots, m;\ j=1, \cdots, n)$$

の完全積分可能条件

$$\text{(5.51)} \qquad \frac{\partial a_{ij}}{\partial x_I} + \sum_{J=1}^{n} \frac{\partial a_{ij}}{\partial y_J} a_{IJ} = \frac{\partial a_{Ij}}{\partial x_i} + \sum_{J=1}^{n} \frac{\partial a_{Ij}}{\partial y_J} a_{iJ}$$

が成り立つことを示そう．

$$\begin{aligned} d\omega_j &= -\sum_{I,i} \frac{\partial a_{ij}}{\partial x_I} dx_I \wedge dx_i - \sum_{J,i} \frac{\partial a_{ij}}{\partial y_J} dy_J \wedge dx_i \\ &= -\sum_{I<i} \left(\frac{\partial a_{ij}}{\partial x_I} - \frac{\partial a_{Ij}}{\partial x_i} \right) dx_I \wedge dx_i - \sum_{J,i} \frac{\partial a_{ij}}{\partial y_J} dy_J \wedge dx_i, \end{aligned}$$

$$\begin{aligned} \sum_{k=1}^{n} \theta_{jk} \wedge \omega_k &= \sum_{k=1}^{n} \left(\sum_{J=1}^{n} b_{jkJ} dy_J + \sum_{I=1}^{m} c_{jkI} dx_I \right) \wedge \left(dy_k - \sum_{i=1}^{m} a_{ik} dx_i \right) \\ &= \sum_{J<k} (b_{jkJ} - b_{jJk})\,dy_J \wedge dy_k - \sum_{J,i} c_{jJi} dy_J \wedge dx_i \\ &\quad - \sum_{J,i} \sum_{k=1}^{n} b_{jkJ} a_{ik} dy_J \wedge dx_i \\ &\quad - \sum_{I<i} \sum_{k=1}^{n} (c_{jkI} a_{ik} - c_{jki} a_{Ik})\,dx_I \wedge dx_i \end{aligned}$$

であるから，

$$b_{jkJ}-b_{jJk}=0,$$

$$\frac{\partial a_{ij}}{\partial y_J}=c_{jJi}+\sum_{k=1}^{n}b_{jkJ}a_{ik},$$

$$\frac{\partial a_{ij}}{\partial x_I}-\frac{\partial a_{Ij}}{\partial x_i}=\sum_k(c_{jkI}a_{ik}-c_{jki}a_{Ik})$$

を得る．第2式群から

$$\sum_{J=1}^{n}\frac{\partial a_{ij}}{\partial y_J}a_{IJ}=\sum_{J=1}^{n}c_{jJi}a_{IJ}+\sum_{k,J=1}^{n}b_{jkJ}a_{ik}a_{IJ} \tag{5.52}$$

が出る．ここで I と i を入れかえて

$$\sum_{J=1}^{n}\frac{\partial a_{Ij}}{\partial y_J}a_{iJ}=\sum_{J=1}^{n}c_{jJI}a_{iJ}+\sum_{k,J=1}^{n}b_{jkJ}a_{Ik}a_{iJ}. \tag{5.53}$$

第1式群から b_{jkJ} は k, J について対称である．したがって，(5.52) と (5.53) の右辺の第2項は等しい．両式の差をとって，

$$\sum_J\frac{\partial a_{ij}}{\partial y_J}a_{IJ}-\sum_J\frac{\partial a_{Ij}}{\partial y_J}a_{iJ}=\sum_{k=1}^{n}c_{jki}a_{Ik}-\sum_{k=1}^{n}c_{jkI}a_{ik},$$

これと第3式群から (5.51) を得る．∎

問 $b_{jkJ}=0,\ c_{jJi}=\partial a_{ij}/\partial y_J$ とおくと，(5.51) から

$$d\omega_j=\sum_{k=1}^{n}\left(\sum_{i=1}^{m}c_{jki}dx_i\right)\wedge\omega_k$$

が成り立つことを示せ．——

定理 5.5 方程式系 (5.36) は $\mathcal{D}$ において完全積分可能で行列 $A(\boldsymbol{x})$ の位数は $\mathcal{D}$ の各点で r とする．そのとき，$\mathcal{D}$ の各点 $\boldsymbol{x}_0$ に対し，$\boldsymbol{x}_0$ の近傍 $\mathcal{U}$ と $\boldsymbol{C}^n$ の領域 Δ: $|\boldsymbol{y}|<\delta$ から $\mathcal{U}$ の上への1対1整型写像

$$x_i=p_i(y_1,\cdots,y_n)\qquad(i=1,\cdots,n)$$

で逆写像も $\mathcal{U}$ で整型なものが存在し，Δ において

$$\omega_i\circ\boldsymbol{p}=\sum_{j=n-r+1}^{n}d_{ij}(\boldsymbol{y})dy_j$$

となる．

証明 $\boldsymbol{x}_0$ において (5.41) が成り立つとし，$[b_{jk}(\boldsymbol{x})]$ $(j, k=1,\cdots,r)$ を $\boldsymbol{x}_0$ の近傍における (5.43) の逆行列とする．η_i を (5.46) で定義すると (5.48) が成り立つ．方程式系 (5.47) は完全積分可能で，(5.50) と書き直される．変換

$$\boldsymbol{x}'' = \boldsymbol{x}_0'' + \boldsymbol{\varphi}(\boldsymbol{x}' - \boldsymbol{x}_0', \boldsymbol{y}'')$$

を定理3.3の系1によって行うと，(5.47)が

(5.54)
$$dy_i = 0 \qquad (i=n-r+1, \cdots, n)$$

に移るような $\boldsymbol{\varphi}$ が存在する．ここで $\boldsymbol{x}'=(x_1, \cdots, x_{n-r})$，$\boldsymbol{x}''=(x_{n-r+1}, \cdots, x_n)$，$\boldsymbol{x}_0'=(x_{01}, \cdots, x_{0\,n-r})$，$\boldsymbol{x}_0''=(x_{0\,n-r+1}, \cdots, x_{0n})$，$\boldsymbol{y}'=(y_1, \cdots, y_{n-r})$，$\boldsymbol{y}''=(y_{n-r+1}, \cdots, y_n)$ で $\boldsymbol{\varphi}(\boldsymbol{y}', \boldsymbol{y}'')$ は $(\boldsymbol{y}', \boldsymbol{y}'')=(\boldsymbol{0}, \boldsymbol{0})$ において整型で

(5.55)
$$\varphi_i(\boldsymbol{y}', \boldsymbol{y}'') = y_i + \cdots \qquad (i=n-r+1, \cdots, n)$$

と展開される．このことは

(5.56)
$$\begin{cases} \boldsymbol{x}' = \boldsymbol{x}_0' + \boldsymbol{y}', \\ \boldsymbol{x}'' = \boldsymbol{x}_0'' + \boldsymbol{\varphi}(\boldsymbol{y}', \boldsymbol{y}'') \end{cases}$$

によって(5.47)は(5.54)に移る．変換(5.56)を

(5.57)
$$\boldsymbol{x} = \boldsymbol{p}(\boldsymbol{y})$$

とおくと，$\boldsymbol{p}(\boldsymbol{y})$ は $\boldsymbol{y}=\boldsymbol{0}$ で整型で

$$\boldsymbol{p}(\boldsymbol{y}) = \boldsymbol{x}_0 + \boldsymbol{y} + \cdots$$

と展開されることが(5.55)から分る．これから，$\delta>0$ を十分小さくとれば，変換(5.57)は領域 $|\boldsymbol{y}|<\delta$ から $\boldsymbol{x}_0$ の近傍 $\mathcal{U}$ の上への1対1整型写像で，逆写像は $\mathcal{U}$ で整型となる．

$$d_{ij}(\boldsymbol{y}) = a_{ij}\circ\boldsymbol{p} \qquad (i=1, \cdots, r;\ j=n-r+1, \cdots, n)$$

とおくと，(5.48)から

$$\omega_i\circ\boldsymbol{p} = \sum_{j=n-r+1}^{n} d_{ij}(\boldsymbol{y})\,dy_j$$

となることがいえた．▌

系　定理5.5の仮定のもとで，$\mathcal{D}$ の各点 $\boldsymbol{x}_0$ に対し，$\boldsymbol{x}_0$ の近傍 $\mathcal{U}$ で整型な関数 g_{ij}, f_j $(i=1, \cdots, r;\ j=n-r+1, \cdots, n)$ が存在し，$\mathcal{U}$ で

$$\omega_i = \sum_{j=n-r+1}^{n} g_{ij}\,df_j \qquad (i=1, \cdots, r)$$

が成り立つ．

証明　変換(5.57)の逆変換を

$$\boldsymbol{y} = \boldsymbol{q}(\boldsymbol{x})$$

とし，

$$f_j(\boldsymbol{x}) = q_j(\boldsymbol{x}) \qquad (j=n-r+1, \cdots, n),$$
$$g_{ij}(\boldsymbol{x}) = (d_{ij}\circ \boldsymbol{q})(\boldsymbol{x}) \qquad (i=1, \cdots, r;\ j=n-r+1, \cdots, n)$$

とおけばよい．▌

次に簡単な命題を証明しておこう．

命題 5.1 方程式系 (5.36) に対し，行列 $A(\boldsymbol{x})$ は $\mathscr{D}$ の各点で位数 r とする．$\Omega=\omega_1\wedge\cdots\wedge\omega_r$ とおく．そのとき，次の2条件は同値である．

(1) $\mathscr{D}$ の各点 $\boldsymbol{x}_0$ に対し，$\boldsymbol{x}_0$ の近傍で

$$d\omega_i = \theta_{i1}\wedge\omega_1+\cdots+\theta_{ir}\wedge\omega_r \qquad (i=1, \cdots, r)$$

を満たす $\boldsymbol{x}_0$ で整型な1次形式 θ_{ik} が存在する．

(2) $d\omega_i\wedge\Omega = 0 \quad (i=1, \cdots, r)$.

証明 (1)⇒(2) は明らかである．(2)⇒(1) を証明する．$\boldsymbol{x}_0$ において整型な $n-r$ 個の1次形式

$$\omega_i = \sum_{j=1}^{n} a_{ij}(\boldsymbol{x})\,dx_j \qquad (i=r+1, \cdots, n)$$

を適当にとって行列 $[a_{ij}(\boldsymbol{x})]$ $(i, j=1, \cdots, n)$ の位数が $\boldsymbol{x}_0$ で n になるようにする．そのとき，$dx_1, \cdots, dx_n$ は $\omega_1, \cdots, \omega_n$ の1次結合で表されるから，$\boldsymbol{x}_0$ の近傍で

$$d\omega_i = \sum_{j<k}\lambda_{ijk}(\boldsymbol{x})\,\omega_j\wedge\omega_k \qquad (i=1, \cdots, n)$$

を満たす整型関数 $\lambda_{ijk}(\boldsymbol{x})$ が存在する．(2) から

$$\lambda_{ijk}(\boldsymbol{x}) = 0$$

が $r<j<k$ なる j, k に対して成り立つ．したがって，

$$d\omega_i = \sum_{j<k\leqq r}\lambda_{ijk}\omega_j\wedge\omega_k = \sum_{j=1}^{r}\left(-\sum_{k=j+1}^{r}\lambda_{ijk}\omega_k\right)\wedge\omega_j.$$

ゆえに $\theta_{ij}=-\sum\lambda_{ijk}\omega_k$ とおけばよい．▌

単独の全微分方程式

$$\omega = \sum a_j(\boldsymbol{x})\,dx_j = 0 \tag{5.58}$$

について簡単な注意を述べておこう．ω は $\mathscr{D}$ において整型で，$\mathscr{D}$ の各点 $\boldsymbol{x}$ で $(a_1(\boldsymbol{x}), \cdots, a_n(\boldsymbol{x}))\neq\boldsymbol{0}$ とする．そのとき (5.58) が $\mathscr{D}$ において完全積分可能であるための必要十分条件は

$$d\omega\wedge\omega = 0$$

となる．さらに，$\mathscr{D}$ の各点の近傍で

$$\omega = g df$$

を満たす関数 f, g の存在と同値である．$1/g$ を (5.58) の**積分因子**ともいう．

§5.4　全微分方程式の特異点

全微分方程式系

(5.59)
$$\omega_i = \sum_{j=1}^{n} a_{ij}(\boldsymbol{x})dx_j = 0 \qquad (i=1, \cdots, r)$$

において，$\omega_1, \cdots, \omega_r$ は領域 $\mathcal{D}$ で整型でかつ $\mathcal{D}$ で1次独立とする．行列

$$A(\boldsymbol{x}) = \begin{bmatrix} a_{11}(\boldsymbol{x}) & \cdots & a_{1n}(\boldsymbol{x}) \\ & \cdots\cdots & \\ a_{r1}(\boldsymbol{x}) & \cdots & a_{rn}(\boldsymbol{x}) \end{bmatrix}$$

の位数が r より小さくなる点を (5.59) の**特異点**という．$1 \leqq i_1 < i_2 < \cdots < i_r \leqq n$ を満たす $(i_1, \cdots, i_r)$ に対し

$$A_{i_1 \cdots i_r}(\boldsymbol{x}) = \det \begin{bmatrix} a_{1i_1}(\boldsymbol{x}) & \cdots & a_{1i_r}(\boldsymbol{x}) \\ & \cdots\cdots & \\ a_{ri_1}(\boldsymbol{x}) & \cdots & a_{ri_r}(\boldsymbol{x}) \end{bmatrix}$$

とおいたとき，すべての $(i_1, \cdots, i_r)$ に対し

$$A_{i_1 \cdots i_r}(\boldsymbol{x}) = 0$$

となる点 $\boldsymbol{x}$ が (5.59) の特異点である．簡単な計算で

$$\Omega = \omega_1 \wedge \cdots \wedge \omega_r = \sum_{i_1 < \cdots < i_r} A_{i_1 \cdots i_r}(\boldsymbol{x}) dx_{i_1} \wedge \cdots \wedge dx_{i_r}$$

が確かめられるから，(5.59) の特異点とは Ω の係数をすべて0にするような $\mathcal{D}$ の点のことである．特異点の集合を**特異集合**という．特異集合は孤立点からなるとは限らない．特異集合の形状，特異点の近傍での積分多様体の本格的な研究は最近行われるようになったが，本講ではこれについて述べる余裕がないので，単独の方程式の特異点について簡単な注意を述べるに止める．

全微分方程式

(5.60)
$$\omega = \sum a_j(\boldsymbol{x}) dx_j = 0$$

において，ω は $\mathcal{D}$ で整型とする．(5.60) の特異集合 S は

$$S = \{\boldsymbol{x} \in \mathcal{D} \mid a_1(\boldsymbol{x}) = \cdots = a_n(\boldsymbol{x}) = 0\}$$

で与えられる．$\mathcal{D}$ において

$$d\omega \wedge \omega = 0 \tag{5.61}$$

が成り立っているとする．

$$d\omega = \sum_{i<j}\left(\frac{\partial a_j}{\partial x_i}-\frac{\partial a_i}{\partial x_j}\right)dx_i \wedge dx_j$$

を使って $d\omega \wedge \omega$ を計算すると

$$d\omega \wedge \omega = \sum_{i<j<k}(A_{ij}a_k + A_{jk}a_i + A_{ki}a_j)\,dx_i \wedge dx_j \wedge dx_k$$

となる．ここで

$$A_{ij}(x) = \frac{\partial a_j}{\partial x_i}-\frac{\partial a_i}{\partial x_j}$$

である．したがって，(5.61) は

$$A_{ij}a_k + A_{jk}a_i + A_{ki}a_j = 0 \qquad (i<j<k) \tag{5.62}$$

と同値である．(5.62) の式はすべて独立ではなく i, j, k のうちどれか一つを固定したものと同値である．例えば $i=1$ とおいた

$$A_{1j}a_k + A_{jk}a_1 + A_{k1}a_j = 0 \qquad (1<j<k\leqq n) \tag{5.63}$$

と同値である．$\boldsymbol{x}_0$ は特異点でないとし，$a_1(\boldsymbol{x}_0) \neq 0$ としよう．そのとき (5.60) は

$$dx_1 = -\frac{a_2}{a_1}dx_2 - \cdots - \frac{a_n}{a_1}dx_n \tag{5.64}$$

と同値である．(5.64) が完全積分可能な条件

$$\frac{\partial}{\partial x_k}\left(-\frac{a_j}{a_1}\right)+\frac{\partial}{\partial x_1}\left(-\frac{a_j}{a_1}\right)\left(-\frac{a_k}{a_1}\right) = \frac{\partial}{\partial x_j}\left(-\frac{a_k}{a_1}\right)+\frac{\partial}{\partial x_1}\left(-\frac{a_k}{a_1}\right)\left(-\frac{a_j}{a_1}\right)$$

を計算すると (5.63) が得られる．このことから，(5.62) は (5.63) から導かれることが分った．

$$d\omega = \sum_{i<j}A_{ij}(\boldsymbol{x})\,dx_i \wedge dx_j$$

が (5.60) の特異点 $\boldsymbol{x}_0$ で 0 にならない，すなわち $A_{ij}(\boldsymbol{x})$ のうち $\boldsymbol{x}_0$ で 0 にならないものが存在したとする．例えば

$$A_{12}(\boldsymbol{x}_0) \neq 0$$

としよう．$\boldsymbol{x}_0$ の近傍 $\mathcal{U}$ で $A_{12}(\boldsymbol{x}) \neq 0$ となるように $\mathcal{U}$ をとる．(5.63) において $j=2$, $k=3, 4, \cdots, n$ ととることにより，$\mathcal{U}$ 内で

$$A_{12}(\boldsymbol{x})a_k(\boldsymbol{x}) + A_{2k}(\boldsymbol{x})a_1(\boldsymbol{x}) + A_{k1}(\boldsymbol{x})a_2(\boldsymbol{x}) = 0$$

が成り立つ．これから $a_1(\boldsymbol{x}) = a_2(\boldsymbol{x}) = 0$ ならば

$$a_k(\boldsymbol{x})=0 \qquad (k=3, \cdots, n)$$

がいえる．このことは

$$\{\boldsymbol{x}\in\mathcal{U} \mid a_1(\boldsymbol{x})=\cdots=a_n(\boldsymbol{x})=0\}=\{\boldsymbol{x}\in\mathcal{U} \mid a_1(\boldsymbol{x})=a_2(\boldsymbol{x})=0\}$$

が成り立つことを主張している．右辺の集合は一般に $\mathcal{U}$ 内で $n-2$ 次元以上の集合である．以上の考察から，特異集合 S は $n-2$ 次元の集合を含み得ることが分った．

問　　題

1　微分方程式

$$(1)\qquad \begin{cases} \dfrac{dx}{dt}=f(x, y), \\ \dfrac{dy}{dt}=g(x, y) \end{cases}$$

において f, g は $x=y=0$ において整型で Taylor 展開

$$f(x, y)=x+\sum{}'' a_{kl}x^ky^l,$$
$$g(x, y)=\delta x+\lambda y+\sum{}'' b_{kl}x^ky^l$$

をもつとする．δ は 0 か 1 で，$\delta=1$ ならば $\lambda=1$ とする．

$\lambda\neq 0, 1$ ならば，(1) は次の形の形式解

$$(2)\qquad \begin{cases} x=e^t+\sum{}''\alpha_\nu e^{\nu t}, \\ y=\sum{}''\beta_\nu e^{\nu t}, \end{cases}$$

$$(3)\qquad \begin{cases} x=\sum{}''\gamma_\nu e^{\nu\lambda t}, \\ y=e^{\lambda t}+\sum{}''\delta_\nu e^{\nu\lambda t} \end{cases}$$

をもち，$\lambda=0$ または $\lambda=1$，$\delta=1$ ならば (2) の形の形式解をもち，$\lambda=1$，$\delta=0$ ならば任意の α, β に対し形式解

$$\begin{cases} x=\alpha e^t+\sum{}''\alpha_\nu e^{\nu t}, \\ y=\beta e^t+\sum{}''\beta_\nu e^{\nu t} \end{cases}$$

をもつことを示せ．

2　問題 1 の解は e^t または $e^{\nu t}$ が小さいときすべて収束することを示せ．

3　問題 1 の方程式に対し，次の場合に，方程式は形式的変換

$$x=u+\sum{}'' p_{kl}u^kv^l$$
$$y=v+\sum{}'' q_{kl}u^kv^l$$

によってどのくらい簡単な方程式に変換されるかを調べよ．

1)　$\lambda=1$,　　2)　$\lambda=2, 3, \cdots$,　　3)　$\lambda=0$,　　4)　$\lambda=$ 負の有理数.

4　二つの $\mathcal{D}$ において整型なベクトル場

$$X=\sum f_i\frac{\partial}{\partial x_i},\qquad Y=\sum g_i\frac{\partial}{\partial x_i}$$

に対し，XY を

$$XY=\sum_{i=1}^{n}\sum_{j=1}^{n}f_j\frac{\partial g_i}{\partial x_j}\frac{\partial}{\partial x_i}+\sum_{i,j}f_ig_j\frac{\partial^2}{\partial x_i\partial x_j}$$

によって定義すると，

$$[X, Y]=XY-YX$$

は $\mathscr{D}$ において整型なベクトル場になることを示せ．

5 $\mathscr{D}$ において整型なベクトル場

$$X=\sum f_i\frac{\partial}{\partial x_i}$$

と1次微分形式

$$\omega=\sum a_i dx_i$$

に対し，変数変換

$$\boldsymbol{x}=\boldsymbol{p}(\boldsymbol{y})$$

を行う．X は

$$Y=\sum g_i(\boldsymbol{y})\frac{\partial}{\partial y_i}$$

に，ω は

$$\eta=\sum b_i(\boldsymbol{y})dy_i$$

に変換されるとき

$$\sum_{i=1}^{n}a_i(\boldsymbol{x})f_i(\boldsymbol{x})=\sum_{i=1}^{n}b_i(\boldsymbol{y})g_i(\boldsymbol{y})$$

が成り立つことを示せ．

6 $\boldsymbol{x}=\boldsymbol{x}_0$ の近傍で整型な全微分方程式系

$$\omega_i=\sum a_{ij}(\boldsymbol{x})dx_i=0\qquad(i=1,\cdots,r)\tag{4}$$

に対し，係数から作った行列 $[a_{ij}(\boldsymbol{x})]$ の位数は $\boldsymbol{x}_0$ で r とする．$n-r$ 個のベクトル場

$$X_j=\sum_{k=1}^{n}f_{jk}(\boldsymbol{x})\frac{\partial}{\partial x_k}\qquad(j=1,\cdots,n-r)$$

は $\boldsymbol{x}_0$ の近傍で整型で行列 $[f_{jk}(\boldsymbol{x})]$ の位数は $\boldsymbol{x}_0$ で $n-r$ とする．さらに $\boldsymbol{x}_0$ の近傍で

$$\sum_{k=1}^{n}a_{ik}(\boldsymbol{x})f_{jk}(\boldsymbol{x})=0\qquad(i=1,\cdots,r;\ j=1,\cdots,n-r)$$

が成り立っているとする．そのとき，(4) が $\boldsymbol{x}_0$ の近傍で完全積分可能であるための条件は，$\boldsymbol{x}_0$ の近傍で

$$[X_j, X_k]=\sum_{l=1}^{n-r}\lambda_{jkl}(\boldsymbol{x})X_l\qquad(j, k=1,\cdots,n-r)$$

を満たす $\boldsymbol{x}_0$ で整型な関数 $\lambda_{jkl}(\boldsymbol{x})$ が存在することであることを証明せよ．

第6章　大域的理論

前章までは，関数論的立場からにせよ，幾何学的立場からにせよ，空間の1点の近傍での微分方程式の解を考察してきた．このように，ある点——解の存在定理を既知とすれば，それは方程式の特異点——の近傍で解を調べる理論を**局所的理論**という．それに反し，微分方程式が広い範囲で定義されているとき，その解をその範囲で調べる理論を**大域的理論**という．

大域的理論は局所的理論をふまえて展開されるべき理論であるが，局所的理論が完成すれば大域的理論も完成するというものではない．十分な局所的理論が確立されていない現状では，大域的理論はまったく不十分というしかない．今後の研究が望まれる分野である．本章はその不十分な理論への導入に過ぎない．

§6.1　Riemann 面上の常微分方程式

a)　複素解析的多様体と Riemann 面

Hausdorff 空間 M に対し，M の開近傍の族 $\{U_\alpha\}_{\alpha\in A}$ と，各 U_α から n 次元複素空間 $\boldsymbol{C}^n$ の開集合の上への位相写像 θ_α が存在し，次の条件を満たすとき，M は**複素 n 次元の複素解析的多様体**，あるいは簡単に **n 次元複素多様体**という．

(1)　$\bigcup_{\alpha\in A} U_\alpha = M$，すなわち，$\{U_\alpha\}$ は M の開被覆である．

(2)　$U_\alpha\cap U_\beta \neq \phi$ ならば，写像 $\theta_\alpha{}^{-1}$ の $\theta_\alpha(U_\alpha\cap U_\beta)$ への制限写像 $\theta_\alpha{}^{-1}|_{\theta_\alpha(U_\alpha\cap U_\beta)}$ と写像 θ_β との合成 $\theta_\beta\circ\theta_\alpha{}^{-1}|_{\theta_\alpha(U_\alpha\cap U_\beta)}$ は $\theta_\alpha(U_\alpha\cap U_\beta)$ から $\theta_\beta(U_\alpha\cap U_\beta)$ の上への整型写像である．

簡単のため，$\theta_\beta\circ\theta_\alpha{}^{-1}|_{\theta_\alpha(U_\alpha\cap U_\beta)}$ を $\theta_\beta\circ\theta_\alpha{}^{-1}$ で表す．α と β とを交換すれば，$\theta_\alpha\circ\theta_\beta{}^{-1}$ は $\theta_\beta\circ\theta_\alpha{}^{-1}$ の逆写像で，$\theta_\beta(U_\alpha\cap U_\beta)$ から $\theta_\alpha(U_\alpha\cap U_\beta)$ の上への整型写像である．$(U_\alpha, \theta_\alpha)$ を**局所座標**，U_α を**局所座標近傍**，θ_α を**局所座標写像**，変数 $x_\alpha=\theta_\alpha(m)$ を**局所座標変数**という．M の任意の点 p に対し，p を含む U_α がとれる．そのとき，$(U_\alpha, \theta_\alpha)$ を p における局所座標，U_α を p における局所座標近傍，θ_α を p における局所座標写像，変数 $x_a=\theta_\alpha(m)$ を p における局所座標変数とい

う. $\{(U_\alpha, \theta_\alpha)\}_{\alpha\in A}$ を M の**局所座標系**という.

連結な1次元複素多様体を **Riemann 面**という.

例 6.1 複素 n 次元空間 $\boldsymbol{C}^n$ は局所座標近傍 U としては $\boldsymbol{C}^n$ を, 局所座標写像 θ: $U\to\boldsymbol{C}^n$ としては恒等写像をとることにより n 次元複素多様体となる.

例 6.2 M は局所座標系 $\{(U_\alpha, \theta_\alpha)\}$ をもつ n 次元複素多様体とし, G は M の領域とする. そのとき, G は $\{(U_\alpha\cap G, \theta_\alpha|_{U_\alpha\cap G}) \mid U_\alpha\cap G\neq\phi\}$ を局所座標系とする n 次元複素多様体である. したがって, $\boldsymbol{C}^n$ の任意の領域は n 次元複素多様体である.

例 6.3 $\boldsymbol{C}^{n+1}-\{0\}$ の2点 $\boldsymbol{x}=(x_0, x_1, \cdots, x_n)$, $\boldsymbol{y}=(y_0, y_1, \cdots, y_n)$ に対し, $y_i=\lambda x_i$ $(i=0, 1, \cdots, n)$ となる $\lambda\in\boldsymbol{C}$ が存在するとき, $\boldsymbol{x}\sim\boldsymbol{y}$ と書く. 関係 $\boldsymbol{x}\sim\boldsymbol{y}$ は同値関係であって, $\boldsymbol{C}^{n+1}-\{0\}$ のこの同値関係による商空間 $\boldsymbol{C}^{n+1}-\{0\}/\sim$ を **n 次元複素射影空間**といい, $\boldsymbol{P}^n$ で表す. $\boldsymbol{x}$ を含む同値類を $[\boldsymbol{x}]=[x_0, x_1, \cdots, x_n]$ で表し, $\boldsymbol{x}$ を $[\boldsymbol{x}]$ の**同次座標**という. $i=0, 1, \cdots, n$ に対し, $U_i=\{[x_0, x_1, \cdots, x_n] \mid x_i\neq 0\}$ とおき, θ_i: $U_i\to\boldsymbol{C}^n$ を

$$\theta_i([x_0, \cdots, x_n]) = (x_0/x_i, \cdots, x_{i-1}/x_i, x_{i+1}/x_i, \cdots, x_n/x_i)$$

によって定義する. そのとき, $\boldsymbol{P}^n$ は $\{(U_i, \theta_i)\}_{i=0}^n$ を局所座標系とする n 次元複素多様体となる. ——

問 $\{(U_i, \theta_i)\}_{i=0}^n$ は条件(2)を満たすことを確かめよ. ——

1次元複素射影空間 $\boldsymbol{P}^1$ は**複素射影直線**ともいわれる. その局所座標系は二つの局所座標 (U_0, θ_0), (U_1, θ_1) からなり,

$$\theta_0([x_0, x_1]) = x_1/x_0, \qquad \theta_1([x_0, x_1]) = x_0/x_1$$

であるから, $\theta_1(m)=1/\theta_0(m)$ $(m\in U_0\cap U_1)$ である. $\boldsymbol{P}^1-U_0$ は1点 $[0, 1]=\{(0, x_1) \mid x_1\neq 0\}$ からなる. これを ∞ で表し, さらに U_0 を θ_0 によって $\boldsymbol{C}$ と同一視すれば, $\boldsymbol{P}^1=\boldsymbol{C}\cup\{\infty\}$ とみなすことができる. そのとき, $U_1=(\boldsymbol{C}-\{0\})\cup\{\infty\}$ である. 今後, $\boldsymbol{P}^1$ に対しては, $U_0=\boldsymbol{C}$, $U_1=(\boldsymbol{C}-\{0\})\cup\{\infty\}$ に対する局所座標変数を x, t で表す. ここで $xt=1$. 以上の考察から $\boldsymbol{P}^1$ は Riemann 球面と同一視できる.

例 6.4 M は $\{(U_\alpha, \theta_\alpha)\}_{\alpha\in A}$ を局所座標系とする m 次元複素多様体, N は $\{(V_\beta, \vartheta_\beta)\}_{\beta\in B}$ を局所座標系にもつ n 次元複素多様体とする. そのとき, 積集合 $M\times N$ は $\{U_\alpha\times V_\beta, (\theta_\alpha, \vartheta_\beta)\}_{(\alpha,\beta)\in A\times B}$ を局所座標系とする $m+n$ 次元複素多様体

となる．この多様体を M と N との**積**といい，$M\times N$ で表す．$\boldsymbol{C}^n=\underbrace{\boldsymbol{C}\times\cdots\times\boldsymbol{C}}_{n}$ であるが，$\boldsymbol{P}^n\neq\underbrace{\boldsymbol{P}^1\times\cdots\times\boldsymbol{P}^1}_{n}$ となることに注意する．$\boldsymbol{P}^n$ の座標近傍 U_0 を θ_0 で $\boldsymbol{C}^n$ と同一視して，$\boldsymbol{C}^n\subset\boldsymbol{P}^n$ と考えることにする．明らかに $\boldsymbol{C}^n\subset\boldsymbol{P}^1\times\cdots\times\boldsymbol{P}^1$.

問 $\boldsymbol{P}^n-\boldsymbol{C}^n$ は $n-1$ 次元複素射影空間となることを示せ．$\boldsymbol{P}^n-\boldsymbol{C}^n$ を**無限遠超平面**ということがある．——

M は $\{(U_\alpha,\theta_\alpha)\}_{\alpha\in A}$ を局所座標系とする n 次元複素多様体，f は M において定義された複素数値関数とする．すべての (U_α,θ_α) に対し，

$$f\circ\theta_\alpha{}^{-1}\colon\ \theta_\alpha(U_\alpha)(\subset\boldsymbol{C}^n)\longrightarrow\boldsymbol{C}$$

が U_α で整型であるとき，f は M において**整型**であるという．D が M の領域であれば，D はやはり n 次元複素多様体となる．$f\colon D\to\boldsymbol{C}$ が n 次元複素多様体 D において整型のとき，f は D において整型という．M は前と同様とし，N は $\{(V_\beta,\vartheta_\beta)\}_{\beta\in B}$ を局所座標系にもつ l 次元複素多様体で，φ は M から N への写像とする．すべての (U_α,θ_α) に対し，$\varphi(U_\alpha)\cap V_\beta\neq\phi$ ならば $\vartheta_\beta\circ\varphi\circ\theta_\alpha{}^{-1}$ がその定義された所で整型のとき，φ は M から N への**整型写像**という．M の領域 D から N への写像 φ に対しても，φ が D において整型であることを前と同様に定義できる．M から N の上への整型写像 φ が逆写像 ψ をもち，ψ も N において整型のとき，φ は M から N の上への**双整型写像**という．

問 M はコンパクトな n 次元複素多様体，$f\colon M\to\boldsymbol{C}$ は M において整型ならば，f は定数値関数であることを証明せよ．——

M は $\{(U_\alpha,\theta_\alpha)\}$ を局所座標系とする n 次元複素多様体，$E\subset M$ は内点をもたない閉集合で $M-E$ は連結かつ局所連結とする．$f\colon M-E\to\boldsymbol{C}$ が M において**有理型**であるというのは，すべての (U_α,θ_α) に対し，$f\circ\theta_\alpha{}^{-1}\colon\theta_\alpha(U_\alpha-E)\to\boldsymbol{C}$ が $\theta_\alpha(U_\alpha)$ において有理型となることである．

Riemann 面 M において有理型な関数 f に対し，f の極における f の値を ∞ と定義することにより，f は M から $\boldsymbol{P}^1$ への写像とみなされる．そのとき f は M から $\boldsymbol{P}^1$ への整型写像となる．逆に，M から $\boldsymbol{P}^1$ への整型な写像 f は M において有理型である．

問 'f が M において有理型' $\Leftrightarrow$ '$f\colon M\to\boldsymbol{P}^1$ は M で整型' を証明せよ．——

したがって，Riemann 面上の関数としては有理型関数を整型関数より基本的

な関数とみなすこともできる.

2次元以上の複素多様体 M において有理型関数 f は M から $\boldsymbol{P}^1$ への写像と一般にはみなせない. これは f が不確定点をもつことがあるからである.

n 個の変数 $x_1, \cdots, x_n$ の有理関数 $f(x_1, \cdots, x_n)=p(x_1, \cdots, x_n)/q(x_1, \cdots, x_n)$ (p, q は互いに素な多項式) は $\boldsymbol{C}^n$ において有理型であるばかりでなく, $\boldsymbol{P}^n$ および $\boldsymbol{P}^1\times\cdots\times\boldsymbol{P}^1$ において有理型とみなされる. 逆に, $\boldsymbol{P}^n$ または $\boldsymbol{P}^1\times\cdots\times\boldsymbol{P}^1$ において有理型な関数は有理関数である.

b) 有理的常微分方程式

M は局所座標系 $\{(U_\alpha, \theta_\alpha)\}$ をもつ Riemann 面とする. 各局所座標変数 x_α に対し常微分方程式

$$(6.1)_\alpha \qquad \frac{d\boldsymbol{y}}{dx_\alpha}=\boldsymbol{f}_\alpha(x_\alpha, \boldsymbol{y})$$

が対応していて, $U_\alpha\cap U_\beta\neq\phi$ ならば, $(6.1)_\alpha$ は変数変換

$$x_\alpha=(\theta_\alpha\circ\theta_\beta{}^{-1})(x_\beta):\ \theta_\beta(U_\alpha\cap U_\beta)\longrightarrow\theta_\alpha(U_\alpha\cap U_\beta)$$

によって

$$(6.1)_\beta \qquad \frac{d\boldsymbol{y}}{dx_\beta}=\boldsymbol{f}_\beta(x_\beta, \boldsymbol{y})$$

に移るとき, 方程式の集合 $(6.1)_\alpha$ を M 上の**常微分方程式**という. 簡単な計算により, $\theta_\beta(U_\alpha\cap U_\beta)$ において

$$(6.2) \qquad \boldsymbol{f}_\beta(x_\beta, \boldsymbol{y})=(\theta_\alpha\circ\theta_\beta{}^{-1})'(x_\beta)\boldsymbol{f}_\alpha((\theta_\alpha\circ\theta_\beta{}^{-1})(x_\beta), \boldsymbol{y})$$

が成り立つ.

ある α に対して

$$\boldsymbol{f}_\alpha(x_\alpha, \boldsymbol{y})=\frac{\boldsymbol{p}_\alpha(x_\alpha, y_1, \cdots, y_n)}{\boldsymbol{q}_\alpha(x_\alpha, y_1, \cdots, y_n)}$$

と表されているとする. ここで $\boldsymbol{p}_\alpha, \boldsymbol{q}_\alpha$ の成分は $y_1, \cdots, y_n$ の多項式でその係数は U_α において有理型とする. そのとき, M の連結性と (6.2) によって, 任意の β に対し $\boldsymbol{f}_\beta$ の各成分も有理型関数を係数にもつ二つの $y_1, \cdots, y_n$ の多項式の比に書ける. そのとき, $(6.1)_\alpha$ から定まる M 上の常微分方程式を**有理的**という.

$\boldsymbol{P}^1$ 上の単独有理的常微分方程式を考える. $\boldsymbol{P}^1$ の二つの局所座標変数を x, t とすると, 方程式は二つの方程式

$$(6.3)\quad \begin{cases} \dfrac{dy}{dx}=\dfrac{p_0(x,y)}{q_0(x,y)} & \left(p_0=\displaystyle\sum_{j=0}^{m_0}a_{0j}(x)y^j,\ \ q_0=\sum_{j=0}^{n_0}b_{0j}(x)y^j\right), \\ \dfrac{dy}{dt}=\dfrac{p_1(t,y)}{q_1(t,y)} & \left(p_1=\displaystyle\sum_{j=0}^{m_1}a_{1j}(t)y^j,\ \ q_1=\sum_{j=0}^{n_1}b_{1j}(t)y^j\right) \end{cases}$$

で表現され，

$$\frac{p_1(t,y)}{q_1(t,y)}=-\frac{1}{t^2}\frac{p_0(1/t,y)}{q_0(1/t,y)}$$

である．$p_1(t,y)=-p_0(1/t,y)$，$q_1(t,y)=t^2q_0(1/t,y)$ と定めておくと，$m_0=m_1$，$n_0=n_1$ で

$$(6.4)\quad \begin{cases} a_{1j}(t)=-a_{0j}\left(\dfrac{1}{t}\right) & (j=0,1,\cdots,m_0), \\ b_{1j}(t)=t^2b_{0j}\left(\dfrac{1}{t}\right) & (j=0,1,\cdots,n_0) \end{cases}$$

が成り立つ．$a_{0j}(x)$，$b_{0j}(x)$ はすべて $\boldsymbol{C}$ で有理型，同様に $a_{1j}(t)$，$b_{1j}(t)$ もすべて $\boldsymbol{C}$ で有理型であるから，(6.4) から $a_{0j}(x)$，$b_{0j}(x)$ はすべて x の有理関数であることが分る．

(6.3) の第1式の右辺において，分母分子に適当な x の多項式を掛けることにより，(6.3) の第1式は

$$(6.5)\quad \frac{dy}{dx}=\frac{P(x,y)}{Q(x,y)}$$

と書け，ここで P,Q は x と y との多項式であるとみなすことができる．$a_{1j}(t)$，$b_{1j}(t)$ もすべて t の有理関数であるから，(6.3) の第2式も

$$(6.6)\quad \frac{dy}{dt}=\frac{\mathcal{P}(t,y)}{\mathcal{Q}(t,y)}$$

と書けて，$\mathcal{P},\mathcal{Q}$ は t,y の多項式とみなすことができる．

いままで，y は暗黙のうちに $\boldsymbol{C}$ 内を動く変数と考えてきた．$\boldsymbol{C}\subset\boldsymbol{P}^1$ であって，y は $\boldsymbol{P}^1$ の局所座標変数の一つと考えることができる．もう一つの $\boldsymbol{P}^1$ の局所座標変数を z とすると，$z=1/y$ である．この関係を使い，(6.5), (6.6) から

$$(6.7)\quad \frac{dz}{dx}=\frac{P_1(x,z)}{Q_1(x,z)},\qquad \frac{dz}{dt}=\frac{\mathcal{P}_1(t,z)}{\mathcal{Q}_1(t,z)}$$

が得られる．$P_1,Q_1,\mathcal{P}_1,\mathcal{Q}_1$ はすべて多項式とする．

このように，1階有理的常微分方程式を $\boldsymbol{P}^1$ から $\boldsymbol{P}^1$ への写像に対する方程式

に拡張しておく．(6.5)～(6.7) が一つの常微分方程式の表現であるが，以後は (6.5) をその代表として，(6.5) をもって $\boldsymbol{P}^1$ 上の1階有理的常微分方程式を表すことにする．

なお，P と Q，$\mathcal{P}$ と $\mathcal{Q}$，P_1 と Q_1，$\mathcal{P}_1$ と $\mathcal{Q}_1$ は互いに素であるとしてよい．

§6.2　1階有理的常微分方程式の例と超越特異点

a) 諸　例

簡単のため，$\boldsymbol{P}^1$ 上の1階有理的常微分方程式を考える．以下 C は任意定数である．

例 6.5　$y'+y^2=0$．一般解は

$$y=\frac{1}{x-C}.$$

$x=C$ は対応する解の極であるが，解を $\boldsymbol{P}^1$ への写像と考えれば，どの解も $\boldsymbol{P}^1$ から $\boldsymbol{P}^1$ への整型写像となる．

例 6.6　$2yy'-1=0$．一般解は

$$y=\sqrt{x-C}.$$

どの解も2価関数であって，$x=C$ は代数的特異点で分岐点になっている．$x=\infty$ はどの解に対しても分岐点である．

例 6.7　$xy'+y^2=0$．一般解は

$$y=\frac{1}{\log x-C}.$$

どの解も無限多価である．$x=0$ はどの解に対しても超越特異点であって，そのまわりで無限多価となる分岐点である．$x=e^C$ は対応する解の極となる．

例 6.8　$2xyy'-1=0$．一般解は

$$y=\sqrt{\log x-C}.$$

どの解も無限多価で，$x=0$ はどの解に対しても超越特異点，$x=e^C$ は対応する解の代数的分岐点である．

例 6.9　$x^2y'+y=0$．一般解は

$$y=Ce^{1/x}.$$

どの解も1価で，$x=0$ を真性特異点にもっている．

例 6.10　$xy'-y-x=0$．一般解は

$$y = x\log x+Cx.$$

$x=0$ は超越特異点である．$x\to 0$ のとき，y がどうなるかを調べてみる．$Cx\to 0$ $(x\to 0)$ であるから，$x\log x$ だけを調べればよい．$x=re^{i\theta}$ とおくと

$$x\log x = r\log r\cdot\cos\theta-r\theta\sin\theta+i(r\log r\cdot\sin\theta+r\theta\cos\theta).$$

θ を一定にして，$r\to 0$ とすれば $x\log x\to 0$ となる．一方

$$|x\log x| = r\sqrt{(\log r)^2+\theta^2}$$

であるから，$r\to 0$, $r\theta\to\infty$ となるように x を 0 に近づければ，$|x\log x|\to\infty$ となる．また，$r\to 0$, $r\theta\to\alpha$ $(\alpha>0)$ となるように $x\to 0$ とすれば，$|x\log x|\to\alpha$ となる．したがって，$x\to 0$ とするとき，$x\log x+Cx$ は 0 にも ∞ にもなるようにできる．

問　0に収束する点列 $\{x_n\}$ を適当にとって $\{x_n\log x_n\}$ を任意の値に収束させることができることを示せ．——

以上の例から次のようなことが分る．

(i)　解は1価と限らず，無限多価になることがある．その特異点も代数的特異点に限らず超越特異点が現れる．

(ii)　解の特異点の位置について2種類ある．第1はどの解に対しても同じ所に現れるものであり，第2は解ごとによってその位置が変る特異点である．

b) 関数の Riemann 面と特異点

上の例でみたように，解は一般に多価となり，かつ，超越特異点をもっている．以下，多価関数の Riemann 面と特異点の定義を与えよう．

M は局所座標系 $\{(U_\alpha,\theta_\alpha)\}$ をもつ Riemann 面とする．M 内の曲線を区間 $[t_0, t_1]$ から M への連続写像と考え，曲線 $l\colon [t_0,t_1]\to M$ などと書くことにする．f_0 は M の1点 m_0 の近傍 V_0 において有理型な関数，$l\colon [t_0,t_1]\to M$ は m_0 から出る M 内の曲線とする．§1.3における と同様，f_0 が曲線 l に沿って点 $m_1=l(t_1)$ まで**有理型的に解析接続可能**であることを次のように定義する：

(1)　各 $t\in[t_0,t_1]$ に $l(t)$ の近傍 V_t と V_t において有理型な関数 f_t が定まる．

(2)　$V_0 = V_{t_0}$,　$f_0 = f_{t_0}$.

(3)　各 $\tau\in[t_0,t_1]$ に対し，$\varepsilon>0$ がとれて，$t\in[\tau-\varepsilon,\tau+\varepsilon]\cap[t_0,t_1]$ ならば $l(t)\in V_\tau$ かつ f_t と f_τ は $l(t)$ の適当な近傍で一致する．

M の1点の近傍において有理型な関数をできるだけ有理型的に解析接続することによって，もはやこれ以上広くは有理型的接続ができなくなるような関数が得られる．このようにして得られる関数は M 上1価とは限らない．しかし，適当に Riemann 面を定義して，この関数をその上の1価関数にしたい．そのため新しい概念を導入しよう．

m を Riemann 面 M の点とする．m の開近傍 V において有理型な関数 f に対し，f と V との組 (f, V) を m における**関数要素**といおう．m における二つの関数要素 (f_1, V_1), (f_2, V_2) に対し，$V_3 \subset V_1 \cap V_2$ なる m の近傍がとれて，V_3 において $f_1 = f_2$ のとき，(f_1, V_1) と (f_2, V_2) は同値であるという．この同値関係によって得られる m での関数要素の同値類を m における**有理型関数の芽**，あるいは単に**芽**という．m における関数要素 (f, V) が属する m における芽を $[f, V]_m$ で表そう．m における芽の全体を $\mathcal{M}_m$ とし，$\mathcal{M} = \bigcup_{m \in M} \mathcal{M}_m$ とおく（$m \neq m'$ のとき $\mathcal{M}_m \cap \mathcal{M}_{m'} = \phi$ と考える）．$\mathcal{M}_m$ の元に $m \in M$ を対応させることにより写像 π: $\mathcal{M} \to M$ が得られる．π を $\mathcal{M}$ から M への**射影**という．

問　m における M の局所座標写像を θ，局所座標変数を x，$x_0 = \theta(m)$ とする．そのとき，$\mathcal{M}_m$ は収束 Laurent 級数 $\sum_{-\infty}^{\infty} c_k (x - x_0)^k$（負のベキは有限個）の全体と1対1に対応することを示せ．また，π は $\mathcal{M}$ から M の上への写像であることを示せ．——

$\mathcal{M}$ の元にその近傍系を定義し，$\mathcal{M}$ を位相空間にする．$\mathfrak{f} \in \mathcal{M}_m$ に対し $[f, V]_m = \mathfrak{f}$ となる関数要素 (f, V) をとる．V の点 p に対し V は p の開近傍であるから，関数要素 (f, V) は p における芽 $[f, V]_p$ を定める．そのとき，$\mathcal{V}(f, V) = \{[f, V]_p \mid p \in V\}$ を $\mathfrak{f}$ の近傍と定義する．(f, V) をいろいろにとることにより $\mathfrak{f}$ の近傍系を定める．このように $\mathcal{M}$ の各点に近傍系を定義することにより $\mathcal{M}$ は位相空間になる．

問　$\mathcal{M}$ が位相空間になることを証明せよ．さらに，$\mathcal{M}$ は Hausdorff 空間であることを示せ．

問　射影 π: $\mathcal{M} \to M$ は局所同相写像，すなわち，各点 $\mathfrak{f} \in \mathcal{M}$ に対し適当に $\mathfrak{f}$ の近傍 $\mathcal{V}$ をとると，π: $\mathcal{V} \to \pi(\mathcal{V})$ は同相写像であることを示せ．——

位相空間 $\mathcal{M}$ を M 上の**有理型関数の芽の層**という．この層を $(\mathcal{M}, \pi, M)$ と書くこともある．

$m_0 \in M$ の近傍 V_0 において有理型な関数 f_0 が曲線 l: $[t_0, t_1] \to M$ に沿って有理型的に解析接続可能なことを層の言葉でいい直してみよう．m_0 の近傍 V_0 で有理型な関数 f_0 は $\mathcal{M}$ の元 $\mathfrak{f}_0 \in \mathcal{M}_{m_0}$ を定める．(1) で与えられた f_t, V_t は $\mathcal{M}_{l(t)}$ の元 $\mathfrak{f}_t$ を定めるから，写像 s: $[t_0, t_1] \to \mathcal{M}$ で $s(t)=\mathfrak{f}_t$，$\pi(\mathfrak{f}_t)=l(t)$ を満たすものが定まる．(3) から，$\mathfrak{f}_\tau$ の近傍 $\mathcal{V}(f_\tau, V_\tau)$ に対し，$\varepsilon>0$ がとれて，$t \in [\tau-\varepsilon, \tau+\varepsilon] \cap [t_0, t_1]$ ならば $s(t) \in \mathcal{V}(f_\tau, V_\tau)$，したがって，$s$ は連続であることが分る．以上の考察から，$\mathfrak{f}_0 \in \mathcal{M}_{m_0}$ が m_0 から出る曲線 l: $[t_0, t_1] \to M$ に沿って有理型的に解析接続可能であるとは，連続写像 s: $[t_0, t_1] \to \mathcal{M}$ で $(\pi \circ s)(t)=l(t)$，$s(t_0)=\mathfrak{f}_0$ を満たすものが存在することであると定義してよい．

M の点 m_0 における関数要素 (f_0, V_0) をできる限り有理型的に解析接続して得られる M 上の関数を F' とする．m_1 における関数要素 (f_1, V_1) が (f_0, V_0) から曲線に沿っての接続で得られるならば，(f_1, V_1) は $\mathcal{M}$ の元を定めるが，このような $\mathcal{M}$ の元の全体を $\mathcal{R}'$ とする．$\mathcal{R}'$ の元 $\mathfrak{f}_1$ が m_1 における関数要素 (f_1, V_1) から定まるとき，$F'(\mathfrak{f}_1)=f_1(m_1)$ と定義することにより，F' は $\mathcal{R}'$ 上の1価関数とみなされる．$\mathcal{R}'$ は $\mathcal{M}$ の連結な(さらに弧状連結な)部分集合である．したがって，$\mathcal{R}'$ は連結な位相空間である．$\mathcal{R}'$ が Riemann 面になることを示そう．M の局所座標系を $\{(U_\alpha, \theta_\alpha)\}$ とする．$\mathcal{R}'$ の任意の点 $\mathfrak{f}$ をとる．$\mathfrak{f} \in \mathcal{M}_m$ のとき，m における局所座標近傍 U_α を一つとり，$\mathfrak{f}=[f, V]_m$，$V \subset U_\alpha$ となる関数要素 (f, V) をとる．$\mathfrak{f}$ の局所座標近傍として $\mathcal{V}=\mathcal{V}(f, V)$ をとり，それに対応する局所座標写像として $\vartheta=\theta_\alpha \circ \pi$ をとる．各点 $\mathfrak{f} \in \mathcal{R}'$ に対しこのように局所座標 $(\mathcal{V}, \vartheta)$ を対応させる．$\mathcal{R}'=\bigcup \mathcal{V}$ は明らかである．二つの局所座標近傍 $(\mathcal{V}_1, \vartheta_1)$, $(\mathcal{V}_2, \vartheta_2)$ に対し，$\mathcal{V}_1 \cap \mathcal{V}_2 \neq \phi$，$\vartheta_1=\theta_\alpha \circ \pi$，$\vartheta_2=\theta_\beta \circ \pi$ ならば，$\vartheta_2 \circ \vartheta_1^{-1}=(\theta_\beta \circ \pi) \circ (\theta_\alpha \circ \pi)^{-1}=\theta_\beta \circ \theta_\alpha^{-1}$: $\vartheta_1(\mathcal{V}_1 \cap \mathcal{V}_2) \to \vartheta_2(\mathcal{V}_1 \cap \mathcal{V}_2)$ は $\vartheta_1(\mathcal{V}_1 \cap \mathcal{V}_2)$ において整型である．よって，$\mathcal{R}'$ は $\{(\mathcal{V}, \vartheta)\}$ を局所座標系とする Riemann 面であることが分った．F' は $\mathcal{R}'$ 上の1価有理型関数である．

問　F' は $\mathcal{R}'$ 上の1価有理型関数であることを証明せよ．——

次に，$\mathcal{R}'$ 上の関数 F' の特異点を定義する．$\mathcal{R}'$ 内の曲線 s: $[t_0, t_1] \to \mathcal{R}'$ に対し，$l=\pi \circ s$: $[t_0, t_1] \to M$ は M の曲線である．$s(0)=\mathfrak{f}_0=[f_0, V_0]_{m_0}$ とすれば，関数要素 (f_0, V_0) は M 内の曲線 l: $[t_0, t_1] \to M$ に沿って有理型的に解析接続可能であることに注意しておく．$\mathcal{R}'$ 内の曲線 s: $[t_0, t_1) \to \mathcal{R}'$ で，$t \to t_1$ のとき $s(t)$

は $\mathcal{R}'$ のどの点にも収束しないが，$(\pi\circ s)(t)$ は M の点 p に収束するとする．そのとき，曲線 s は p 上に F' の特異点を定義するとする．しかし，同様な性質をもつ曲線 σ が p 上に F' の特異点を定義するとき，曲線 s と σ が定義する特異点が同じであるか違うかを区別する必要がある．そのため，曲線 s: $[t_0, t_1)\to\mathcal{R}'$ で次の条件

(1) $s(t)$ は $t\to t_1$ のとき $\mathcal{R}'$ のどの点にも収束しない，

(2) $(\pi\circ s)(t)$ は $t\to t_1$ のとき M の点 p に収束する

を満たすものの全体を $\Gamma(p)$ で表し，$\Gamma(p)$ の曲線に同値関係を定義する．$\Gamma(p)\ni s$: $[t_0, t_1)\to\mathcal{R}'$ とする．p の近傍 U に対して，$\pi^{-1}(U)$ の連結成分で s の弧 $s([\tau, t_1))$ $(\tau\in(t_0, t_1))$ を含むものを $\mathcal{U}'(s, U)$ で表す．$s, \sigma\in\Gamma(p)$ に対して，$\mathcal{U}'(s, U)=\mathcal{U}'(\sigma, U)$ がすべて U について成り立つとき，s と σ は同値であるという．この同値関係による $\Gamma(p)$ の同値類を F' の p 上の**特異点**という．つまり，s と σ が同値ならば，s の定める特異点と σ の定める特異点は同じであるとする．F' の p 上の特異点 $\mathfrak{p}$ が $s\in\Gamma(p)$ によって定義されるとき，$\mathcal{U}'(s, U)$ は s によらないから，これを $\mathcal{U}'(\mathfrak{p}, U)$ で表し，$\mathfrak{p}$ の**近傍**という．

次に特異点の分類を行う．集合

$$S_{\mathfrak{p}}'=\bigcap_{U}\overline{\{F'(\mathfrak{f})\,|\,\mathfrak{f}\in\mathcal{U}'(\mathfrak{p}, U)\}}$$

を $\mathfrak{p}$ における F' の**集積値集合**という．U が連結開近傍ならば $\{F'(\mathfrak{f})\,|\,\mathfrak{f}\in\mathcal{U}'(\mathfrak{p}, U)\}$ は $\boldsymbol{P}^1$ の領域であるから，その閉包 $\overline{\{F'(\mathfrak{f})\,|\,\mathfrak{f}\in\mathcal{U}'(\mathfrak{p}, U)\}}$ は閉領域，したがって連続体である．このことから $S_{\mathfrak{p}}'$ は2点以上を含む連続体となるか，ただの1点からなる．特異点 $\mathfrak{p}$ に対し，次の条件が満たされるとき，$\mathfrak{p}$ を F' の**代数的特異点**という．

(3) ある U に対し，$m\in U-\{p\}$ ならば，$\pi(\mathfrak{f})=m$, $\mathfrak{f}\in\mathcal{U}'(\mathfrak{p}, U)$ を満たす $\mathfrak{f}$ の個数は m によらない有限な一定値である．

(4) $S_{\mathfrak{p}}'$ は1点のみからなる．

さて，条件(3)を満たす $\mathfrak{f}$ の個数を k とすると，$k>1$ であることを示そう．U は小さくとってよいから，U は p におけるある局所座標近傍 U_α に含まれているとしてよい．対応する局所座標変数を $x_\alpha=\theta_\alpha(m)$ $(m\in U_\alpha)$ とし，$x_\alpha{}^0=\theta_\alpha(p)$ とする．$k=1$ ならば，$F'\circ\theta_\alpha{}^{-1}$ は $\theta_\alpha(U-\{p\})$ において1価有理型である．一方，

(4) から $\lim_{x_\alpha \to x_\alpha{}^0} (F' \circ \theta_\alpha{}^{-1})(x_\alpha)$ は存在するから，$(F' \circ \theta_\alpha{}^{-1})(x_\alpha)$ は $x_\alpha = x_\alpha{}^0$ において整型か，極をもつことになり，F' が p 上に特異点をもつことに反する．ゆえに，$1 < k < \infty$．$|x_\alpha - x_\alpha{}^0| < r$ は $\theta_\alpha(U)$ に含まれるように r をとる．そのとき，$x_\alpha - x_\alpha{}^0 = x^k$ とおくと，$(F' \circ \theta_\alpha{}^{-1})(x_\alpha{}^0 + x^k)$ は $|x| < r^{1/k}$ において有理型となる．したがって，$(F' \circ \theta_\alpha{}^{-1})(x_\alpha{}^0 + x^k)$ は Laurent 展開

$$(F' \circ \theta_\alpha{}^{-1})(x_\alpha{}^0 + x^k) = \sum_{n=n_0}^{\infty} c_n x^n \qquad (n_0 \gtreqless 0,\ c_{n_0} \neq 0)$$

をもつ．変数を x_α にもどすと，

$$(6.8) \qquad (F' \circ \theta_\alpha{}^{-1})(x_\alpha) = \sum_{n=n_0}^{\infty} c_n (x_\alpha - x_\alpha{}^0)^{n/k}$$

を得る．このような展開を F' の $\mathfrak{p}$ における **Puiseux 展開**という．

さて，F' のすべての代数的特異点 $\mathfrak{p}$ を $\mathcal{R}'$ につけ加えたものを $\mathcal{R}$ とする：$\mathcal{R} = \mathcal{R}' \cup \{\mathfrak{p} \mid \mathfrak{p}$ は代数的特異点$\}$．F' を $\mathcal{R}$ 上の関数 F に拡張する．$\mathfrak{p}$ は F' の代数的特異点で，$k, U_\alpha, \theta_\alpha, x_\alpha, x_\alpha{}^0, r, x$ を前とおなじとし，(6.8) を F' の $\mathfrak{p}$ における Puiseux 展開とする．そのとき，

$$F(\mathfrak{p}) = \begin{cases} \infty & (n_0 < 0) \\ c_0 & (n_0 = 0) \\ 0 & (n_0 > 0) \end{cases}$$

と定義する．$\mathfrak{p}$ における局所座標 $(\mathcal{V}, \vartheta)$ を

$$\mathcal{V} = \{(\pi^{-1} \circ \theta_\alpha{}^{-1})(x_\alpha) \mid |x_\alpha - x_\alpha{}^0| < r\},$$
$$\vartheta\colon \mathcal{V} \longrightarrow \boldsymbol{C}\colon\ (\pi^{-1} \circ \theta_\alpha{}^{-1})(x_\alpha) \longmapsto x$$

によって定義する．そのとき，$\mathcal{R}$ は Riemann 面になることがわかる．$\mathfrak{p}$ を F の**代数的特異点**または**代数的分岐点**という．p 上の代数的特異点 $\mathfrak{p}$ に対し $\pi(\mathfrak{p}) = p$ とおくことにより，$\mathcal{R}$ から M への射影 $\pi\colon \mathcal{R} \to M$ を定義する．解析接続の理論から，F の代数的特異点を定義する $\mathcal{R}'$ の道 $s\colon [t_0, t_1) \to \mathcal{R}'$ として，F' が s 上で整型であるようなものがとれることが知られている．

問 $\mathcal{R}$ は Riemann 面であることを証明せよ．——

F を $V_0 \subset M$ において有理型な関数 f_0 の定める**複素解析関数**といい，$\mathcal{R}$ を F の M 上の **Riemann 面**という．F' の代数的特異点でない $q \in M$ 上の特異点を F の q 上の**超越特異点**という．F が q 上に超越特異点 $\mathfrak{q}$ をもつということは，

$\mathfrak{q}$ を定義する $\mathcal{R}'$ 内の曲線が存在することであるが，その曲線として F' をその上で整型であるようなものにとれることが代数的特異点のときと同様にいえる．

また，F が q 上に超越特異点 $\mathfrak{q}$ をもつことは，$\mathcal{R}$ 内の曲線 $s\colon [t_0, t_1)\to\mathcal{R}$ で $t\to t_1$ のとき，$s(t)$ は $\mathcal{R}$ のどの点にも収束しないが，$(\pi\circ s)(t)$ は M の点 q に収束するものが存在するといってもよい．F の q 上の超越特異点 $\mathfrak{q}$ に対して，その近傍 $\mathcal{U}(\mathfrak{q}, U)$ を前と同様に $\pi^{-1}(U)$ の $\mathcal{R}$ における連結成分と定義する．q の近傍 U をどんなに小さくとっても，$\pi\colon \mathcal{U}(\mathfrak{q}, U)\to U$ が単射でないとき，$\mathfrak{q}$ を F の**分岐点**という．F の q 上の超越特異点 $\mathfrak{q}$ に対し，その集積値集合 $S_{\mathfrak{q}}$ を前と同様に

$$S_{\mathfrak{q}} = \bigcap_U \overline{\{F(\mathfrak{f}) \mid \mathfrak{f} \in \mathcal{U}(\mathfrak{q}, U)\}}$$

によって定義する．

問　いま定義した集積値集合は，前に定義した集積値集合と一致することを示せ．——

$S_{\mathfrak{q}}$ が1点のみからなるとき，$\mathfrak{q}$ を**通性超越特異点**，$S_{\mathfrak{q}}$ が2点以上含む連続体のとき，$\mathfrak{q}$ を**真性超越特異点**という．$\pi\colon \mathcal{U}(\mathfrak{q}, U)\to U-\{q\}$ が全単射ならば，$\mathfrak{q}$ は真性特異点であり，さらに F が $\mathcal{U}(\mathfrak{q}, U)$ において整型ならば，

$$(F\circ\vartheta^{-1})(x) = \sum_{n=-\infty}^{\infty} c_n x^n \qquad (\text{負のベキは無限個})$$

なる Laurent 展開をもつ．ここで x は q の局所座標変数である．

例 6.11　$\log x$ を $\boldsymbol{P}^1$ 上の無限多価関数とすると，その Riemann 面 $\mathcal{R}$ はよく知られているように

$$\mathcal{R} = \{(r, \theta) \mid 0<r<\infty,\ -\infty<\theta<\infty\}$$

で，$\pi((r, \theta)) = re^{i\theta}$ となる．そのとき，$\log x$ は $x=0$ 上にただ一つの通性超越特異点 $\boldsymbol{o}$ をもち，0 における $\log x$ の集積値集合 $S_{\boldsymbol{o}}$ は $\{\infty\}$ となる．$x=\infty$ 上についても同様である．$\log x$ は e^x の逆関数である．f を $\boldsymbol{C}$ における有理型関数で ∞ を真性特異点にもつとすれば，f の逆関数 g を $\boldsymbol{P}^1$ 上の無限多価関数とみなしたとき，その超越特異点はすべて通性で，そこにおける集積値集合は $\{\infty\}$ となることが知られている．——

問　$\cos x$ の逆関数 $\arccos x = \log(x\pm\sqrt{x^2-1})/i$ を $\boldsymbol{P}^1$ 上の関数と考えたと

きの代数的特異点，超越特異点を調べよ．——

例 6.12 $x\log x$ を $\boldsymbol{P}^1$ 上の多価関数と考える．そのとき，$x=0$ 上には真性特異点をもち，$x=\infty$ 上には通性特異点をもつ．

例 6.13 $|x|<1$ を Jordan 曲線 C で囲まれた領域 D へ等角に移す関数 $f(x)$ はつねに存在する．さらに f は $|x|\leqq 1$ から $\bar{D}$ の上への双連続な写像となる．もし C がどの点においても接線をもたなければ，$f(x)$ は $|x|=1$ を自然境界とする．したがって，f の Riemann 面を $\boldsymbol{P}^1$ 上の Riemann 面と考えると，$|x|=1$ 上のどの点も f の超越特異点であって，かつ通性である．

§6.3 動かない特異点と動く特異点

a) 解の Puiseux 展開

微分方程式

$$\frac{dy}{dx}=\frac{f(x,y)}{g(x,y)} \tag{6.9}$$

を考える．f, g は $(x,y)=(a,b)$ において整型かつ互いに素とする．$g(a,b)\neq 0$ ならば，(6.9) の右辺は (a,b) で整型であるから，解の存在定理が適用できる．$y=\varphi(x)$ が (6.9) の解でその逆関数 $x=\psi(y)$ が存在すれば，$x=\psi(y)$ は

$$\frac{dx}{dy}=\frac{g(x,y)}{f(x,y)} \tag{6.10}$$

の解である．$y=\varphi(x)$ が逆関数をもたないのは，$\varphi(x)$ が定数関数のときに限ることに注意しておく．$g(a,b)=0$ であっても $f(a,b)\neq 0$ ならば，(6.10) の右辺は (a,b) において整型となるから，(6.10) に解の存在定理を適用できる．このことから，次の定理を証明しよう．

定理 6.1 f, g は (a,b) において整型かつ互いに素で

$$f(a,b)\neq 0,\qquad g(a,b)=0,\qquad g(a,y)\not\equiv 0\quad (b \text{ の近傍で})$$

とする．$y=\varphi(x)$ は点 a に収束する曲線 l: $[0,1)\to \boldsymbol{C}$ 上の各点で整型な (6.9) の解で $\varphi(l(t))\to b\ (t\to 1)$ とする．そのとき，$\varphi(x)$ は $x=a$ において代数的特異点をもち，a の近傍で Puiseux 展開

$$\varphi(x)=b+\sum_{\nu=1}^{\infty}c_\nu(x-a)^{\nu/k} \tag{6.11}$$

をもつ．ここで $k>1$.

証明　$|x-a|<r$, $|y-b|<r$ において $f(x,y)\neq 0$ となるように r をとる．$|l(t)-a|<r$, $|\varphi(l(t))-b|<r$ $(0\leqq t<1)$ と仮定しても一般性を失わない．そのとき，l 上で φ' は0にならない．したがって，$y=\varphi(x)$ は逆関数 $x=\psi(y)$ をもつ．$m(t)=\varphi(l(t))$ とおけば，m: $[0,1)\to \boldsymbol{C}$ は $t\to 1$ のとき b に収束する曲線であって，$\varphi'(l(t))\neq 0$ から $\psi(y)$ は曲線 m 上で整型となる．$\psi(m(t))=l(t)$ であるから，$\psi(m(t))\to a$ $(t\to 1)$ である．定理1.9を(6.10)の解 $x=\psi(y)$ に適用すれば $\psi(y)$ は $y=b$ で整型なことがいえる．$g(a,b)=0$ であるから $\psi'(b)=0$ である．したがって $\psi(y)$ の Taylor 展開は

$$\psi(y)=a+\sum_{\nu=k}^{\infty}d_\nu(y-b)^\nu \qquad (d_k\neq 0)$$

と書けて，$k>1$ である．これから $\varphi(x)$ の Puiseux 展開(6.11)を得る．▌

問　定理6.1において

$$g(a,y)=\sum_{\nu=l}^{\infty}e_\nu(y-b)^\nu \qquad (e_l\neq 0)$$

ならば $k=l+1$ であることを示せ．

b) Painlevé の定理

$\boldsymbol{P}^1$ 上で定義された1階の有理的常微分方程式

$$\frac{dy}{dx}=\frac{P(x,y)}{Q(x,y)} \tag{6.12}$$

を考える．ここで P, Q は x, y の互いに素な多項式とする．$x=1/t$; $y=1/z$; $x=1/t$, $y=1/z$ とおいたときの方程式をそれぞれ

$$\frac{dy}{dt}=\frac{\mathcal{P}(t,y)}{\mathcal{Q}(t,y)},\qquad \frac{dz}{dx}=\frac{P_1(x,z)}{Q_1(x,z)},\qquad \frac{dz}{dt}=\frac{\mathcal{P}_1(t,z)}{\mathcal{Q}_1(t,z)} \tag{6.13}$$

とする．$\mathcal{P}$ と $\mathcal{Q}$ は互いに素な t, y の多項式，P_1 と Q_1 は互いに素な x, z の多項式，$\mathcal{P}_1$ と $\mathcal{Q}_1$ は互いに素な t, z の多項式とする．

ここで次の規約をする：$b\in \boldsymbol{C}$ のとき，

$$P(\infty,b)=0 \Leftrightarrow \mathcal{P}(0,b)=0,$$
$$Q(\infty,b)=0 \Leftrightarrow \mathcal{Q}(0,b)=0.$$

$a\in \boldsymbol{C}$ のとき，

$$P(a,\infty)=0 \Leftrightarrow P_1(a,0)=0,$$

$$Q(a,\infty)=0 \Leftrightarrow Q_1(a,0)=0.$$

さらに

$$P(\infty,\infty)=0 \Leftrightarrow \mathcal{P}_1(0,0)=0,$$

$$Q(\infty,\infty)=0 \Leftrightarrow \mathcal{Q}_1(0,0)=0.$$

$\boldsymbol{P}^1$ の部分集合 Ξ_1, Ξ_2 を

$$\Xi_1=\{\xi\in\boldsymbol{P}^1 \mid Q(\xi,y)\equiv 0\},$$

$$\Xi_2=\{\xi\in\boldsymbol{P}^1 \mid \xi\notin\Xi_1, \exists\eta\in\boldsymbol{P}^1;\ P(\xi,\eta)=Q(\xi,\eta)=0\}$$

によって定義する．Ξ_1, Ξ_2 は有限集合であることに注意する．次の定理は Painlevé の定理とよばれている．

定理 6.2 φ は (6.12) の解で，その $\boldsymbol{P}^1$ 上の Riemann 面を $\mathcal{R}$ とする．

(1) φ が点 $a\in\boldsymbol{P}^1-\Xi_1\cup\Xi_2$ 上に特異点 $\mathfrak{a}$ をもてば，$\mathfrak{a}$ は代数的特異点である．

(2) φ が $\xi\in\Xi_2$ 上に超越特異点 $\boldsymbol{\xi}$ をもてば，$\boldsymbol{\xi}$ は通性超越特異点である．

証明 π: $\mathcal{R}\to\boldsymbol{P}^1$ を射影とする．

まず (1) から証明しよう．$a\neq\infty$ と仮定してよい．なぜならば，$a=\infty$ のときには (6.13) の第1と第3の方程式を $t=0$ の近傍で考えればよいからである．$Q(a,y)\not\equiv 0$ であるから，$Q(a,y)=0$ を満たす y の値は有限個である．それを $b_1,\cdots,b_n$ とする．

φ の特異点 $\mathfrak{a}$ を定義する $\mathcal{R}$ 内の曲線 s: $[t_0,t_1)\to\mathcal{R}$ で，φ が曲線 s 上で整型となるものをとる．$l(t)=(\pi\circ s)(t)$ とおけば，l: $[t_0,t_1)\to\boldsymbol{P}^1$ は $\boldsymbol{C}$ 内の曲線としてよい．さらに $l(t)\to a\ (t\to t_1)$ である．$(\varphi\circ\pi^{-1})(x)$ は一般に $\boldsymbol{P}^1$ 上の多価関数であるが，曲線 s に対応する分枝 $\varphi_0(x)$ は曲線 l 上で整型な (6.12) の解である．x が l に沿って a に近づくとき $\varphi_0(x)$ が $b_1,\cdots,b_n$ のどれかに収束することが証明されれば，$\varphi_0(x)$ は $x=a$ 上に代数的特異点，すなわち $\mathfrak{a}$ は φ の代数的特異点となり，(1) は証明されたことになる．a に収束する二つの点列 $\{x_\nu'\}_{\nu=1}^{\infty}$, $\{x_\nu''\}_{\nu=1}^{\infty}$ が存在して $\varphi_0(x_\nu')\to b'$, $\varphi_0(x_\nu'')\to b''\ (\nu\to\infty)$ かつ $b'\neq b''$ とする．そのとき，集合 $\{b=\lim\varphi_0(x_\nu) \mid \{x_\nu\}$ は a に収束する l 上の点列$\}$ は b' と b'' とを含む $\boldsymbol{P}^1$ 内の連続体となる．したがって，この集合は $Q(a,b)\neq 0$ を満たす $b\in\boldsymbol{C}$ を含む．定理 1.9 によって $\varphi_0(x)$ は $x=a$ で整型となり，φ が特異点 $\mathfrak{a}$ をもつことに矛盾する．ゆえに，$\varphi_0(x)$ は x が l に沿って a に近づくとき，一定値 b に収束する．b は $b_1,\cdots,b_n$ のどれかでなければならない．もしそうでなければ，再び定理 1.9

によって $\varphi_0(x)$ は $x=a$ で整型となるからである．

次に (2) を証明しよう．前と同様に $\xi\neq\infty$ としてよい．仮定から $Q(\xi,y)\not\equiv 0$ であるから，$Q(\xi,y)=0$ は有限個の根 $\eta_1,\cdots,\eta_n$ をもつ．φ の $\boldsymbol{\xi}$ における集積値集合

$$S_{\boldsymbol{\xi}}=\bigcap_U \overline{\{\varphi(\mathfrak{p})\mid \mathfrak{p}\in\mathcal{U}(\boldsymbol{\xi},U)\}}$$

が $\eta_1,\cdots,\eta_n$ のうちの一つからなることを示せばよい．$\boldsymbol{\xi}$ が真性特異点ならば，すなわち，$S_{\boldsymbol{\xi}}$ が 2 点以上含む連続体ならば，$S_{\boldsymbol{\xi}}$ は $Q(a,b)\neq 0$ となる $b\in\boldsymbol{C}$ を含む．そのとき，$\boldsymbol{\xi}$ に収束する $\mathcal{R}$ の点列 $\{\mathfrak{p}_\nu\}$ で $\varphi(\mathfrak{p}_\nu)\to b\ (\nu\to\infty)$ となるものが存在する．この点列に対し，$\boldsymbol{\xi}$ に収束する曲線 s: $[t_0,t_1)\to\mathcal{R}$ で，$\mathfrak{p}_\nu$ はすべて s 上にありかつ φ は s 上で整型であるようなものがとれる．以下 (1) の証明と同様にして，これは $\boldsymbol{\xi}$ が特異点であることに矛盾することが示される．よって，$S_{\boldsymbol{\xi}}$ は 1 点 η からなり，η は $\eta_1,\cdots,\eta_n$ のどれかと一致することが分る．$\boldsymbol{\xi}$ が超越特異点ということから，$P(\xi,\eta)=0$ であることもいえる．▌

集合 $\Xi_1\cup\Xi_2$ の点を方程式 (6.12) の**動かない特異点**という．解 φ が $\Xi_1\cup\Xi_2$ 外に特異点をもつとき，その特異点は φ の**動く特異点**といわれる．そのとき，定理 6.2 の (1) は，解の動く特異点が代数的特異点であることを主張している．

$\boldsymbol{P}^1\times\boldsymbol{P}^1$ 内の集合 $\{(p,q)\mid P(p,q)=0\}$ は $\boldsymbol{P}^1\times\boldsymbol{P}^1$ 内のいくつかの代数曲線からなり，関数 P/Q の零点集合である．($\{\infty\}\times\boldsymbol{P}^1$, $\boldsymbol{P}^1\times\{\infty\}$ の所では P/Q でなく $\mathcal{P}/\mathcal{Q}$, P_1/Q_1, $\mathcal{P}_1/\mathcal{Q}_1$ を考えなくてはいけない.) 同様に，$\{(p,q)\mid Q(p,q)=0\}$ は代数曲線よりなり P/Q の極集合である．$\xi\in\Xi_1$ であることは P/Q が $\{\xi\}\times\boldsymbol{P}^1$ に極をもち，$\xi\in\Xi_2$ であることは集合 $\{\xi\}\times\boldsymbol{P}^1$ は P/Q の極でなく ξ が P/Q の不確定点の第 1 座標であるといってよい．

例 6.14
$$\frac{dy}{dx}=\frac{x^2-x+y^2}{2xy}.$$

この方程式に対し

$$\begin{aligned}
P(x,y)&=x^2-x+y^2, & Q(x,y)&=2xy,\\
\mathcal{P}(t,y)&=-1+t-t^2y^2, & \mathcal{Q}(t,y)&=2t^3y,\\
P_1(x,z)&=-x^2z^3+xz^3-z, & Q_1(x,z)&=2x,\\
\mathcal{P}_1(t,z)&=z^3-tz^3+t^2z, & \mathcal{Q}_1(t,z)&=2t^3
\end{aligned}$$

であるから，

$$\Xi_1 = \{0, \infty\}, \qquad \Xi_2 = \{1\}$$

である．集合 $\{(p, q) \mid P(p, q) = 0\}$，$\{(p, q) \mid Q(p, q) = 0\}$ は図のような感じになる．

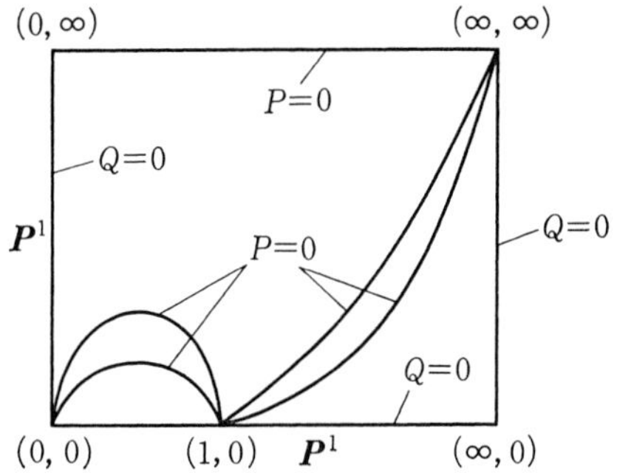

図 6.1

問 例6.14の方程式を $y^2 = z$ とおいて解け．解の $x=0$，∞ 上の特異点を調べよ．

c) Picard 型の定理

微分方程式 (6.12) の解が真性特異点をもつとすれば，それは Ξ_1 の点の上にある．$\xi \in \Xi_1$ とする (簡単のため $\xi \neq \infty$ とする)．

$$Q(x, y) = \sum_{k=0}^{n} b_k(x) y^k$$

とおくと，

$$Q(\xi, y) \equiv 0 \iff b_k(\xi) = 0 \qquad (k=0, 1, \cdots, n)$$

である．これから多項式 $b_k(x)$ はすべて $x-\xi$ を因子として含むことがわかる．$x-\xi$ のベキをくくり出し

$$Q(x, y) = (x-\xi)^{\sigma+1} \tilde{Q}(x, y)$$

とできる．ここで $\sigma \geqq 0$，$\tilde{Q}(\xi, y) \not\equiv 0$．

次の定理は筆者による．

定理 6.3 φ は方程式 (6.12) の解で，その Riemann 面を $\mathcal{R}$ とする．φ が ξ 上に真性特異点 $\boldsymbol{\xi}$ をもてば，φ は $P(\xi, y) = 0$ の根以外のすべての値を $\boldsymbol{\xi}$ の任意の近傍 $\mathcal{U}(\boldsymbol{\xi}, U)$ において取る．

証明 $\xi\neq\infty$ と仮定してよい．$P(\xi, y)=0$ の異なる根を $\eta_1, \cdots, \eta_m$ とする．φ の $\boldsymbol{\xi}$ における集積値集合 $S_{\boldsymbol{\xi}}$ は仮定により2点以上含む連続体である．

次の命題が証明されたとしよう．

(3) $\eta_1, \cdots, \eta_m$ と異なる $\eta\in S_{\boldsymbol{\xi}}$ の点に対し，正の数 δ が次のようにとれる．任意の $r>0$ に対し，$U=\{x\,|\,|x-\xi|<r\}$ としたとき，φ の $\mathcal{U}(\boldsymbol{\xi}, U)$ における値域 $\{\varphi(\mathfrak{p})\,|\,\mathfrak{p}\in\mathcal{U}(\boldsymbol{\xi}, U)\}$ は円板 $|y-\eta|<\delta$ ($\eta=\infty$ のときは $|y|>1/\delta$) を含む．

まず $S_{\boldsymbol{\xi}}=\boldsymbol{P}^1$ であることがいえる．実際，もし $S_{\boldsymbol{\xi}}\neq\boldsymbol{P}^1$ とすれば，$S_{\boldsymbol{\xi}}$ は $\eta_1, \cdots, \eta_m$ と異なる境界点 η をもつ．$\eta\in S_{\boldsymbol{\xi}}$ であるから，命題から任意の $\mathcal{U}(\boldsymbol{\xi}, U)$ に対し，$\{\varphi(\mathfrak{p})\,|\,\mathfrak{p}\in\mathcal{U}(\boldsymbol{\xi}, U)\}$ は一定の円板 $|y-\eta|<\delta$ (または $|y|>1/\delta$) を含む．このことから $S_{\boldsymbol{\xi}}$ が $|y-\eta|<\delta$ (または $|y|>1/\delta$) を含むことがいえる．したがって，η は $S_{\boldsymbol{\xi}}$ の内点となり，η が $S_{\boldsymbol{\xi}}$ の境界点であることに反する．ゆえに $S_{\boldsymbol{\xi}}=\boldsymbol{P}^1$ である．

次に φ は $\eta_1, \cdots, \eta_m$ と異なる任意の値 η を $\mathcal{U}(\boldsymbol{\xi}, U)$ 内で取ることを示す．実際，$\eta\in S_{\boldsymbol{\xi}}$ であるから，命題によって φ は $\mathcal{U}(\boldsymbol{\xi}, U)$ において $|y-\eta|<\delta$ (または $|y|>1/\delta$) 内の任意の値をとる．特に値 η を取る．

以上から定理の証明は (3) の証明に帰着されたことになる．$\eta\in S_{\boldsymbol{\xi}}$，$\eta\neq\eta_1, \cdots, \eta_m$ とする．簡単のため $\eta\neq\infty$ と仮定しよう．そのとき，与えられた $\delta>0$ に対し，φ は $\boldsymbol{\xi}$ の任意の近傍 $\mathcal{U}(\boldsymbol{\xi}, U)$ の1点 $\mathfrak{p}_0$ において $|y-\eta|<\delta$ 内の値 y_0 をとる．π: $\mathcal{R}\to\boldsymbol{P}^1$ を射影とし，U として円板 $|x-\xi|<r$ をとる．そのとき，$\boldsymbol{P}^1$ 上の多価関数 $(\varphi\circ\pi^{-1})(x)$ の近傍 $\mathcal{U}(\boldsymbol{\xi}, U)$ に対応する分枝を $\varphi_r(x)$ で表す：$\varphi_r(x)=\varphi(\mathfrak{p})$，$\mathfrak{p}\in\mathcal{U}(\boldsymbol{\xi}, U)$，$\pi(\mathfrak{p})=x$．$x_0=\pi(\mathfrak{p}_0)$ とすると，$\varphi_r(x)$ は $y_0=y(x_0)$ を満たす (6.12) の解である．$\rho, \delta>0$ を十分小さくとって，$|x-\xi|<\rho$ 内には ξ 以外に $\Xi_1\cup\Xi_2$ の点がなく，さらに $|x-\xi|<\rho$，$|y-\eta|<\delta$ において $|P(x, y)|\geqq\alpha>0$ とする．(6.12) を

$$\frac{dy}{dx}=\frac{P(x, y)}{(x-\xi)^{\sigma+1}\tilde{Q}(x, y)} \qquad (\sigma\geqq 0,\ \ \tilde{Q}(\xi, y)\not\equiv 0) \tag{6.14}$$

と書き直しておく．$f(x, y)=\tilde{Q}(x, y)/P(x, y)$ は $|x-\xi|<\rho$，$|y-\eta|<\delta$ において整型かつ有界：$|f(x, y)|\leqq M$ となる．必要ならば，ρ, δ をさらに小さくとって，関数 $(x-\xi)^{\sigma+1}f(x, y)$ は $|x-\xi|<\rho$，$|y-\eta|<\delta$ において x に関する Lipschitz の条件

(6.15) $$|(x-\xi)^{\sigma+1}f(x,y)-(x'-\xi)^{\sigma+1}f(x',y)| \leqq L|x'-x|$$

を満たすとしてよい．任意の r $(0<r\leqq\rho)$ に対して φ_r は $|x_0-\xi|<r/2$ を満たす点 x_0 で $|y-\eta|<\delta$ 内の値 y_0 をとる．円板 $|x-x_0|<|x_0-\xi|$ は $|x-\xi|<2|x_0-\xi|$ $(<r)$ に含まれるから，$\varphi_r(x)$ は円板 $|x-x_0|<|x_0-\xi|$ 内で $|y-\eta|<\delta$ 内のすべての値を取ることをいえば (3) が証明される．解は初期条件 $y_0=y(x_0)$ できまり，x_0 はいくらでも ξ に近くてよいことにすれば，(3) を証明するには次のことを証明すれば十分である．

(4) $|x_0-\xi|<\rho/2$, $|y_0-\eta|<\delta$ としたとき，$y_0=y(x_0)$ を満たす (6.14) の解 $\varphi(x)$ は $|x-x_0|<|x_0-\xi|$ において $|y-\eta|<\delta$ 内の任意の値をとるように δ をとれる．

解 $y=\varphi(x)$ の逆関数を $x=\psi(y)$ とする．(4) は $\varphi(x)$ の値域 $\{\varphi(x)\,|\,|x-x_0|<|x_0-\xi|\}$ は円板 $|y-\eta|<\delta$ を含むことを主張している．この事実を $\psi(y)$ についていえば，$\psi(y)$ は円板 $|y-\eta|<\delta$ において存在して不等式 $|\psi(y)-x_0|<|x_0-\xi|$ を満たすことに他ならない．したがって次のことを証明すればよい．

(5) δ を小さくとれば $|x_0-\xi|<\rho/2$, $|y_0-\eta|<\delta$ のとき，$x_0=\psi(y_0)$ を満たす

(6.16) $$\frac{dx}{dy}=(x-\xi)^{\sigma+1}f(x,y)$$

の解 $x=\psi(y)$ は $|y-\eta|<\delta$ において整型で不等式

(6.17) $$|\psi(y)-x_0| < |x_0-\xi|$$

を満たす．

$\rho\leqq 1$ と仮定しておいてよい．そのときは δ を $2^{\sigma+2}M\delta<1$ が満たされるようにとればよいことを示そう．逐次近似法による．

$$\psi_0(y)=x_0,$$

$$\psi_\nu(y)=x_0+\int_{y_0}^{y}(\psi_{\nu-1}(y)-\xi)^{\sigma+1}f(\psi_{\nu-1}(y),y)\,dy$$

によって近似関数を定義する．そのとき，$\psi_\nu(y)$ はすべて $|y-\eta|<\delta$ において整型で不等式

(6.18) $$|\psi_\nu(y)-x_0| < |x_0-\xi|$$

を満たすことを証明すればよい．なぜなら (6.15) によって $\sum(\psi_\nu(y)-\psi_{\nu-1}(y))$ は $|y-\eta|<\delta$ において一様収束，したがって $\{\psi_\nu\}$ が $|y-\eta|<\delta$ において一様収

束することが分り，さらに(6.18)から(6.17)が導かれるからである($\psi(y)$は定数値関数でないことに注意).

$$|\psi_1(y)-x_0| \leqq \int_{y_0}^{y} |x_0-\xi|^{\sigma+1}|f(x_0, y)||dy|$$
$$\leqq |x_0-\xi|\cdot M\cdot 2\delta < |x_0-\xi|$$

であるから，(6.18)が $\nu=1$ に対して成り立つ．$|\psi_1(y)-\xi| \leqq |\psi_1(y)-x_0|+|x_0-\xi|<2|x_0-\xi|<\rho$ であるから，$\psi_2(y)$ は $|y-\eta|<\delta$ において定義され整型で，

$$|\psi_2(y)-x_0| \leqq \int_{y_0}^{y} 2^{\sigma+1}|x_0-\xi|^{\sigma+1}|f(\psi_1(y), y)||dy|$$
$$\leqq 2^{\sigma+2}M\delta|x_0-\xi| < |x_0-\xi|$$

であるから，(6.18)は $\nu=2$ に対して成り立つ．以下帰納法により(6.18)が証明される．▮

d) 動く分岐点をもたない方程式

Painlevé の定理により，動く特異点は代数的特異点であった．代数的特異点は分岐点であるから，動く特異点を**動く分岐点**ともいう．動く分岐点をもたない方程式を求めてみよう．

$Q(x, y)$ の y に関する次数が正とする．$\Xi_1 \cup \Xi_2$ 外の任意の a に対し $Q(a, b)=0$ となる b がとれる．$a \notin \Xi_1 \cup \Xi_2$ であるから $P(a, b) \neq 0$．したがって定理6.1から $y(a)=b$ を満たす(6.12)の解は $x=a$ を代数的分岐点にもつ．ゆえに，(6.12)が動く分岐点をもたないためには $Q(x, y)$ は x の多項式でなければならない．

$$Q(x, y) = b(x), \qquad P(x, y) = a_0(x)+a_1(x)y+\cdots+a_m(x)y^m$$

とする．$z=1/y$ によって(6.12)が

$$\frac{dz}{dx} = \frac{P_1(x, z)}{Q_1(x, z)} \tag{6.19}$$

に移ったとする．$m>2$ ならば

$$P_1(x, z) = -z^m P\left(x, \frac{1}{z}\right) = -a_m(x)-a_{m-1}(x)z-\cdots-a_0(x)z^m,$$
$$Q_1(x, z) = b(x)z^{m-2}$$

であるから，$Q_1(x, 0) \equiv 0$ となる．したがって $z(a)=0$ $(a \notin \Xi_1 \cup \Xi_2)$ を満たす(6.19)の解は $x=a$ を代数的分岐点にもつ．したがって(6.12)の解も $x=a$ を代数的分岐点にもつこととなるから，(6.12)が動く分岐点をもたないためには $m \leqq 2$

でなければならない．このことから，(6.12) は Riccati の方程式

$$y' = \alpha(x) + \beta(x)y + \gamma(x)y^2$$

でなければならないことが分った．α, β, γ は x の有理関数である．

e) 1階の代数的常微分方程式

微分方程式

$$F(x, y, y') = 0 \qquad (6.20)$$

は，F が y, y' の多項式のとき，**1階の代数的常微分方程式**といわれる．$F(x, y, y')$ が x, y, y' の多項式のときには，定理 6.2, 6.3 は (6.20) に拡張される．したがって，動く特異点は代数的特異点である．この事実は，1階であっても代数的でない方程式や高階または連立の方程式に対しては成立しない．

例 6.15 方程式 $y'=e^{-y}$ の一般解は $y=\log(x-C)$ (C は任意定数) で，超越特異点 $x=C$ は解によって位置が変る．すなわち動く超越特異点である．

例 6.16 2階の有理的常微分方程式

$$y'' = \frac{2yy'+y'^2}{y^2}$$

は一般解

$$y = \frac{1}{\log(x-C)-C'} \qquad (C, C' \text{ は任意定数})$$

をもつ．$x=C$ は動く超越特異点である．——

方程式 (6.20) が動く分岐点をもたないための必要十分条件は Fuchs によって求められた．Poincaré はさらに動く分岐点をもたない方程式 (6.20) は適当な変換で Riccati の方程式に移るか，楕円関数を使って解けるか，積分することなく代数的に解けて解はすべて代数関数であることを証明した．

f) 高階および連立常微分方程式

例 6.16 でみたように高階および連立の微分方程式は有理的であっても動く超越特異点をもつことがある．2階の有理的常微分方程式

$$\frac{d^2y}{dx^2} = \frac{P(x, y, y')}{Q(x, y, y')} \qquad (P, Q \text{ は } x, y, y' \text{ の多項式})$$

が動く（代数的および超越的）分岐点をもたないための条件が Painlevé とその門下の Gambier によって決定された．その証明には厖大な計算と深い考察が必要

となる.

§6.4 幾何学的大域理論

a) 複素多様体上のベクトル場

M は n 次元複素多様体で, $\{(U_\alpha, \theta_\alpha)\}_{\alpha\in A}$ をその局所座標系, $\boldsymbol{x}_\alpha=(x_{1\alpha}, \cdots, x_{n\alpha})$ を $\theta_\alpha(U_\alpha)$ における局所座標変数とする. 各 $\alpha\in A$ に対しベクトル場

$$(6.21)_\alpha \qquad X_\alpha = \sum_{i=1}^{n} f_{i\alpha}(\boldsymbol{x}_\alpha)\frac{\partial}{\partial x_{i_\alpha}}$$

が与えられているとする. $\boldsymbol{f}_\alpha=(f_{1\alpha}, \cdots, f_{n\alpha})$ は $\theta_\alpha(U_\alpha)$ において整型で, $U_\alpha\cap U_\beta \neq \phi$ のとき $(6.21)_\alpha$ は $\boldsymbol{x}_\alpha=\theta_\alpha\circ\theta_\beta{}^{-1}(\boldsymbol{x}_\beta)$ によって $(6.21)_\beta$ に変換されるならば, $\{X_\alpha\}$ を M 上の**整型なベクトル場**といい, 一つの文字 X で表そう. $\boldsymbol{f}_\alpha(\theta_\alpha(m))=0$ $(m\in U_\alpha)$ となる点 m を X の**特異点**という. M 上の整型なベクトル場 X に対応する微分方程式

$$(6.22)_\alpha \qquad \frac{dx_{1\alpha}}{f_{1\alpha}(\boldsymbol{x}_\alpha)} = \cdots = \frac{dx_{n\alpha}}{f_{n\alpha}(\boldsymbol{x}_\alpha)}$$

の集合を M 上の整型な**常微分方程式**といい, X の特異点をこの常微分方程式の**特異点**という.

$(6.21)_\alpha$ に対し, $\boldsymbol{f}_\alpha$ が $\theta_\alpha(U_\alpha)$ で有理型で, 上のような変換法則が満たされているとき, $\{X_\alpha\}$ は M 上の**有理型なベクトル場**という. M 上の有理型ベクトル場に対応する常微分方程式を M 上の**有理型常微分方程式**という.

$P_1(x_1, \cdots, x_n), \cdots, P_n(x_1, \cdots, x_n)$ が $x_1, \cdots, x_n$ の有理関数ならば, ベクトル場

$$(6.23) \qquad X_0 = \sum_{i=1}^{n} P_i(x_1, \cdots, x_n)\frac{\partial}{\partial x_i}$$

は $\boldsymbol{C}^n$ 上の有理型的なベクトル場である. このベクトル場 X_0 は次のようにして n 次元射影空間 $\boldsymbol{P}^n$ 上の有理型ベクトル場に拡張される. $\xi_0, \xi_1, \cdots, \xi_n$ を $\boldsymbol{P}^n$ の同次座標とし, 前のように, $\boldsymbol{P}^n$ の局所座標系 $\{(U_\alpha, \theta_\alpha)\}_{\alpha=0}^{n}$ を定義する. $\theta_\alpha(U_\alpha)$ における局所座標変数を $\boldsymbol{x}_\alpha=(x_{1\alpha}, \cdots, x_{n\alpha})$ とおくと, 規約によって

$$x_i = x_{i0} \qquad (i=1, \cdots, n)$$

であるから, (6.23) は $\theta_0(U_0)$ におけるベクトル場とみなすことができる. $(x_1, \cdots, x_n)$ と $(x_{1\alpha}, \cdots, x_{n\alpha})$ $(1\leqq\alpha\leqq n)$ との関係は

$$(6.24)\qquad \begin{cases} x_i = \dfrac{x_{i+1\,\alpha}}{x_{1\alpha}} & (1\leqq i\leqq \alpha-1), \\ x_\alpha = \dfrac{1}{x_{1\alpha}}, & \\ x_i = \dfrac{x_{i\alpha}}{x_{1\alpha}} & (\alpha+1\leqq i\leqq n) \end{cases}$$

で与えられる．逆に

$$x_{1\alpha} = \frac{1}{x_\alpha},\qquad x_{i+1\,\alpha} = \frac{x_i}{x_\alpha}\quad (1\leqq i\leqq \alpha-1),\qquad x_{i\alpha} = \frac{x_i}{x_\alpha}\quad (\alpha+1\leqq i\leqq n).$$

これから，

$$\frac{\partial}{\partial x_i} = \begin{cases} \dfrac{1}{x_\alpha}\dfrac{\partial}{\partial x_{i+1\,\alpha}} & (i=1,\cdots,\alpha-1), \\ -\dfrac{1}{x_\alpha{}^2}\dfrac{\partial}{\partial x_{1\alpha}} - \displaystyle\sum_{i=1}^{\alpha-1}\frac{x_i}{x_\alpha{}^2}\frac{\partial}{\partial x_{i+1\,\alpha}} - \sum_{i=\alpha+1}^{n}\frac{x_i}{x_\alpha{}^2}\frac{\partial}{\partial x_{i\alpha}} & (i=\alpha), \\ \dfrac{1}{x_\alpha}\dfrac{\partial}{\partial x_{i\alpha}} & (i=\alpha+1,\cdots,n). \end{cases}$$

これを使うと，(6.24) によって (6.23) は

$$X_\alpha = -x_{1\alpha}{}^2 P_\alpha \frac{\partial}{\partial x_{1\alpha}} + \sum_{i=2}^{\alpha}(x_{1\alpha}P_{i-1} - x_{1\alpha}x_{i\alpha}P_\alpha)\frac{\partial}{\partial x_{i\alpha}}$$
$$+ \sum_{i=\alpha+1}^{n}(x_{1\alpha}P_i - x_{1\alpha}x_{i\alpha}P_\alpha)\frac{\partial}{\partial x_{i\alpha}}$$

に移る．ここで P_i に (6.24) を代入する．

問 $n=2$ のとき X_1, X_2 を具体的に計算せよ．——

$P_1,\cdots,P_n$ が $x_1,\cdots,x_n$ の多項式であっても，$X_1,\cdots,X_n$ の係数は多項式になるとは限らない．もし $X_1,\cdots,X_n$ の係数がすべて多項式になれば，$\boldsymbol{P}^n$ に拡張されたベクトル場 X は $\boldsymbol{P}^n$ において整型である．

問 $n=2$ のとき，X が $\boldsymbol{P}^n$ で整型であるための必要十分条件は P_1, P_2 が次の形に書かれることであることを示せ．

$$P_1(x_1, x_2) = a + bx_1 + cx_2 + dx_1{}^2 + ex_1x_2,$$
$$P_2(x_1, x_2) = \alpha + \beta x_1 + \gamma x_2 + dx_1x_2 + ex_2{}^2. \qquad ——$$

複素多様体 M 上に整型または有理型のベクトル場が与えられたとき，その軌道を M 内で広く追跡しその性質を調べることは極めて難しい．簡単な例を述べ

るにとどめる.

例 6.17　$\boldsymbol{C}^2$ において整型なベクトル場

$$X = x\frac{\partial}{\partial x}+\lambda y\frac{\partial}{\partial y}$$

を考える．ここで λ は $0<\lambda<1$ を満たす無理数とする．X の軌道は

$$\{(x, Cx^{\lambda}) \mid x \in \boldsymbol{C}\} \qquad (C\text{ は任意定数})$$

で与えられる．$C=1$ とした軌道を T とする．x^{λ} は

$$x^{\lambda} = \exp(\lambda \log x)$$

で定義される無限多価関数で，x を固定したとき x^{λ} の取る値は $ae^{2\pi in\lambda}$ ($n=0, \pm 1, \cdots$) となる．ここで a は x^{λ} の値の任意の一つとする．λ は無理数であるから，集合 $\{e^{2\pi in\lambda} \mid n=0, \pm 1, \cdots\}$ は複素平面の単位円上の稠密な集合である．このことから，T の閉包 $\bar{T}$ は

$$\{(x, e^{2\pi i\theta}|x|^{\lambda}) \mid x \in \boldsymbol{C},\ \theta \in [0, 1)\}$$

となる．これは T を含む $\boldsymbol{C}^2$ 内の実3次元の集合である．

b) 複素多様体上の全微分方程式

M を局所座標近傍系 $\{(U_\alpha, \theta_\alpha)\}_{\alpha \in A}$ をもつ n 次元複素多様体とする．各 $\alpha \in A$ に対し，$\theta_\alpha(U_\alpha)$ で定義された完全積分可能な全微分方程式

$$(6.25)_\alpha \qquad \omega_{i\alpha} = \sum_{j=1}^{n} a_{ij\alpha}(\boldsymbol{x}_\alpha)dx_{j\alpha} = 0 \qquad (i=1, \cdots, r)$$

が与えられていて，$U_\alpha \cap U_\beta \neq \phi$ ならば $\omega_{i\alpha}$ は変換 $\boldsymbol{x}_\alpha = \theta_\alpha \circ \theta_\beta^{-1}(\boldsymbol{x}_\beta)$ によって $\omega_{i\beta}$ に移るとき，$(6.25)_\alpha$ は M 上の**完全積分可能な全微分方程式**を一つ定めるという．$a_{ij\alpha}$ がすべて $\theta_\alpha(U_\alpha)$ において整型のとき，この方程式は M において**整型**といい，$a_{ij\alpha}$ が $\theta_\alpha(U_\alpha)$ において有理型のとき，この方程式は M において**有理型**であるという．M 上の有理型な全微分方程式 $(6.25)_\alpha$ に対し，各 $\theta_\alpha(U_\alpha)$ において $a_{ij\alpha}$ が

$$(6.26) \qquad a_{ij\alpha}(\boldsymbol{x}_\alpha) = \frac{b_{ij\alpha}(\boldsymbol{x}_\alpha)}{c_{i\alpha}(\boldsymbol{x}_\alpha)} \qquad (i=1, \cdots, r;\ j=1, \cdots, n)$$

と $\theta_\alpha(U_\alpha)$ において整型な関数との比に表されるならば，$(6.25)_\alpha$ を

$$\tilde{\omega}_{i\alpha} = \sum_{j=1}^{n} b_{ij\alpha}(\boldsymbol{x}_\alpha)dx_{j\alpha} \qquad (i=1, \cdots, r)$$

でおきかえることができる．そのとき，点 $m \in U_\alpha$ に対し行列式

$$\begin{bmatrix} b_{1j_{1\alpha}}(\theta_\alpha(m)) & \cdots & b_{1j_{r\alpha}}(\theta_\alpha(m)) \\ & \cdots\cdots & \\ b_{rj_{1\alpha}}(\theta_\alpha(m)) & \cdots & b_{rj_{r\alpha}}(\theta_\alpha(m)) \end{bmatrix} \qquad (j_1 < \cdots < j_r)$$

がすべて0になるとき，m は (6.25)$_\alpha$ の**特異点**であるという．ただし $\tilde{\omega}_{1\alpha}, \cdots, \tilde{\omega}_{r\alpha}$ はつねに1次独立とする．複素多様体に対し局所座標近傍系を適当にうまく取り換えると，(6.26) がつねに成り立つようにできることが知られている．

複素多様体上の完全積分可能な全微分方程式系の大域的理論は研究が始まったばかりである．特殊な方程式であるが，それについて2,3の結果を紹介して本講を終ることにする．

単独の完全積分可能な全微分方程式

(6.27) $$\omega = P_1(x_1, \cdots, x_n)dx_1 + \cdots + P_n(x_1, \cdots, x_n)dx_n = 0$$

を考える．ここで $P_j(x_1, \cdots, x_n)$ は $x_1, \cdots, x_n$ の多項式（互いに素とする）としよう．ω は $\boldsymbol{C}^n$ において整型であるが，これを $\boldsymbol{P}^n$ に拡張できる．本節 a) と同じ記号を使い，(6.24) から ω を $\theta_\alpha(U_\alpha)$ における1次微分形式に変換する．それらを0としたものが ω の $\boldsymbol{P}^n$ への拡張である．

問 $\omega \equiv 0$ 以外に $\boldsymbol{P}^n$ において整型な1次微分形式は存在しないことを示せ．——

いまの場合，各 $\theta_\alpha(U_\alpha)$ における全微分方程式を考えることより，$\boldsymbol{P}^n$ の同次座標 $\xi_0, \xi_1, \cdots, \xi_n$ を使って表現した方程式の方が便利である．

$$x_i = \frac{\xi_i}{\xi_0} \qquad (i=1, \cdots, n)$$

であるから，

$$dx_i = \frac{1}{\xi_0}d\xi_i - \frac{\xi_i}{{\xi_0}^2}d\xi_0.$$

これを ω に代入して

$$-\left(\sum_{j=1}^n \frac{\xi_j}{{\xi_0}^2}P_j\left(\frac{\xi_1}{\xi_0}, \cdots, \frac{\xi_n}{\xi_0}\right)\right)d\xi_0 + \sum_{j=1}^n \frac{1}{\xi_0}P_j\left(\frac{\xi_1}{\xi_0}, \cdots, \frac{\xi_n}{\xi_0}\right)d\xi_j = 0$$

を得る．これに ξ_0 の適当なベキをかけて

(6.28) $$\Omega = \sum_{j=0}^n A_j(\xi_0, \xi_1, \cdots, \xi_n)d\xi_j = 0$$

と書き直す．ここで A_j は互いに素な $\xi_0, \xi_1, \cdots, \xi_n$ の多項式である．さらに A_j

は同じ次数の同次多項式であることがわかる．その次数を m とする．

問　$\sum_{j=0}^{n}\xi_j A_j(\xi_0,\cdots,\xi_n)=0$ であることを確かめよ．逆にこの関係が成り立てば，Ω は適当な ω から上のようにして得られることを示せ．——

方程式 (6.27) が完全積分可能であるための条件 $d\omega\wedge\omega=0$ から $d\Omega\wedge\Omega=0$ が導かれる．

ここで記号を改めて，(6.28) を

$$\Omega=\sum_{j=0}^{n}A_j(x_0,x_1,\cdots,x_n)dx_j=0 \tag{6.29}$$

と書き，$A_0,\cdots,A_n$ は $x_0,\cdots,x_n$ の m 次の同次多項式で互いに素かつ

$$\sum_{j=0}^{n}x_jA_j(x_0,x_1,\cdots,x_n)=0,\qquad d\Omega\wedge\Omega=0$$

を満たすとする．$\boldsymbol{P}^n$ 上の有理型な完全積分可能な全微分方程式 $\Omega=0$ はこのような方程式としてよい．

$\boldsymbol{P}^n$ の部分集合

$$S=\{[x_0,x_1,\cdots,x_n]\mid A_j(x_0,\cdots,x_n)=0\ (j=0,1,\cdots,n)\}$$

が (6.29) の特異点の集合となる．S は $\boldsymbol{P}^n$ 内のいくつかの既約な(一般には特異点をもつ)代数的多様体の和集合：

$$S=S_1\cup\cdots\cup S_N$$

となる．そのとき，

(1)　$S_1,\cdots,S_N$ のうち次元が $n-2$ のものが存在する

ことが知られている．

$f(x_0,x_1,\cdots,x_n)$ ($\not\equiv 0$) は $x_0,\cdots,x_n$ の既約同次多項式とする．$d\Omega\wedge\Omega$ の係数がすべて f を因子に含むとき，$f=0$ で定義される $\boldsymbol{P}^n$ の代数的多様体を (6.29) の**代数的積分多様体**という．F,G が $x_0,\cdots,x_n$ の同次多項式のとき，

$$d\left(\frac{F}{G}\right)=R\Omega$$

を満たす $x_0,\cdots,x_n$ の有理関数 R が存在すれば，有理関数 F/G を (6.29) の**有理的第1積分**という．(6.29) が k 個の代数的積分多様体 $f_1=0,\ \cdots,\ f_k=0$ をもつと仮定しよう．

$$p=\frac{1}{2}m(m-1)\binom{m+n-1}{n-2}+2$$

とおく．そのとき

(2)　$k=p-1$ ならば，

$$\left(\sum_{j=1}^{k}\alpha_j\frac{df_j}{f_j}\right)\wedge\omega+d\omega=0 \tag{6.30}$$

または

$$\left(\sum_{j=1}^{k}\alpha_j\frac{df_j}{f_j}\right)\wedge\omega=0 \tag{6.31}$$

を満たす $\alpha_1,\cdots,\alpha_k\in \boldsymbol{C}$ が存在する，

(3)　$k=p$ ならば，(6.31) を満たす $\alpha_1,\cdots,\alpha_k\in \boldsymbol{C}$ が存在する，

(4)　$k>p$ ならば，(6.29) は有理的第 1 積分をもち，すべての積分多様体は代数的積分多様体である

ことが知られている．

(6.30) は $f_1^{\alpha_1}\cdots f_k^{\alpha_k}$ が (6.29) の積分因子であること，(6.31) は $f_1^{\alpha_1}\cdots f_k^{\alpha_k}$ が (6.29) の第 1 積分であることを表している．実際，(6.30) は

$$d(f_1^{\alpha_1}\cdots f_k^{\alpha_k}\omega)=0$$

と同値であり，(6.31) は

$$f_1^{\alpha_1}\cdots f_k^{\alpha_k}\omega=d(f_1^{\alpha_1}\cdots f_k^{\alpha_k})$$

と同値である．(6.29) が有限個の代数的積分多様体しかもたないとすれば，その数はたかだか p であることが分った．以上の結果は，$n=2$ のときにはすでに Darboux によって得られていた．さらに，$n=2$ のときには代数的積分多様体をもたない場合が一般的であることが知られているが，$n>2$ のときにはまだ分っていない．

問　　題

1　微分方程式

$$\frac{dy}{dx}=\frac{y+1}{y}$$

の解 $y-\log(y+1)=x$ をなるべく詳しく調べよ．

2　多項式 $P_1(\boldsymbol{x}),\cdots,P_n(\boldsymbol{x})$ を係数にもつベクトル場

$$\sum_{j=1}^{n}P_j(\boldsymbol{x})\frac{\partial}{\partial x_j} \tag{1}$$

を $\boldsymbol{P}^n$ 上のベクトル場 X に拡張したとき，X が $\boldsymbol{P}^n$ において整型であるための条件を求めよ．

3　$\xi_0, \xi_1, \cdots, \xi_n$ を $\boldsymbol{P}^n$ の同次座標で，$x_j=\xi_j/\xi_0\ (j=1, \cdots, n)$ とする．

$$\frac{\partial}{\partial \xi_0}=-\frac{\xi_j}{{\xi_0}^2}\frac{\partial}{\partial x_j}, \qquad \frac{\partial}{\partial \xi_j}=\frac{1}{\xi_0}\frac{\partial}{\partial x_j} \qquad (j=1, \cdots, n)$$

を使って問題2の X を

$$\sum_{j=0}^{n} Q_j(\xi_0, \cdots, \xi_n)\frac{\partial}{\partial \xi_j}$$

と書き直せ．Q_j は $\xi_0, \cdots, \xi_n$ の1次形式となることを示せ．

$\displaystyle\sum_{j=0}^{n}\lambda\xi_j\frac{\partial}{\partial \xi_j}$ (λ は定数) は $\boldsymbol{P}^n$ 上の零ベクトル場に対応することを示せ．

4　$\boldsymbol{P}^n$ 上の整型なベクトル場の軌道を調べよ．

5　多項式係数のベクトル場 (1) を $\underbrace{\boldsymbol{P}^1\times\cdots\times\boldsymbol{P}^1}_{n}$ 上のベクトル場に拡張せよ．拡張されたベクトル場が整型であるための条件を求め，その軌道を調べよ．

参　考　書

本講を読むのに補いとなる書物，さらに勉強するのに役立つ書物をいくつか挙げる．

まず1変数関数論の本であるが，数多いなかから本講座の

[1] 小平邦彦：複素解析

をあげておく．1変数関数の解析接続については

[2] 能代清：解析接続入門，共立出版 (1964)

をみられたい．多変数関数論の本として

[3] 酒井栄一：多変数関数論，共立全書 (1966)

[4] 梶原壌二：複素関数論，森北出版 (1968)

[5] 一松信：多変数解析関数論，培風館 (1960)

などがある．

微分方程式の本は多い．線型常微分方程式を含む一般的なものとして

[6] 福原満洲雄：微分方程式，上，下，朝倉書店 (1951, 52)

[7] 斉藤利弥：常微分方程式論，朝倉書店 (1967)

[8] 木村俊房：常微分方程式，共立出版 (1974)．

線型常微分方程式を論じたものとして

[9] 渋谷泰隆：複素領域における線型常微分方程式，紀伊国屋書店 (1976)

がある．また

[10] Coddington, E. A., Levinson, N.: Theory of Ordinary Differential Equations, McGraw-Hill (1955)

邦訳では，吉田節三訳：常微分方程式 (上)，吉岡書店 (1968)

にも線型方程式が論じられている．形式的変換を使っているものとして

[11] 福原満洲雄：常微分方程式，岩波全書 (1950)

がある．実領域で全微分方程式を論じているのに

[12] 南雲道夫：微分方程式 I，共立出版 (1955)

と本講座の

[13] 大島利雄，小松彦三郎：1階偏微分方程式

をあげておく．

日本語の本ではないが，

[14] Bieberbach, L.: Theorie der gewöhnlichen Differentialgleichungen auf funktionentheoretischer Grundlagen darstellt, Springer-Verlag (1953)

[15] Hukuhara, M., Kimura, T., Matuda, T.: Équations différentielles ordinaires du premier ordre dans le champ complexe, Publ. of the Math. Soc. of Japan (1961)

[16] Hille, E.: Ordinary differential equations in the complex domain, John Wiley & Sons (1976)

を挙げておく．古いものからも勉強しようとする人は

[17] Painlevé, P.: Œuvres de Paul Painlevé, 1, 2, 3, Centre national de la recherche scientifique, France (1972, 74, 75)

に挑戦されたらいかがであろう．

■岩波オンデマンドブックス■

岩波講座 基礎数学
解析学(II) ii
常微分方程式 II

1977年5月2日　第1刷発行
1988年4月4日　第3刷発行
2019年4月10日　オンデマンド版発行

著　者　木村俊房（きむらとしふさ）

発行者　岡本　厚

発行所　株式会社 岩波書店
〒101-8002 東京都千代田区一ツ橋2-5-5
電話案内 03-5210-4000
http://www.iwanami.co.jp/

印刷／製本・法令印刷

ISBN 978-4-00-730870-3　　Printed in Japan